全国安全技能提升培训统编教材

烟花爆竹从业人员
安全技能提升培训教材

人力资源社会保障部教材办公室
北京注安注册安全工程师安全科学研究院
组织编写

中国劳动社会保障出版社

图书在版编目(CIP)数据

烟花爆竹从业人员安全技能提升培训教材/人力资源社会保障部教材办公室，北京注安注册安全工程师安全科学研究院组织编写. -- 北京：中国劳动社会保障出版社，2022

全国安全技能提升培训统编教材

ISBN 978-7-5167-5221-0

Ⅰ.①烟… Ⅱ.①人…②北… Ⅲ.①爆竹-安全生产-安全培训-教材 Ⅳ.①TQ567.9

中国版本图书馆 CIP 数据核字(2022)第 019869 号

中国劳动社会保障出版社出版发行

(北京市惠新东街 1 号 邮政编码：100029)

*

北京市艺辉印刷有限公司印刷装订 新华书店经销

787 毫米×1092 毫米 16 开本 22 印张 352 千字

2022 年 3 月第 1 版 2022 年 3 月第 1 次印刷

定价：56.00 元

读者服务部电话：(010) 64929211/84209101/64921644

营销中心电话：(010) 64962347

出版社网址：http://www.class.com.cn

内容简介

《中华人民共和国安全生产法》明确规定，生产经营单位应当对从业人员进行安全生产教育和培训，保证从业人员具备必要的安全生产知识。《关于高危行业领域安全技能提升行动计划的实施意见》要求，企业要严把新员工安全技能培训关，确保所有在岗员工培训考试合格后上岗，要重点开展高危企业各类人员的安全技能提升培训，将安全生产知识贯穿各类人员职业培训全过程。

本教材紧扣烟花爆竹从业人员安全生产培训国家大纲，内容包括安全生产法律法规、烟花爆竹生产经营安全管理、烟花爆竹生产安全技术、生产安全事故预防、生产安全事故应急救援、烟花爆竹典型事故案例分析等。本教材内容全面，系统性强且理论联系实际，适合烟花爆竹相关企业的所有从业人员学习和使用，适用于烟花爆竹及其相关企业的从业人员安全技能提升培训、安全生产培训与再培训、工伤预防培训等。

前言

实施高危行业领域安全技能提升行动计划，推动从业人员安全技能水平大幅度提升，是贯彻落实《职业技能提升行动方案（2019—2021年）》《应急管理部　人力资源和社会保障部　教育部　财政部　国家煤矿安全监察局关于高危行业领域安全技能提升行动计划的实施意见》（应急〔2019〕107号，以下简称《实施意见》）和《应急管理部办公厅关于扎实推进高危行业领域安全技能提升行动的通知》（应急厅〔2020〕34号）部署的重点工作。《实施意见》要求，高危企业在岗和新招录从业人员100%培训考核合格后上岗；高危企业班组长普遍接受安全技能提升培训，将高危企业班组长轮训一遍；实行企业内安全培训、职业技能培训等学习成果互认；开展在岗员工安全技能提升培训，培训计划要覆盖全员；要分岗位对全体员工考核一遍，考核不合格的，按照新上岗人员培训标准离岗培训，考核合格后再上岗；高危企业新上岗人员安全生产与工伤预防培训不得少于72学时，考核合格后方可上岗。

本套“全国安全技能提升培训统编教材”的编写重点突出三个特点：一是重点突出安全操作技能；二是重点突出典型事故案例及事故预防；三是重点突出培训实效。本套教材通过从业人员应知应会的内容，提高从业人员的学习兴趣，激发其学习积极性，使培训内容易学易懂、易于掌握，适合所有从业人员学习掌握安全知识，达到提升其安全技能的培训效果。安全技能提升培训可使从业人员了解我国安全生产方针、有关法律法规和规章；熟悉从业人员安全生产的权利和义务；掌握安全生产基本知识、安全操作规程，个人防护、避灾、自救与互救方法，事故应急措施，安全设施和个人劳动防护用品的使用和维护，以及职业病预防知识等，具备与其从事作业场所和工作岗位相适应的知识和能力。根据《实施意见》的要求，从业人员应人手一册本教材，接受安全技能培训，经考试合格后，方准上岗作业。

按照《实施意见》要求："应急管理部门要提供专家、内容资源等支持，会同人力资源社会保障和教育部门组织编制培训大纲和有关教材。"为编写理论与实践相结合的优质教材，推进"产学研"协同创新，人力资源社会保障部教材办公室与北京注安注册安全工程师安全科学研究院组织国内知名高等院校的相关专家学者系统地编写了本套教材，包括企业通用教材和煤矿、非煤矿山、化工危险化学品、金属冶炼、烟花爆竹等高危行业领域教材，并已纳入《国家职业技能提升行动推荐教材目录》。本套教材在编写过程中，由应急管理部门提供专家、内容资源及编写意见。为了发挥专业教材的出版优势，更有力地推动安全技能提升工作，本套教材由中国人力资源和社会保障出版集团中国劳动社会保障出版社出版发行。

人力资源社会保障部教材办公室

北京注安注册安全工程师安全科学研究院

2021 年 5 月

目录

第一章　安全生产法律法规

第二章 烟花爆竹生产经营安全管理

第三章　烟花爆竹生产安全技术

第四章 生产安全事故预防

第五章 生产安全事故应急救援

第六章 烟花爆竹典型事故案例分析

第一章　安全生产法律法规

第一节　我国安全生产方针政策

一、安全生产方针的内容 

“安全第一、预防为主、综合治理”是我国的安全生产方针，这是在《中华人民共和国安全生产法》（以下简称《安全生产法》）中明确了的。认真落实这一方针，既是党和国家的要求，也是搞好安全生产工作，保障从业人员生命安全健康和企业生产经营顺利进行的根本要求。因此，把安全生产方针转变为所有从业人员的思想意识和具体行动，对于搞好安全管理工作至关重要。特别是随着科学技术的发展，企业生产的产品越来越多，生产工艺越来越复杂，工艺条件要求越来越高，同时潜伏的危险性也越来越大，对安全生产的要求也越来越高。

二、对安全生产方针的理解 

1. 安全生产方针的内涵

（1）安全第一

坚持安全第一，就是始终把安全生产工作放在第一位，不论在干什么、什么时候都要抓安全，任何事情都要为安全让路。各级行政正职是安全生产的第一责任人，必须亲自抓安全生产工作，确保把安全生产工作列在所有工作的前面。要正确处理好安全生产与效益的关系，当两者发生矛盾时，应把安全生产放在首位。坚持安全第一，还应体现在安全生产与政绩考核“一票否决”上，从而真正树立起“安全第一”的权威。

对国家而言，安全第一是由国家的性质和社会生产目的所决定的。社会主义国家代表着广大人民的根本利益，保护人民的利益，就是在组织和发展生产、提高生产力及建设现代化的同时，竭尽全力保护从业人员的生命安全和身体健康。对企业而言，发生事故总会或多或少地造成经济损失和人员伤亡，企业还要花费一定的人力、物力、财力和时间去处理，这本身就是直接经济效益上的损失。对个人而言，发生事故后，轻则财产损失，重则受伤致残，甚至失去生命。

（2）预防为主

坚持预防为主，就是把安全生产工作的关口前移，超前防范，建立预教、预测、预报、预警、预防的递进式、立体化事故隐患预防体系，改善安全状况，预防生产安全事故，做到防患于未然，将事故消灭在萌芽状态。

预防为主体现了现代安全管理的理念。现代安全管理的理念就是重视事先预防工作，通过建设安全文化、健全安全法制、提高安全科技水平、落实安全责任、加大安全投入，构筑坚固的安全防线。坚持预防为主，主要体现在以下几个方面：在我国的《安全生产法》中，明确了安全生产许可制度、“三同时”（生产经营单位新建、改建、扩建工程项目的安全设施，必须与主体工程同时设计、同时施工、同时投入生产和使用）制度、安全生产标准化、风险分级管控和隐患排查双重预防机制等制度，促进生产安全事故防范；大力实施“科技兴安”战略，把安全生产状况的根本好转建立在依靠科技进步和提高从业人员素质的基础上；强化安全生产责任制和问责制，创新安全生产监管体制，严厉打击安全生产领域的腐败行为；健全和完善中央、地方、企业共同投入机制，提升安全生产投入水平，增强基础设施安全保障能力。

（3）综合治理

坚持综合治理，是指适应我国安全生产形势，自觉遵循安全生产规律，正视安全生产工作的长期性、艰巨性和复杂性，抓住安全生产工作中的主要矛盾和关键环节，综合运用经济、法律、行政等手段，法治、人管、技防多管齐下，并充分发挥社会、从业人员、舆论的监督作用，不断健全完善综合治理的工作机制，形成“政府统一领导、部门依法监管、企业全面负责、群众参与监督、社会广泛支持”的安全生产工作格局。实施综合治理是由我国安全生产中出现的新情况和面临的新形势决定的。在社会主义市场经济条件下，利益主体多元化，不同利益主体对待安全生产的态度和行为差异很大，需要因情制宜、综合防范。安全生产涉及的领域广泛，每个领域的安全生产又各具特点，需要多样化的防治手段。实现安全生产，必须从文化、制度、科技、责任、投入入手，多管齐下，综合施治。安全生产法律政策的落实，需要各级党委和政府的领导、有关部门的合作以及全社会的参与。要从根本上解决安全生产问题，就必须实施综合治理。从实践上来看，综合治理是落实安全生产法律、法规、方针政策的最有效手段。因此，综合治理具有鲜明的时代特征和很强的针对性，是党和国家在安全生产新形势下作出的重大决策，体现了安全生产方针的新发展。

2. 安全生产方针要素的关系

把“综合治理”充实到安全生产方针之中，反映了近年来我国在进一步改革开放过程中，安全生产工作面临着多种经济所有制并存条件下法制尚不健全完善、体制机制尚未理顺的现状；反映了急功近利地只顾快速发展、不顾其他的发展观已经无法满足科学发展观体现的又好又快的安全、环境、质量等要求的复杂局面。所以要全面理解“安全第一、预防为主、综合治理”的安全生产方针，绝不可脱离当前我国面临的国情。

安全生产方针的进一步发展，同时也反映了我国安全生产工作的规律和特点。安全生产方针是完整的统一体，坚持安全第一，必须以预防为主，实施综合治理；只有认真治理隐患，有效防范事故，才能把“安全第一”落到实处。事故发生后组织开展抢险救灾，依法追究责任，深刻吸取教训，固然十分重要，但对于生命个体来说，伤亡一旦发生，就不再有改变的可能。事故源于隐患，防范事故的有效办法，就是主动排查，综合治理各类隐患，把事故消灭在萌芽状态。不能等到付出了生命代价、有了血的教训之后再去改进工作。从这个意义上说，综合治理是安全生产方针的基石，是安全生产工作的重心所在。

贯彻安全生产方针，必须坚持标本兼治、重在治本。安全生产是生产力发展水平和社会公共管理水平的综合反映。造成各个时期重点行业领域重特大事故多发、安全生产形势依然严峻的原因是多方面的，必须坚持标本兼治，在采取断然措施遏制重特大事故的同时，探寻和采取治本之策。综合运用经济手段、法律手段和必要的行政手段，从发展规划、行业管理、安全投入、科技进步、经济政策、教育培训、安全立法、激励约束、企业管理、监管体制、社会监督以及追究事故责任、查处违法违纪行为等方面着手，解决影响和制约安全生产的历史性、深层次问题，建立安全生产长效机制。

三、国家有关安全生产政策 

1. 政策基础

党的十八大以来，习近平总书记作出一系列重要指示，深刻阐述了安全生产的重要意义、思想理念、方针政策和工作要求，强调必须“坚守发展决不能以牺牲安全为代价这条不可逾越的红线”，明确要求“党政同责、一岗双责、齐抓共管、失职追责”。李克强总理多次作出重要批示，强调要以对人民群众生命高度负责的态度，坚持预防为主、标本兼治，以更有效的举措和更完善的制度，切实落实和强化安全生产责任，筑牢安全防线。习近平总书记和李克强总理的重要指示批示，为我国安全生产工作提供了新的理论指导和行动指南。各地区、各有关部门和单位坚决贯彻落实党中央、国务院的决策部署，进一步健全安全生产法律、法规和政策措施，严格落实安全生产责任，全面加强安全生产监督管理，不断强化安全生产隐患排查治理和重点行业领域专项整治，深入开展安全大检查，严肃查处各类生产安全事故，大力推进依法治安和科技强安，加快安全生产基础保障能力建设，推动了安全生产形势持续稳定好转。

2016 年 12 月，《中共中央　国务院关于推进安全生产领域改革发展的意见》（以下简称《意见》）印发，标志着我国安全生产领域改革发展迎来了一个新时期。《意见》以习近平总书记系列重要讲话，特别是关于安全生产重要论述为指导，顺应全面建成小康社会发展大势，总结实践经验，吸收创新成果，坚持目标和问题导向，科学谋划安全生产领域改革发展蓝图，是一个时期内全国安全生产工作的行动纲领。

《意见》是中华人民共和国成立以来第一个以党中央、国务院名义出台的安全生产工作纲领性文件，对推动我国安全生产工作具有里程碑式的重大意义。一些地区和行业领域生产安全事故多发，根源是思想意识问题，抓安全生产态度不坚决、措施不得力。《意见》指出，“坚守发展决不能以牺牲安全为代价这条不可逾越的红线”，构建“党政同责、一岗双责、齐抓共管、失职追责”的安全生产责任体系，推进安全监管体制改革，坚持管生产必须管安全，充实执法力量，堵塞监管漏洞，切实消除盲区。

2. 安全生产工作总体要求

（1）指导思想

深入学习贯彻习近平新时代中国特色社会主义思想，进一步增强“四个意识”，紧紧围绕统筹推进“五位一体”总体布局和协调推进“四个全面”战略布局，树牢安全发展理念，坚持安全发展，坚守发展决不能以牺牲安全为代价这条不可逾越的红线，以防范遏制重特大生产安全事故为重点，坚持“安全第一、预防为主、综合治理”的方针，加强领导、改革创新，协调联动、齐抓共管，着力强化企业安全生产主体责任，着力堵塞监督管理漏洞，着力解决不遵守法律、法规的问题，依靠严密的责任体系、严格的法治措施、有效的体制机制、有力的基础保障和完善的系统治理，切实增强安全防范治理能力，大力提升我国安全生产整体水平，确保人民群众安康幸福、共享改革发展和社会文明进步成果。

（2）基本原则

1）坚持安全发展。贯彻以人民为中心的发展思想，始终把人的生命安全放在首位，正确处理安全与发展的关系，大力实施安全发展战略，为经济社会发展提供强有力的安全保障。

2）坚持改革创新。不断推进安全生产理论创新、制度创新、体制机制创新、科技创新和文化创新，增强企业内生动力，激发全社会创新活力，破解安全生产难题，推动安全生产与经济社会协调发展。

3）坚持依法监管。大力弘扬社会主义法治精神，运用法治思维和法治方式，深化安全生产监管执法体制改革，完善安全生产法律、法规和标准体系，严格规范公正文明执法，增强监管执法效能，提高安全生产法治化水平。

4）坚持源头防范。严格安全生产市场准入，经济社会发展要以安全为前提，把安全生产贯穿城乡规划布局、设计、建设、管理和企业生产经营活动全过程。构建风险分级管控和隐患排查治理双重预防工作机制，严防风险演变、隐患升级导致生产安全事故发生。

5）坚持系统治理。严密层级治理和行业治理、政府治理、社会治理相结合的安全生产治理体系，组织动员各方面力量实施社会共治。综合运用法律、行政、经济、市场等手段，落实人防、技防、物防措施，提升全社会安全生产治理能力。

3. 安全生产工作五项制度性改革

（1）健全落实安全生产责任制

1）明确地方党委和政府领导责任。坚持“党政同责、一岗双责、齐抓共管、失职追责”，完善安全生产责任体系。地方各级党委和政府要始终把安全生产摆在重要位置，加强组织领导。党政主要负责人是本地区安全生产第一责任人，班子其他成员对分管范围内的安全生产工作负领导责任。地方各级安全生产委员会主任由政府主要负责人担任，成员由同级党委和政府及相关部门负责人组成。

地方各级党委要认真贯彻执行党的安全生产方针，在统揽本地区经济社会发展全局中同步推进安全生产工作，定期研究决定安全生产重大问题。加强安全生产监管机构领导班子、干部队伍建设。严格安全生产履职绩效考核和失职责任追究。强化安全生产宣传教育和舆论引导。发挥人大对安全生产工作的监督促进作用、政协对安全生产工作的民主监督作用。推动组织、宣传、政法、机构编制等单位支持保障安全生产工作。动员社会各界积极参与、支持、监督安全生产工作。

地方各级政府要把安全生产纳入经济社会发展总体规划，制定实施安全生产专项规划，健全安全投入保障制度。及时研究部署安全生产工作，严格落实属地监管责任。充分发挥安全生产委员会作用，实施安全生产责任目标管理。建立安全生产巡查制度，督促各部门和下级政府履职尽责。加强安全生产监管执法能力建设，推进安全科技创新，提升信息化管理水平。严格安全准入标准，指导管控安全风险，督促整治重大隐患，强化源头治理。加强应急管理，完善安全生产应急救援体系。依法依规开展事故调查处理，督促落实问题整改。

2）明确部门监管责任。国务院安全生产监督管理部门依照《安全生产法》，对全国安全生产工作实施综合监督管理；县级以上地方各级人民政府安全生产监督管理部门依照《安全生产法》，对本行政区域内安全生产工作实施综合监督管理。按照“管行业必须管安全、管业务必须管安全、管生产经营必须管安全”和“谁主管谁负责”的原则，厘清安全生产综合监管与行业监管的关系，明确各有关部门安全生产工作职责，并落实到部门工作职责规定中。国务院安全生产监督管理部门负责安全生产法规标准和政策规划制定修订、执法监督、事故调查处理、应急救援管理、统计分析、宣传教育培训等综合性工作。安全生产监督管理部门和其他负有安全生产监督管理职责的有关部门依法依规履行相关行业领域安全生产监管职责，强化监管执法，严厉查处违法违规行为。其他行业领域主管部门负有安全生产管理责任，要将安全生产工作作为行业领域管理的重要内容，从行业规划、产业政策、法规标准、行政许可等方面加强行业安全生产工作，指导督促企事业单位加强安全生产管理。党委和政府其他有关部门要在职责范围内为安全生产工作提供支持保障，共同推进安全发展。国务院卫生行政部门、劳动保障行政部门依照《中华人民共和国职业病防治法》（以下简称《职业病防治法》）和国务院确定的职责，负责全国职业病防治的监督管理工作，国务院有关部门在各自职责范围内负责职业病防治的有关监督管理工作。

3）严格落实企业主体责任。企业对本单位安全生产和职业健康工作负全面责任，要严格履行安全生产法定责任，建立健全自我约束和持续改进的内生机制。企业实行全员安全生产责任制度，法定代表人和实际控制人同为安全生产第一责任人，主要技术负责人负有安全生产技术决策和指挥权，强化部门安全生产职责，落实一岗双责。完善落实混合所有制企业以及跨地区、多层级和境外中资企业投资主体的安全生产责任。建立企业全过程安全生产和职业健康管理制度，做到安全责任、管理、投入、培训和应急救援“五到位”。国有企业要发挥安全生产工作示范带头作用，自觉接受属地监管。

4）健全责任考核机制。建立体现安全发展水平的考核评价体系。完善考核制度，统筹整合、科学设定安全生产考核指标，加大安全生产在社会治安综合治理、精神文明建设等考核中的权重。各级政府要对同级安全生产委员会成员单位和下级政府实施严格的安全生产工作责任考核，实行过程考核与结果考核相结合。各地区各单位要建立安全生产绩效与履职评定、职务晋升、奖励惩处挂钩制度，严格落实安全生产“一票否决”制度。

5）严格责任追究制度。实行党政领导干部任期安全生产责任制，日常工作依责尽职、发生事故依责追究。依法依规制定各有关部门安全生产权力和责任清单，尽职照单免责、失职照单问责。建立企业生产经营全过程安全责任追溯制度。严肃查处安全生产领域项目审批、行政许可、监管执法中的失职渎职和权钱交易等腐败行为。严格事故直报制度，对瞒报、谎报、漏报、迟报事故的单位和个人依法依规追责。对被追究刑事责任的生产经营者依法实施相应的职业禁入，对事故发生负有重大责任的社会服务机构和人员依法严肃追究法律责任，并依法实施相应的行业禁入。

（2）改革安全监管监察体制

1）完善监督管理体制。加强各级安全生产委员会组织领导，充分发挥其统筹协调作用，切实解决突出矛盾和问题。各级安全生产监督管理部门承担本级安全生产委员会日常工作，负责指导协调、监督检查、巡查考核本级政府有关部门和下级政府安全生产工作，履行综合监管职责。负有安全生产监督管理职责的部门，依照有关法律、法规和部门职责，健全安全生产监管体制，严格落实监管职责。相关部门按照各自职责建立完善安全生产工作机制，形成齐抓共管格局。

2）改革重点行业领域安全监管监察体制。依托国家矿山安全监察体制，加强非煤矿山安全生产监管监察。着重加强危险化学品安全监管体制改革和力量建设，明确和落实危险化学品建设项目立项、规划、设计、施工及生产、储存、使用、销售、运输、废弃处置等环节的法定安全监管责任，建立有力的协调联动机制，消除监管空白。完善海洋石油安全生产监督管理体制机制，实行政企分开。理顺民航、铁路、电力等行业跨区域监管体制，明确行业监管、区域监管与地方监管职责。

3）进一步完善地方监管执法体制。地方各级党委和政府要将安全生产监督管理部门作为政府工作部门和行政执法机构，加强安全生产执法队伍建设，强化行政执法职能。统筹加强安全监管力量，重点充实市、县两级安全生产监管执法人员，强化乡镇（街道）安全生产监管力量建设。完善各类开发区、工业园区、港区、风景区等功能区安全生产监管体制，明确负责安全生产监督管理的机构，以及港区安全生产地方监管和部门监管责任。

4）健全应急救援管理体制。按照政事分开原则，推进安全生产应急救援管理体制改革，强化行政管理职能，提高组织协调能力和现场救援时效。健全省、市、县三级安全生产应急救援管理工作机制，建设联动互通的应急救援指挥平台。依托公安消防、大型企业、工业园区等应急救援力量，加强矿山和危险化学品等应急救援基地和队伍建设，实行区域化应急救援资源共享。

（3）大力推进依法治理

1）健全法律法规体系。建立健全安全生产法律法规立改废释工作协调机制。加强涉及安全生产相关法规一致性审查，增强安全生产法制建设的系统性、可操作性。制定安全生产中长期立法规划，加快制定修订安全生产法配套法规。加强安全生产和职业健康法律法规衔接融合。制定完善高危行业领域安全规程。设区的市根据立法法的立法精神，加强安全生产地方性法规建设，解决区域性安全生产突出问题。

2）完善标准体系。加快安全生产标准制定修订和整合，建立以强制性国家标准为主体的安全生产标准体系。鼓励依法成立的社会团体和企业制定更加严格规范的安全生产标准，结合国情积极借鉴实施国际先进标准。国务院安全生产监督管理部门负责统筹提出安全生产强制性国家标准立项计划，有关部门按照职责分工组织起草、审查、实施和监督执行，国务院标准化行政主管部门负责及时立项、编号、对外通报、批准并发布。

3）严格安全准入制度。严格高危行业领域安全准入条件。按照强化监管与便民服务相结合原则，科学设置安全生产行政许可事项和办理程序，优化工作流程，简化办事环节，实施网上公开办理，接受社会监督。对与人民群众生命财产安全直接相关的行政许可事项，依法严格管理。对取消、下放、移交的行政许可事项，要加强事中事后安全监管。

4）规范监管执法行为。完善安全生产监管执法制度，明确每个生产经营单位安全生产监督和管理主体，制订实施执法计划，完善执法程序规定，依法严格查处各类违法违规行为。建立行政执法和刑事司法衔接制度，负有安全生产监督管理职责的部门要加强与公安、检察院、法院等协调配合，完善安全生产违法线索通报、案件移送与协查机制。对违法行为当事人拒不执行安全生产行政执法决定的，负有安全生产监督管理职责的部门应依法申请司法机关强制执行。完善司法机关参与事故调查机制，严肃查处违法犯罪行为。研究建立安全生产民事和行政公益诉讼制度。

5）完善执法监督机制。各级人大常委会要定期检查安全生产法律法规实施情况，开展专题询问。各级政协要围绕安全生产突出问题开展民主监督和协商调研。建立执法行为审议制度和重大行政执法决策机制，评估执法效果，防止滥用职权。健全领导干部非法干预安全生产监管执法的记录、通报和责任追究制度。完善安全生产执法纠错和执法信息公开制度，加强社会监督和舆论监督，保证执法严明、有错必纠。

6）健全监管执法保障体系。制定安全生产监管监察能力建设规划，明确监管执法装备及现场执法和应急救援用车配备标准，加强监管执法技术支撑体系建设，保障监管执法需要。建立完善负有安全生产监督管理职责的部门监管执法经费保障机制，将监管执法经费纳入同级财政全额保障范围。加强监管执法制度化、标准化、信息化建设，确保规范高效监管执法。建立安全生产监管执法人员依法履行法定职责制度，激励保证监管执法人员忠于职守、履职尽责。严格监管执法人员资格管理，制定安全生产监管执法人员录用标准，提高专业监管执法人员比例。建立健全安全生产监管执法人员凡进必考、入职培训、持证上岗和定期轮训制度。统一安全生产执法标志标识和制式服装。

7）完善事故调查处理机制。坚持问责与整改并重，充分发挥事故查处对加强和改进安全生产工作的促进作用。完善生产安全事故调查组组长负责制。健全典型事故提级调查、跨地区协同调查和工作督导机制。建立事故调查分析技术支撑体系，所有事故调查报告要设立技术和管理问题专篇，详细分析原因并全文发布，做好解读，回应公众关切。对事故调查发现有漏洞、缺陷的有关法律法规和标准制度，及时启动制定修订工作。建立事故暴露问题整改督办制度，事故结案后一年内，负责事故调查的地方政府和国务院有关部门要组织开展评估，及时向社会公开，对履职不力、整改措施不落实的，依法依规严肃追究有关单位和人员责任。

（4）建立安全预防控制体系

1）加强安全风险管控。地方各级政府要建立完善安全风险评估与论证机制，科学合理确定企业选址和基础设施建设、居民生活区空间布局。高危项目审批必须把安全生产作为前置条件，城乡规划布局、设计、建设、管理等各项工作必须以安全为前提，实行重大安全风险“一票否决”。加强新材料、新工艺、新业态安全风险评估和管控。紧密结合供给侧结构性改革，推动高危产业转型升级。位置相邻、行业相近、业态相似的地区和行业要建立完善重大安全风险联防联控机制。构建国家、省、市、县四级重大危险源信息管理体系，对重点行业、重点区域、重点企业实行风险预警控制，有效防范重特大生产安全事故。

2）强化企业预防措施。企业要定期开展风险评估和危害辨识。针对高危工艺、设备、物品、场所和岗位，建立分级管控制度，制定落实安全操作规程。树立隐患就是事故的观念，建立健全隐患排查治理制度、重大隐患治理情况向负有安全生产监督管理职责的部门和企业职代会“双报告”制度，实行自查自改自报闭环管理。严格执行安全生产和职业健康“三同时”制度。大力推进企业安全生产标准化建设，实现安全生产管理、操作行为、设备设施和作业环境的标准化。开展经常性的应急演练和人员避险自救培训，着力提升现场应急处置能力。

3）建立隐患治理监督机制。制定生产安全事故隐患分级和排查治理标准。负有安全生产监督管理职责的部门要建立与企业隐患排查治理系统联网的信息平台，完善线上线下配套监管制度。强化隐患排查治理监督执法，对重大隐患整改不到位的企业依法采取停产停业、停止施工、停止供电和查封扣押等强制措施，按规定给予上限经济处罚，对构成犯罪的要移交司法机关依法追究刑事责任。严格重大隐患挂牌督办制度，对整改和督办不力的纳入政府核查问责范围，实行约谈告诫、公开曝光，情节严重的依法依规追究相关人员责任。

4）强化城市运行安全保障。定期排查区域内安全风险点、危险源，落实管控措施，构建系统性、现代化的城市安全保障体系，推进安全发展示范城市建设。提高基础设施安全配置标准，重点加强对城市高层建筑、大型综合体、隧道桥梁、管线管廊、轨道交通、燃气、电力设施及电梯、游乐设施等的检测维护。完善大型群众性活动安全管理制度，加强人员密集场所安全监管。加强公安、民政、国土资源、住房城乡建设、交通运输、水利、农业、安全监管、气象、地震等相关部门的协调联动，严防自然灾害引发事故。

5）加强重点领域工程治理。深入推进对煤矿瓦斯、水害等重大灾害以及矿山采空区、尾矿库的工程治理。加快实施人口密集区域的危险化学品和化工企业生产、仓储场所安全搬迁工程。深化油气开采、输送、炼化、码头接卸等领域安全整治。实施高速公路、乡村公路和急弯陡坡、临水临崖危险路段公路安全生命防护工程建设。加强高速铁路、跨海大桥、海底隧道、铁路浮桥、航运枢纽、港口等防灾监测、安全检测及防护系统建设。完善长途客运车辆、旅游客车、危险物品运输车辆和船舶生产制造标准，提高安全性能，强制安装智能视频监控报警、防碰撞和整车整船安全运行监管技术装备，对已运行的要加快安全技术装备改造升级。

6）建立完善职业病防治体系。将职业病防治纳入各级政府民生工程及卫生工作考核体系，制定职业病防治中长期规划，实施职业健康促进计划。加快职业病危害严重企业技术改造、转型升级和淘汰退出，加强高危粉尘、高毒物品等职业病危害源头治理。健全职业健康监管支撑保障体系，加强职业健康技术服务机构、职业病诊断鉴定机构和职业健康体检机构建设，强化职业病危害基础研究、预防控制、诊断鉴定、综合治疗能力。完善相关规定，扩大职业病患者救治范围，将职业病失能人员纳入社会保障范围，对符合条件的职业病患者落实医疗与生活救助措施。加强企业职业健康监管执法，督促落实职业病危害告知、日常监测、定期报告、防护保障和职业健康体检等制度措施，落实职业病防治主体责任。

（5）加强安全基础保障能力建设

1）完善安全投入长效机制。加强中央和地方财政安全生产预防及应急相关资金使用管理，加大安全生产与职业健康投入，强化审计监督。加强安全生产经济政策研究，完善安全生产专用设备企业所得税优惠目录。落实企业安全生产费用提取、管理和使用制度，建立企业增加安全投入的激励约束机制。健全投融资服务体系，引导企业集聚发展灾害防治、预测预警、检测监控、个体防护、应急处置、安全文化等技术、装备和服务产业。

2）建立安全科技支撑体系。优化整合国家科技计划，统筹支持安全生产和职业健康领域科研项目，加强研发基地和博士后科研工作站建设。开展事故预防理论研究和关键技术装备研发，加快成果转化和推广应用。推动工业机器人、智能装备在危险工序和环节广泛应用。提升现代信息技术与安全生产融合度，统一标准规范，加快安全生产信息化建设，构建安全生产与职业健康信息化全国“一张网”。加强安全生产理论和政策研究，运用大数据技术开展安全生产规律性、关联性特征分析，提高安全生产决策科学化水平。

3）健全社会化服务体系。将安全生产专业技术服务纳入现代服务业发展规划，培育多元化服务主体。建立政府购买安全生产服务制度。支持发展安全生产专业化行业组织，强化自治自律。完善注册安全工程师制度。改革完善安全生产和职业健康技术服务机构资质管理办法。支持相关机构开展安全生产和职业健康一体化评价等技术服务，严格实施评价公开制度，进一步激活和规范专业技术服务市场。鼓励中小微企业订单式、协作式购买运用安全生产管理和技术服务。建立安全生产和职业健康技术服务机构公示制度和由第三方实施的信用评定制度，严肃查处租借资质、违法挂靠、弄虚作假、垄断收费等各类违法违规行为。

4）发挥市场机制推动作用。取消安全生产风险抵押金制度，建立健全安全生产责任保险制度，在矿山、危险化学品、烟花爆竹、交通运输、建筑施工、民用爆炸物品、金属冶炼、渔业生产等高危行业领域强制实施，切实发挥保险机构参与风险评估管控和事故预防功能。积极推进安全生产诚信体系建设，完善企业安全生产不良记录“黑名单”制度，建立失信惩戒和守信激励机制。

5）健全安全宣传教育体系。将安全生产监督管理纳入各级党政领导干部培训内容。把安全知识普及纳入国民教育，建立完善中小学安全教育和高危行业职业安全教育体系。把安全生产纳入农民工技能培训内容。严格落实企业安全教育培训制度，切实做到先培训、后上岗。推进安全文化建设，加强警示教育，强化全民安全意识和法治意识。发挥工会、共青团、妇联等群团组织作用，依法维护职工群众的知情权、参与权与监督权。加强安全生产公益宣传和舆论监督。建立安全生产“12350”专线与社会公共管理平台统一接报、分类处置的举报投诉机制。鼓励开展安全生产志愿服务和慈善事业。加强安全生产国际交流合作，学习借鉴国外安全生产与职业健康先进经验。

第二节　安全生产法律法规体系

一、我国安全生产立法现状

安全生产立法有两层含义：一是泛指国家立法机关和行政机关依照法定职权和法定程序制定、修订有关安全生产方面的法律、法规、规章的活动；二是专指国家制定的现行有效的安全生产法律、行政法规、地方性法规和部门规章、地方政府规章等安全生产规范性文件。

加强安全生产法制建设，依法加强安全生产管理，是安全生产领域贯彻落实“依法治国”基本方略，建立依法、科学、长效的安全生产管理体制机制，推动实现安全生产长治久安的必然要求和根本举措。特别是在党的十一届三中全会以后，随着我国改革开放事业的不断发展，经济结构和生产方式不断变化，市场主体和利益主体日益多样化、多元化。按照依法治国，建设社会主义法治国家的要求，安全生产秩序除了要采用经济手段和必要的行政手段外，更重要的是要依靠法律的手段来维护。在新形势下，我国大大加快了有关安全生产的立法步伐，陆续颁布实施了一系列与安全生产有关的法律、法规、部门规章、地方性法规、地方政府规章和其他规范性文件，经过多年的持续努力，基本建立了以《安全生产法》为主体，由国家相关法律、法规、部门规章、规范性文件和标准、规程等所构成的安全生产法律法规体系，安全生产各方面工作大致可以做到有法可依、有章可循。

据统计，我国已经颁布实施并仍然有效的有关安全生产主要法律、法规有160多部，其中包括《安全生产法》《中华人民共和国劳动法》《中华人民共和国煤炭法》《中华人民共和国矿山安全法》《职业病防治法》《中华人民共和国海上交通安全法》《中华人民共和国道路交通安全法》《中华人民共和国消防法》《中华人民共和国铁路法》《中华人民共和国民用航空法》《中华人民共和国电力法》《中华人民共和国建筑法》《中华人民共和国特种设备安全法》《中华人民共和国突发事件应对法》等10多部法律、《国务院关于特大安全事故行政责任追究的规定》《安全生产许可证条例》《烟花爆竹安全管理条例》《煤矿安全监察条例》《国务院关于预防煤矿生产安全事故的特别规定》《生产安全事故报告和调查处理条例》《危险化学品安全管理条例》《中华人民共和国道路交通安全法实施条例》《建设工程安全生产管理条例》等50多部行政法规、《安全生产违法行为行政处罚办法》《安全生产监督罚款管理暂行办法》《安全生产领域违法违纪行为政纪处分暂行规定》《煤矿安全监察行政处罚办法》《危险化学品登记管理办法》等100多部部门规章。各地人民代表大会和政府也陆续出台了不少地方性法规和地方政府规章，如各省（自治区、直辖市）的安全生产条例。

需要指出的是，中华人民共和国成立以来，我国安全生产标准化工作发展迅速，据不完全统计，国家及各行业颁布了涉及安全的国家标准1 500多项，各类行业标准几千项。我国安全生产方面的国家标准或者行业标准，均属于法定安全生产标准，很多属于强制性安全生产标准。《安全生产法》有关条款明确要求生产经营单位必须执行安全生产国家标准或者行业标准，通过法律规定赋予了国家标准和行业标准强制执行的效力。此外，我国许多安全生产立法直接将一些重要的安全生产标准规定在法律法规中，使之上升为安全生产法律法规中的条款。因此，我国安全生产国家标准和行业标准，虽然与安全生产立法有所区别，但在一定意义上，也可以被视为我国安全生产法律法规体系的一个重要组成部分。

近年来，随着经济社会的快速发展，我国已经进入事故易发的工业经济中级发展阶段，生产安全事故频发，已有的安全生产立法与我国安全生产形势的迫切需要产生了一定的差距，与一些发达国家相比，我国在安全生产立法上的某些环节和方面显得落后，亟待加强立法，以进一步健全完善安全生产法律法规体系，将安全生产工作全面纳入法治轨道，促进安全生产形势持续稳定好转。

二、我国安全生产法律法规体系的基本架构 

1. 安全生产法律法规体系的内容

安全生产法律法规体系是一个包含多种法律形式和法律层次的综合性系统，从法律规范的形式和特点来讲，既包括作为整个安全生产法律法规基础的宪法规范，也包括行政法律规范、技术性法律规范、程序性法律规范。按法律地位及效力同等原则，安全生产法律法规体系分为以下 6 个门类：

（1）宪法

《中华人民共和国宪法》是安全生产法律法规体系框架的最高层级，“加强劳动保护，改善劳动条件”是有关安全生产方面最高法律效力的规定。

（2）安全生产方面的法律

1）基础法。我国有关安全生产的法律包括《安全生产法》和与其平行的专门法律和相关法律。《安全生产法》是综合规范安全生产法律制度的法律，适用于所有生产经营单位，是我国安全生产法律法规体系的核心。

2）专门法律。安全生产专门法律是规范某一专业领域安全生产法律制度的法律。我国在专业领域的安全生产专门法律有《中华人民共和国矿山安全法》《中华人民共和国海上交通安全法》《中华人民共和国消防法》《中华人民共和国道路交通安全法》等。

3）相关法律。安全生产相关法律是指安全生产专门法律以外的其他法律中涵盖安全生产内容的法律，如《中华人民共和国劳动法》《中华人民共和国建筑法》《中华人民共和国煤炭法》《中华人民共和国铁路法》《中华人民共和国民用航空法》《中华人民共和国工会法》《中华人民共和国全民所有制工业企业法》《中华人民共和国乡镇企业法》《中华人民共和国矿产资源法》等。还有一些与安全生产监督执法工作有关的法律，如《中华人民共和国刑法》《中华人民共和国刑事诉讼法》《中华人民共和国行政处罚法》

《中华人民共和国行政复议法》《中华人民共和国国家赔偿法》和《中华人民共和国标准化法》等。

（3）安全生产行政法规

安全生产行政法规由国务院组织制定并批准公布，是为实施安全生产法律或规范安全生产监督管理制度而制定并颁布的一系列具体规定，是实施安全生产监督管理和监察工作的重要依据。我国已颁布了多部安全生产行政法规，如《国务院关于特大安全事故行政责任追究的规定》《烟花爆竹安全管理条例》《煤矿安全监察条例》等。

（4）地方性安全生产法规

地方性安全生产法规是指由有立法权的地方权力机关——人民代表大会及其常务委员会制定的安全生产规范性文件。地方性安全生产法规是由法律授权制定的，是对国家安全生产法律法规的补充和完善，以解决本地区某一特定的安全生产问题为目标，具有较强的针对性和可操作性。例如，目前我国部分省（自治区、直辖市）人民代表大会制定了安全生产条例、劳动安全卫生条例等。

（5）部门安全生产规章、地方政府安全生产规章

根据《中华人民共和国立法法》的有关规定，部门规章之间、部门规章与地方政府规章之间具有同等效力，在各自的权限范围内施行。

部门安全生产规章由有关部门为加强安全生产工作而颁布的规范性文件组成，从部门角度可划分为交通运输业、化学工业、石油工业、机械工业、电子工业、冶金工业、电力工业、建筑业、建材工业、航空航天业、船舶工业、轻纺工业、煤炭工业、地质勘探业、农村和乡镇工业等，涉及的专业包括技术装备与统计、安全评价与竣工验收、劳动防护用品、培训教育、事故调查与处理、职业危害、特种设备、防火防爆等。部门安全生产规章作为安全生产法律法规的重要补充，在我国安全生产监督管理工作中起着十分重要的作用。

地方政府安全生产规章一方面从属于法律和行政法规，另一方面又从属于地方性法规，并且不能与它们相抵触。

（6）安全生产标准

安全生产标准是安全生产法律体系中的一个重要组成部分，也是安全管理的基础和监督执法工作的重要技术依据。安全生产标准大致分为设计规范类，安全生产设备、工

具类，生产工艺安全卫生类和防护用品类四类标准。

2. 涉及安全生产的相关法律范畴

我国的安全生产法律法规体系比较复杂，它覆盖整个安全生产领域，包含多种法律形式。按照涵盖内容，安全生产法律法规可分成八个类别，包括综合类安全生产法律法规、矿山类安全法律法规、危险物品类安全法律法规、建筑业安全法律法规、交通运输安全法律法规、公众聚集场所及消防安全法律法规、其他安全生产法律法规和已批准的国际劳工安全公约。

（1）综合类安全生产法律法规

综合类安全生产法律法规是指同时适用于矿山、危险物品、建筑业和其他方面的安全生产法律法规，它对各行各业的安全生产行为都具有指导和规范作用，主导性的法律是《中华人民共和国劳动法》和《安全生产法》。综合类安全生产法律法规由安全生产监督检查类、伤亡事故报告和调查处理类、重大危险源监管类、安全中介管理类、安全检测检验类、安全培训考核类、劳动防护用品管理类、特种设备安全监督管理类和安全生产举报奖励类通用安全生产法律法规组成。

（2）矿山类安全法律法规

矿山类安全法律法规规范的行业主要包括煤矿、金属和非金属矿山、石油天然气开采业。我国的矿山安全立法工作已取得了很大成绩，先后颁布实施了《中华人民共和国矿山安全法》《中华人民共和国煤炭法》《中华人民共和国矿山安全法实施条例》和《煤矿安全监察条例》；相关部门先后颁布了一批矿山安全监督管理规章；大部分省（自治区、直辖市）人民代表大会制定了《中华人民共和国矿山安全法》实施办法，初步形成了矿山安全法律子体系。

（3）危险物品类安全法律法规

在危险物品安全管理方面，我国已经颁布实施了《危险化学品安全管理条例》《民用爆炸物品安全管理条例》《使用有毒物品作业场所劳动保护条例》《放射性同位素与射线装置安全和防护条例》《放射性药品管理办法》等法规。

（4）建筑业安全法律法规

规范建筑业安全行为的法律有《安全生产法》《中华人民共和国建筑法》，还有根据上述两部法律制定的法规《建设工程安全生产管理条例》，以及我国已批准的国际公约

《建筑业安全卫生公约》。

（5）交通运输安全法律法规

交通运输安全法律法规涉及的行业包括铁路、道路、水路、民用航空运输行业，《安全生产法》原则上也适用于这些行业。目前，这些行业都有自己专门的法律法规，例如铁路运输业有《中华人民共和国铁路法》《铁路安全管理条例》等；民航运输业有《中华人民共和国民用航空法》《中华人民共和国民用航空器适航管理条例》《中华人民共和国民用航空安全保卫条例》等，此外，民用航空运输还应执行国际公约和相关的规则；道路交通管理方面有《中华人民共和国道路交通安全法》《中华人民共和国道路交通安全法实施条例》；海上交通运输业有《中华人民共和国海上交通安全法》及《中华人民共和国海上交通事故调查处理条例》和《中华人民共和国渔港水域交通安全管理条例》；内河交通运输业有《中华人民共和国内河交通安全管理条例》。另外，各交通运输业主管部门和公安部门还制定了不少交通运输安全方面的规章、标准等。

（6）公众聚集场所及消防安全法律法规

公众聚集场所及消防安全法律法规所涉及的范围主要是公众聚集场所、娱乐场所、公共建筑设施、旅游设施、机关团体及其他场所的安全及消防工作。目前这方面的法律法规和规章主要有《中华人民共和国消防法》及与之相配套的《公共娱乐场所消防安全管理规定》《消防监督检查规定》《机关、团体、企业、事业单位消防安全管理规定》《高等学校消防安全管理规定》《仓库防火安全管理规则》《火灾事故调查规定》等。

（7）其他安全生产法律法规

其他安全生产法律法规是指前面5个专业领域以外的行业安全管理规章，主要包括石化、电力、机械、建材、造船、冶金、轻纺、军工、商贸等行业规章。这些行业都有一些规章和规程，但均未制定专门的安全行政法规，因此《安全生产法》是规范这些行业安全生产行为的主导性法律。

（8）已批准的国际劳工安全公约

当前，国际上将贸易与劳工标准挂钩是发展趋势。我国早已加入 WTO（世界贸易组织），参与世界贸易必须遵守国际通行的规则，我国的安全生产立法和监督管理工作也需要与国际接轨。

国际劳工组织自 1919 年创立以来，共通过了 100 多种国际公约和若干建议书，这些公约和建议书统称国际劳工标准，其中70%的国际劳工标准涉及职业安全卫生问题。我国政府为做好安全生产与职业卫生工作已签订了国际公约，当我国安全生产法律与国际公约有不同时，优先采用国际公约的规定（除保留条件的条款外）。

第三节 烟花爆竹安全生产相关法规、规章和标准

一、《安全生产法》及其主要内容 

1. 立法情况

《安全生产法》于2002年6月29日第九届全国人民代表大会常务委员会第二十八次会议通过，2002年11月1日实施。根据2009年8月27日第十一届全国人民代表大会常务委员会第十次会议《关于修改部分法律的决定》第一次修正，2009年8月27日实施。根据2014年8月31日第十二届全国人民代表大会常务委员会第十次会议《关于修改〈中华人民共和国安全生产法〉的决定》第二次修正，2014年12月1日实施。根据2021年6月10日第十三届全国人民代表大会常务委员会第二十九次会议《关于修改〈中华人民共和国安全生产法〉的决定》第三次修正，2021年9月1日实施。修正后的《安全生产法》把保护人民生命安全摆在首位，进一步强化生产经营单位主体责任，要求构建安全风险分级管控和隐患排查治理双重预防体系；进一步明确地方政府、安全生产监督管理部门和行业管理部门相关职责，进一步加大对安全生产违法行为处罚力度。

2. 立法的目的

（1）加强安全生产工作

加强安全生产工作，是制定《安全生产法》最直接的目的。安全生产事关人民群众生命财产安全，事关改革开放、经济发展和社会稳定大局，事关党和政府的形象，是一项只能持续加强而不能有任何削弱的极为重要的工作。特别是我国人口众多，又处于工业化、城镇化快速发展进程中，安全生产基础比较薄弱，安全生产责任不落实、安全防

范和监督管理不到位、违法生产经营建设行为屡禁不止等问题较为突出，生产安全事故处于易发多发的高峰期，重特大事故尚未得到有效遏制，安全生产的各方面工作亟待进一步加强。其中具有基础性、长远性和根本性意义的措施，就是不断加强安全生产法制建设，通过完善相关制度，确立基本的行为规范，明确相关主体的权利义务，使安全生产工作有章可循、有规可依。中华人民共和国成立以来特别是改革开放以来，我国颁布实施了一系列有关安全生产的法律法规，对于规范和加强相关行业、领域的安全生产工作发挥了积极的作用。与此同时，也需要制定一部安全生产领域的综合性、基础性法律，确立具有共性的制度和规范，更加全面、系统地规范安全生产工作。

（2）防止和减少生产安全事故

防止和减少生产安全事故，是制定《安全生产法》的基本目的。安全生产形势和安全生产工作的成效是通过生产安全事故来衡量的，不发生或者少发生事故表明安全生产形势稳定趋好，安全生产工作成效明显，反之则表明安全生产形势严峻，安全生产工作没有取得实效。制定《安全生产法》，就是要从制度、体制、机制方面设计出防止和减少生产安全事故特别是重特大事故的措施和办法，使事故发生率和造成的伤亡人数不断下降。当前，我国安全生产形势依然严峻复杂，事故多发的态势尚未根本扭转，将防止和减少生产安全事故作为《安全生产法》的立法目的之一，具有很强的现实针对性。

由于生产经营活动固有的风险以及人类认知和控制风险能力有局限性等因素，完全杜绝生产安全事故是不现实的，只能最大限度地防止和减少事故的发生。防止和减少生产安全事故，既表明了制度建设努力追求的目标，又体现了实事求是的科学态度。

（3）保障人民群众生命和财产安全

保障人民群众生命和财产安全，是制定《安全生产法》的根本目的。人民群众的生命和财产安全，是人民群众的根本利益所在。加强安全生产工作，防止和减少生产安全事故，归根到底是为了保障人民群众的生命和财产安全，这是以人为本理念的本质要求。从实际情况看，各类生产安全事故给人民群众的生命和财产安全造成严重损害，必须深刻汲取用生命和鲜血换来的教训，筑牢安全生产防线，创新安全生产管理模式，落实企业主体责任。将保障人民群众生命和财产安全作为制定《安全生产法》最根本的目的，就是要使这部法律的制度设计始终以保障人民生命和财产安全为核心，成为保障人民群众生命和财产安全的法制利器。

（4）促进经济社会持续健康发展

促进经济社会持续健康发展，是制定《安全生产法》的重要目的。安全生产不仅是经济问题，更是社会问题。一个地区、一个行业甚至一个单位重特大事故频发，不仅会严重影响经济发展进程，也会严重干扰社会和谐稳定大局，严重损害党和政府治国理政的形象。因此，制定《安全生产法》不仅仅是要促进经济发展，更要促进经济社会持续健康发展。把安全生产工作放在社会经济发展的整体格局中，是安全发展理念的必然要求，进一步表明了安全生产工作在社会经济发展中的重要位置。安全生产是经济社会持续健康发展的前提，是促进经济社会转型升级的重要抓手。这就要求把安全生产与经济社会发展各项工作同步规划、同步部署、同步推进，实现安全与速度、质量、效益相统一，安全生产与经济社会发展相协调。

3. 适用范围

在中华人民共和国领域内从事生产经营活动的单位的安全生产，适用《安全生产法》；有关法律、行政法规对消防安全和道路交通安全、铁路交通安全、水上交通安全、民用航空安全以及核与辐射安全、特种设备安全另有规定的，适用其规定。

（1）对《安全生产法》适用范围中“一般规定”的理解

《安全生产法》适用范围第一层次的规定是“在中华人民共和国领域内从事生产经营活动的单位（以下统称生产经营单位）的安全生产，适用本法”。这项规定所包含的内容和所覆盖的范围都是清楚的，具体如下：

1）各种所有制的生产经营单位，包括国有的、集体的、混合经济的、私营的、个体经营的、中外合资的、外商独资的等，都在适用范围之列。

2）各个地区、各个行业、各个部门、各个系统中从事生产经营活动的单位，都在适用范围之列。

3）《安全生产法》所指的生产经营活动，是一个广义的概念，既包括生产活动又包括经营活动，既包括合法的生产经营活动，也包括非法的生产经营活动等。

4）从事生产经营活动的单位，是指在社会生产经营活动中作为一个基本单元出现的实体。比如从事生产活动或者从事经营活动的一个个体工商户，作为社会生产经营的基本单元，其涉及安全生产的活动仍要遵守《安全生产法》。

（2）对《安全生产法》适用范围中“另有规定”的理解

1）有一部分从事生产经营活动的单位或安全事项具有特殊性，国家对其另行立法进行规范是必要的，对这部分在法律、行政法规中另有规定的，从其规定。这部分另有规定的范围为消防安全、道路交通安全、铁路交通安全、水上交通安全、民用航空安全、核与辐射安全、特种设备安全。也就是说，在这些领域中的安全事务，由有关的法律、行政法规进行调整，执行有关法律、行政法规中已作出的规定。但是，《安全生产法》确立的以人为本、安全发展的理念，以及安全生产工作方针、基本法律制度仍然适用于其他行业和领域的安全生产工作。

2）一些专门的立法规范了某一专业领域的安全生产行为，如《中华人民共和国矿山安全法》；一些有关法律也对安全生产作出了规定，如《中华人民共和国劳动法》对劳动安全、《中华人民共和国铁路法》对铁路安全、《中华人民共和国建筑法》对建筑安全生产等都作出了规定。这些规定与《安全生产法》的规定是基本一致的。

4. 主要内容

《安全生产法》从强化安全生产工作的摆位、进一步落实生产经营单位主体责任、政府安全监管定位和加强基层执法力量、强化安全生产责任追究等4个方面入手，在法律制度规定方面，主要有十大亮点。

（1）坚持以人为本，推进安全发展

《安全生产法》第三条提出，安全生产工作应当以人为本，坚持人民至上、生命至上，把保护人民生命安全摆在首位，树牢安全发展理念。这充分体现了习近平总书记等中央领导同志近年来关于安全生产工作一系列重要指示精神，对于坚守发展决不能以牺牲人的生命为代价这条红线，牢固树立人民至上、生命至上的理念，正确处理重大险情和事故应急救援中“保财产”还是“保人命”问题，具有重大现实意义。

（2）确立“十二字”安全生产方针

“安全第一、预防为主、综合治理”的“十二字”安全生产方针，明确了安全生产的重要地位、主体任务和实现安全生产的根本途径。“安全第一”要求从事生产经营活动必须把安全放在首位，不能以牺牲人的生命、健康为代价换取发展和效益。“预防为主”要求把安全生产工作的重心放在预防上，强化隐患排查治理，“打非治违”，从源头上控制、预防和减少生产安全事故。“综合治理”要求运用行政、经济、法治、科技等多种手段，充分发挥社会、从业人员、舆论监督的作用，抓好安全生产工作。

（3）落实“三个必须”，明确安全监管部门执法地位

按照“三个必须”（管业务必须管安全、管行业必须管安全、管生产经营必须管安全）的要求，《安全生产法》规定：一是国务院和县级以上地方各级人民政府应当建立健全安全生产工作协调机制，及时协调、解决安全生产监督管理中存在的重大问题。二是明确国务院和县级以上地方各级人民政府安全生产监督管理部门分别对全国和本行政区域内的安全生产工作实施综合监督管理，安全生产监督管理部门和有关部门在各自职责范围内对有关行业、领域的安全生产工作实施监督管理，并将其统称负有安全生产监督管理职责的部门。三是明确各级安全生产监督管理部门和其他负有安全生产监督管理职责的部门应依法开展安全生产行政执法工作，对生产经营单位执行法律、法规、国家标准或者行业标准的情况进行监督检查。

（4）明确乡镇人民政府和街道办事处，以及开发区、工业园区、港区、风景区等安全生产职责

乡镇和街道是安全生产工作的重要基础，有必要在立法层面明确其安全生产职责。同时，针对各地经济技术开发区、工业园区、港区、风景区等的安全监管体制不顺、监管人员配备不足、事故隐患集中、事故多发等突出问题，《安全生产法》明确规定，乡镇人民政府和街道办事处，以及开发区、工业园区、港区、风景区等应当明确负责安全生产监督管理的有关工作机构及职责，加强安全生产监管力量建设，按照职责对本行政区域或者管理区域内生产经营单位安全生产状况进行监督检查，协助人民政府有关部门或者按照授权依法履行安全生产监督管理职责。

（5）强化生产经营单位的安全生产主体责任

《安全生产法》把明确安全责任、发挥生产经营单位安全生产管理机构和安全生产管理人员作用作为一项重要内容，作出4个方面的重要规定：一是明确委托规定的机构提供安全生产技术、管理服务的，保证安全生产的责任仍然由本单位负责；二是明确生产经营单位全员安全生产责任制的内容，规定生产经营单位应当建立相应的机制，加强对全员安全生产责任制落实情况的监督考核；三是明确生产经营单位的安全生产管理机构以及安全生产管理人员应履行的职责；四是规定矿山、金属冶炼建设项目和用于生产、储存、装卸危险物品的建设项目竣工投入生产或者使用前，由建设单位负责组织对安全设

施进行验收。

（6）建立事故预防和应急救援的制度

加强事故预防和事故应急救援是安全生产工作的两项重要内容。《安全生产法》规定：一是生产经营单位必须建立健全并落实生产安全事故隐患排查治理制度，采取技术、管理措施及时发现并消除事故隐患，并向从业人员通报隐患排查治理情况。二是县级以上地方各级人民政府负有安全生产监督管理职责的部门要建立健全重大事故隐患治理督办制度，督促生产经营单位消除重大事故隐患。三是对未建立隐患排查治理制度、重大事故隐患排查治理情况未按规定报告，以及未采取有效措施消除事故隐患的行为，设定了严格的处罚。四是赋予负有安全生产监督管理职责的部门对拒不执行执法决定、有发生生产安全事故现实危险的生产经营单位依法采取停电、停供民用爆炸物品等措施，强制生产经营单位履行决定。五是国家建立应急救援基地和应急救援队伍，建立全国统一的应急救援信息系统。生产经营单位应当依法制定应急预案并定期演练。参与事故抢救的部门和单位要服从统一指挥，根据事故救援的需要组织采取警戒、疏散等措施。

（7）建立安全生产标准化制度

近年来矿山、危险化学品等高危行业企业安全生产标准化取得了显著成效，工贸行业领域的标准化工作正在全面推进，企业本质安全生产水平明显提高。结合多年的实践经验，《安全生产法》在总则部分明确提出推进安全生产标准化工作，这将对强化安全生产基础建设，促进企业安全生产水平持续提升产生重大而深远的影响。

（8）推行注册安全工程师制度

为解决中小企业安全生产“无人管、不会管”问题，促进安全生产管理人员队伍朝着专业化、职业化方向发展，国家实施了全国注册安全工程师执业资格统一考试，并于2014年在修订《安全生产法》时，确立了注册安全工程师制度，从两个方面加以推进：一是危险物品的生产、储存、装卸单位以及矿山、金属冶炼单位应当有注册安全工程师从事安全生产管理工作，鼓励其他生产经营单位聘用注册安全工程师从事安全生产管理工作。二是建立注册安全工程师按专业分类管理制度，授权国务院有关部门制定具体实施办法。

（9）推进安全生产责任保险制度

《安全生产法》总结近年来的试点经验，通过引入保险机制，促进安全生产，规定国家鼓励生产经营单位投保安全生产责任保险，并规定属于国家规定的高危行业、领域的，应当投保安全生产责任保险。安全生产责任保险具有其他保险所不具备的特殊功能和优势：一是增加事故救援费用和第三人（事故单位从业人员以外的事故受害人）赔付的资金来源。二是有利于现行安全生产经济政策的完善和发展。三是通过保险费率浮动、引进保险公司参与生产经营单位安全生产管理，可以有效促进生产经营单位加强安全生产工作。

（10）加大对安全生产违法行为的责任追究力度

1）规定了事故行政处罚。按照两个责任主体、四个事故等级，设立了对生产经营单位及其主要负责人的八项罚款处罚明文，大幅提高对事故责任单位和责任人的罚款金额。

2）加大罚款处罚力度。结合各地区经济发展水平、生产经营单位规模等实际，在维持罚款下限基本不变的情况下，将罚款上限提高了2~5倍。这反映了“打非治违”“重典治乱”的现实需要，强化了对安全生产违法行为的震慑力，也有利于降低执法成本、提高执法效能。

3）建立了严重违法行为公告和通报制度。要求负有安全生产监督管理职责的部门建立安全生产违法行为信息库，如实记录生产经营单位及其有关从业人员安全生产违法行为信息；对违法行为情节严重的生产经营单位及其有关从业人员，应当及时向社会公告，并通报行业主管部门、投资主管部门、自然资源主管部门、生态环境主管部门、证券监督管理部门和有关金融机构。

4）明确了安全生产工作机制的内涵。《安全生产法》第三条规定，建立生产经营单位负责、职工参与、政府监管、行业自律、社会监督的机制。这一规定进一步明确了各方安全生产职责，是对安全生产工作经验的总结。

①生产经营单位负责，是做好安全生产工作的根本。生产经营单位是安全生产的责任主体，对本单位的安全生产保障负责，《安全生产法》从多个方面进行了规定，包括生产经营单位应当具备法定的安全生产条件、生产经营单位主要负责人的安全生产职责、安全生产投入、安全生产责任制、安全生产管理机构以及安全生产管理人员的职责及配备、从业人员安全生产教育和培训、安全设施与主体工程“三同时”、安全警示标志、安全设备管理、危险物品安全管理、危险作业安全管理、发包出租的安全管理、事故隐患排查治理、有关从业人员安全管理等。

②职工参与，是做好安全生产工作的基础。职工是生产经营活动的直接操作者，安

全生产首先涉及职工的人身安全。职工参与安全生产工作主要有两种方式。一是生产经营单位的工会组织依法代表职工参加本单位安全生产工作的民主管理和民主监督，参与生产经营单位制定或者修改有关安全生产和职业健康的规章制度，维护职工在安全生产方面的合法权益。二是职工作为企业的主人要发挥其主人翁作用，关心企业的安全生产，关心自身的安全与健康，拒绝违章指挥和强令冒险作业，真正做到遵章守纪，按标作业；接受教育，提高技能；发现隐患，立即报告。

③政府监管，是做好安全生产工作的关键。在强化和落实生产经营单位主体责任、保障职工参与的同时，还必须充分发挥政府在安全生产方面的监管作用，以国家强制力为后盾，保证安全生产法律法规以及相关标准得到切实遵守，及时查处、纠正安全生产违法行为，消除事故除患，这是保障安全生产不可或缺的重要方面。所以，要健全完善安全生产综合监管和行业监管相结合的工作机制，强化安全生产监督管理部门对安全生产工作的综合监管，全面落实行业主管部门的专业监管和行业管理指导职责。各部门要加强协作，形成监管合力，在各级政府统一领导下，严厉打击违法生产、经营等影响安全生产的行为，对拒不执行监管监察指令的生产经营单位，要依法依规从重处罚。

④行业自律，是做好安全生产工作的发展方向。市场经济条件下，必须充分发挥行业协会等社会组织的作用。一方面，各个行业都要遵守国家法律、法规和政策；另一方面，行业组织要通过行规、行约制约本行业生产经营单位的行为。通过行业间的自律，促使生产经营单位能从自身安全生产的需要和保护从业人员生命健康的角度出发，自觉开展安全生产工作，切实履行生产经营单位的法定职责和社会职责。《安全生产法》规定，有关协会组织应依照法律、行政法规和章程，为生产经营单位提供安全生产方面的信息、培训等服务，发挥自律作用，促进生产经营单位加强安全生产管理。

⑤社会监督，是做好安全生产工作的推动力量。注重发挥新闻媒体和社会公众的舆论监督作用。有关部门和地区要进一步畅通安全生产的社会监督渠道，设立举报电话，接受人民群众的公开监督，将安全生产工作置于全社会的监督之下。《安全生产法》规定，任何单位或者个人对事故隐患或者安全生产违法行为，均有权向负有安全生产监督管理职责的部门报告或者举报。居民委员会、村民委员会发现其所在区域内的生产经营单位存在事故隐患或者安全生产违法行为时，应当向当地人民政府或者有关部门报告。新闻、出版、广播、电影、电视等单位有进行安全生产公益宣传教育的义务，有对违反

安全生产法律、法规的行为进行舆论监督的权利。

二、《职业病防治法》及其主要内容 

1. 立法情况

《职业病防治法》于2001年10月27日第九届全国人民代表大会常务委员会第二十四次会议通过，根据2011年12月31日第十一届全国人民代表大会常务委员会第二十四次会议《关于修改〈中华人民共和国职业病防治法〉的决定》第一次修正，根据2016年7月2日第十二届全国人民代表大会常务委员会第二十一次会议《关于修改〈中华人民共和国节约能源法〉等六部法律的决定》第二次修正，根据2017年11月4日第十二届全国人民代表大会常务委员会第三十次会议《关于修改〈中华人民共和国会计法〉等十一部法律的决定》第三次修正，根据2018年12月29日第十三届全国人民代表大会常务委员会第七次会议《关于修改〈中华人民共和国劳动法〉等七部法律的决定》第四次修正。

2. 主要内容

《职业病防治法》包括总则、前期预防、劳动过程中的防护与管理、职业病诊断与职业病病人保障、监督检查、法律责任、附则七个章节。《职业病防治法》是在我国建立和完善社会主义市场经济体制及我国经济关系、劳动关系发生深刻变化形势下制定的，它从法律规范的角度，维护了从业人员的健康权益，是促进我国经济可持续发展的一部非常好的法律。

（1）立法的宗旨

《职业病防治法》的立法宗旨是为了预防、控制和消除职业病危害，防治职业病，保护从业人员健康及其相关权益，促进经济发展。这充分体现了党和政府对广大从业人员身体健康的关怀，是“全心全意为人民服务”重要思想的具体体现。

（2）坚持预防为主、防治结合的方针

防治职业病的关键在预防，不少职业病目前尚无有效根治手段，但是可以预防的，因此，防治职业病必须从源头抓起。《职业病防治法》规定的建设项目职业病危害预评价制度、职业病危害项目申报制度、“三同时”（即职业病防护设施与主体工程同时设计、同时施工、同时投入生产和使用）审查制度，都是预防为主方针的具体体现，力求把预防控制措施提前到建设项目的论证、设计、施工阶段，从根本上消除危害因素对从业人员的危害。

（3）明确了用人单位在职业病防治中的责任

用人单位应当为从业人员创造符合国家职业卫生标准和卫生要求的工作环境和条件，并采取措施保障从业人员获得职业卫生保护，且应当建立健全职业病防治制度，对本单位产生的职业病危害承担责任，依法参加工伤保险。这些规定明确了用人单位在防治职业病、保护从业人员健康方面的法定责任。

（4）明确了职业卫生标准

《职业病防治法》规定，有关防治职业病的国家职业卫生标准，由国务院卫生行政部门制定并公布，这有利于尽快建立和完善职业卫生标准体系，为实施《职业病防治法》提供技术保障。

（5）明确了从业人员享有的职业卫生保护权利

从业人员享有的职业卫生保护权利有：①获得职业卫生教育、培训；②职业健康检查、职业病诊疗、康复等职业病防治服务；③了解工作场所产生或者可能产生的职业病危害因素、危害后果和应当采取的职业病防护措施；④要求用人单位提供符合防治职业病要求的职业病防护措施和个人使用的职业病防护用品，改善工作条件；⑤对违反职业病防治法律法规以及危及生命健康的行为提出批评、检举和控告；⑥拒绝违章指挥和强令进行没有职业病防护措施的作业；⑦参与用人单位职业卫生工作的民主管理，对职业病防治工作提出意见和建议。

（6）关于职业病的诊断、鉴定制度

职业病诊断是一项技术性和政策性都非常强的工作，《职业病防治法》规定，职业病的诊断应当由取得医疗机构执业许可证的医疗卫生机构承担。从业人员可在用人单位所在地、本人户籍所在地或者经常居住地，向依法承担职业病诊断的机构申请进行职业病诊断。在职业病诊断、鉴定过程中，用人单位不提供工作场所职业病危害因素检测结果等相关资料的，诊断、鉴定机构也可结合从业人员的临床表现、辅助检查结果和从业人员的职业史、职业病危害接触史，并参考从业人员的自述及卫生行政部门提供的日常监督检查信息等，作出职业病诊断、鉴定结论。职业病诊断、鉴定机构需要了解工作场所职业病危害因素情况时，可以对工作场所进行现场调查，也可以向卫生行政部门提出，卫生行政部门应当在10日内组织现场调查，用人单位不得拒绝、阻挠。从业人员对用人单位提供的工作场所职业病危害因素检测结果等资料有异议，或因用人单位解散、破产无法提供相关资料的，诊断、鉴定机构可提请卫生行政部门进行调查，卫生行政部门自接到申请之日起30日内应对存在异议的资料或作业场所危害因素情况作出判定，有关部门应予配合。职业病诊断、鉴定过程中，在确认从业人员职业史、职业病危害接触史时，当事人对劳动关系、工种、工作岗位或在岗时间有争议的，可以向当地劳动人事争议仲裁机构申请仲裁，劳动人事争议仲裁委员会应当受理，并在30日内作出裁决；从业人员对仲裁不服的，还可依法向人民法院提起诉讼。这些规定有利于规范职业病诊断、鉴定工作，确保职业病诊断、鉴定工作公平、公正地进行。

（7）关于职业卫生监督制度

《职业病防治法》规定，国务院卫生行政部门、劳动保障行政部门依照《职业病防治法》和国务院确定的职责，负责全国职业病防治的监督管理工作。国务院有关部门在各自的职责范围内负责职业病防治的有关监督管理工作。县级以上地方人民政府卫生行政部门、劳动保障行政部门依据各自职责，负责本行政区域内职业病防治的监督管理工作；县级以上地方人民政府有关部门在各自的职责范围内负责职业病防治的有关监督管理工作。县级以上地方人民政府卫生行政部门、劳动保障行政部门应当加强沟通，密切配合，按照各自职责分工，依法行使职权，承担责任。国务院和县级以上地方人民政府应当制定职业病防治规划，将其纳入国民经济和社会发展计划，并组织实施。县级以上地方人民政府统一负责、领导、组织、协调本行政区域的职业病防治工作，建立健全职业病防治工作体制、机制，统一领导、指挥职业卫生突发事件应对工作；加强职业病防治能力建设和服务体系建设，完善、落实职业病防治工作责任制。

三、《烟花爆竹安全管理条例》及其主要内容 

1. 制定背景

我国是烟花爆竹的生产、消费和出口大国，现有生产烟花爆竹企业约7 000家，销售企业约14万家，从业人员约150万人；烟花爆竹的产值约120亿元，出口总值约3.4亿美元，产量约占世界的75%。目前，烟花爆竹生产、销售已成为我国一些地方经济发展的支柱产业。同时，烟花爆竹生产属于劳动密集型的高危行业，具有生产企业规模小、工艺设备简单、技术含量低、投资成本小、风险高等特点。近几年来，由于一些地方忽视对烟花爆竹的安全管理，致使烟花爆竹安全事故时有发生，随着烟花爆竹市场需求大量增加，事故隐患也随之增加。为了预防烟花爆竹安全事故发生，切实保障公共安全和人身、财产安全，有必要通过制定《烟花爆竹安全管理条例》完善现行法律制度，依法加强对烟花爆竹的安全管理。

《烟花爆竹安全管理条例》经2006年1月11日国务院第121次常务会议通过，自公布之日起施行。2016年2月6日，中华人民共和国国务院令第666号《国务院关于修改部分行政法规的决定》经2016年1月13日国务院第119次常务会议通过，就《烟花爆竹安全管理条例》进行修订。

2. 主要内容

《烟花爆竹安全管理条例》共分七章四十六条，分别为总则、生产安全、经营安全、运输安全、燃放安全、法律责任、附则，主要对烟花爆竹生产、经营、运输、燃放等几个环节的安全管理作了明确规定。

（1）明确了烟花爆竹的概念

《烟花爆竹安全管理条例》中所称的烟花爆竹包括烟花爆竹成品和用于生产烟花爆竹的民用黑火药、烟火药、引火线等物品。

（2）明确了《烟花爆竹安全管理条例》的适用范围

烟花爆竹的生产、经营、运输和燃放，适用《烟花爆竹安全管理条例》。

（3）明确了烟花爆竹安全管理的职责分工

安全生产监督管理部门负责烟花爆竹的安全生产监督管理，公安部门负责烟花爆竹的公共安全管理，质量监督检验部门负责烟花爆竹的质量监督和进出口检验。

（4）明确了四项行政许可

《烟花爆竹安全管理条例》第三条规定，国家对烟花爆竹的生产、经营、运输和举办焰火晚会以及其他大型焰火燃放活动，实行许可证制度。

其中，安全生产监督管理部门负责生产、经营的行政许可，公安部门负责运输和举办焰火晚会以及其他大型焰火燃放活动的行政许可。

烟花爆竹生产企业的安全生产许可证由省级安全生产监督管理部门负责审查发放，烟花爆竹批发经营企业的经营许可证由设区的市级安全生产监督管理部门负责审查发放，零售经营者的经营许可证由所在地县级安全生产监督管理部门审查发放。

(5) 明确了企业的安全主体责任

烟花爆竹生产、经营、运输和举办焰火晚会及其他大型焰火燃放活动主办单位的主要负责人，对本单位的烟花爆竹安全工作负责。

(6) 明确了持证上岗工种

在烟花爆竹生产过程中，药物混合、造粒、筛选、装药、筑药、压药、切引、搬运等危险工序作业人员必须经过设区的市级人民政府安全生产监督管理部门考核合格，方可上岗。

(7) 明确了经营形式和对经营行为的规定

烟花爆竹经营形式分为批发和零售两种，经营的布点应当经过安全生产监督管理部门审批。对经营行为的规定：批发企业应当向生产企业采购，向零售经营者供应；零售经营者应当向批发企业采购，不得直接从生产企业订货。

(8) 明确了黑火药、烟火药、引火线的管理

生产企业必须建立黑火药、烟火药、引火线的购买、领用、销售登记制度，防止丢失。如果发生丢失，要立即向当地安全生产监督管理部门和公安部门报告。由公安部门负责追缴丢失的物品并实施处罚。

不得向未取得烟花爆竹安全生产许可的单位或个人销售黑火药、烟火药、引火线。

(9) 明确了对生产烟花爆竹所用原材料的限制

1) 限制用量，不能超量使用，须按照国家标准来执行。

2) 不得使用违禁药物。

(10) 明确了打击非法行为的职责

《烟花爆竹安全管理条例》第五条规定，公安部门、安全生产监督管理部门、市场监督管理部门应当按照职责分工，组织查处非法生产、经营、储存、运输、邮寄烟花爆竹以及非法燃放烟花爆竹的行为。

《烟花爆竹安全管理条例》第三十六条第三款规定，非法生产、经营、运输烟花爆竹，构成违反治安管理行为的，依法给予治安管理处罚；构成犯罪的，依法追究刑事责任。

3. 关于实行许可证制度

《中华人民共和国行政许可法》规定，直接涉及公共安全以及直接关系人身健康、生命财产安全等特定活动，需要按照法定条件予以批准的事项，可以设定行政许可。国务院公布施行的《安全生产许可证条例》规定，国家对矿山企业、建筑施工企业和危险化学品、烟花爆竹、民用爆破物品生产企业实行安全生产许可制度。烟花爆竹是易燃易爆危险物品，直接涉及公共安全和人身健康、生命财产安全。因此，《烟花爆竹安全管理条例》规定，对烟花爆竹生产、经营、运输、焰火晚会以及其他大型焰火燃放活动实行许可证制度，并规定了明确的许可条件和许可程序。

4. 关于烟花爆竹生产的安全管理

烟花爆竹生产具有极大的危险性，烟花爆竹行业的爆炸事故大多发生在生产环节。实践证明，加强对烟花爆竹生产环节的规范和管理，对实现安全生产目标至关重要。因此，《烟花爆竹安全管理条例》对烟花爆竹生产的安全管理作了以下规定：

（1）生产烟花爆竹的企业应当具备一定的条件。

（2）生产烟花爆竹的企业应当经过省、自治区、直辖市人民政府安全生产监督管理部门的安全生产许可，并按照安全生产许可证核定的产品种类进行生产，生产工序和生产作业应当执行有关国家标准和行业标准。

（3）生产烟花爆竹的企业应当对生产作业人员进行安全生产知识教育，对从事药物混合、造粒、筛选、装药、筑药、压药、切引、搬运等危险工序的作业人员进行专业技术培训。从事危险工序的作业人员经考核合格，方可上岗作业。

（4）生产烟花爆竹使用的原料，应当符合国家标准的规定；国家标准有用量限制的，不得超过规定的用量。不得使用国家标准规定禁止使用或者禁忌配伍的物质生产烟花爆竹。

（5）对违反烟花爆竹生产安全管理的行为，规定了严格的法律责任。

此外，黑火药、烟火药、引火线是用于生产烟花爆竹的原料，必须严格管理。因此，《烟花爆竹安全管理条例》规定了生产烟花爆竹的企业，应当对黑火药、烟火药、引火线的保管采取必要的安全措施，建立购买、领用、销售登记制度，防止丢失。黑火药、烟火药、引火线丢失的，企业应当立即向当地安全生产监督管理部门、公安部门报告。生产、经营、使用黑火药、烟火药、引火线的企业，丢失黑火药、烟火药、引火线未及时报告的，由公安部门对企业主要负责人处以罚款，对丢失物品予以追缴。

5. 关于烟花爆竹经营的安全管理

为了加强烟花爆竹在流通领域的安全管理，杜绝非法生产的烟花爆竹进入流通领域，《烟花爆竹安全管理条例》对烟花爆竹经营的安全管理作了以下规定：

（1）从事烟花爆竹批发的企业和零售经营者的经营布点，应当经安全生产监督管理部门审批。严格禁止在城市市区布设烟花爆竹批发场所，严格控制并合理布设城市市区烟花爆竹零售网点。

（2）从事烟花爆竹批发的企业和零售经营者应当具备一定的条件。

（3）烟花爆竹批发企业应当经设区的市人民政府安全生产监督管理部门许可，零售经营者应当经县级人民政府安全生产监督管理部门许可。

（4）规范了烟花爆竹的经营行为。烟花爆竹批发企业应当向生产烟花爆竹的企业采购烟花爆竹，向烟花爆竹零售经营者供应烟花爆竹。烟花爆竹零售经营者应当向烟花爆竹批发企业采购烟花爆竹。

（5）对违反烟花爆竹经营安全管理的行为，规定了严格的法律责任。

此外，《烟花爆竹安全管理条例》还规定了生产、经营黑火药、烟火药、引火线的企业，不得向未取得烟花爆竹安全生产许可的任何单位或者个人销售黑火药、烟火药、引火线。向未取得烟花爆竹安全生产许可的单位或者个人销售黑火药、烟火药和引火线的，由安全生产监督管理部门责令停止非法生产、经营活动，处以罚款，并没收非法生产、经营的物品及违法所得。

6. 关于烟花爆竹运输的安全管理

（1）为了加强烟花爆竹运输的安全管理，《烟花爆竹安全管理条例》规定了经由道路运输烟花爆竹的，应当经公安部门许可。经由铁路、水路、航空运输烟花爆竹的，依照铁路、水路、航空运输安全管理的有关法律、法规、规章的规定执行。经由道路运输烟花爆竹的，除应当遵守《中华人民共和国道路交通安全法》外，还应当遵守《烟花爆竹安全管理条例》的规定。驾驶员应当随车携带烟花爆竹道路运输许可证；不得违反运输许可事项；运输车辆应当悬挂或者安装符合国家标准的易燃易爆危险物品警示标志；烟花爆竹的装载必须符合国家有关标准和规范；装载烟花爆竹的车厢不得载人；运输车辆应当限速行驶，途中经停必须有专人看守；出现危险情况应当采取必要的措施，并报告当地公安部门。

（2）针对烟花爆竹运输中存在的同一个运输许可证被重复使用的问题，《烟花爆竹安全管理条例》规定了烟花爆竹道路运输许可证应当载明托运人、承运人、一次性运输有效期限、起始地点、行驶路线、经停地点以及烟花爆竹的种类、规格和数量等许可事项。烟花爆竹运达目的地后，收货人应当在3日内将烟花爆竹道路运输许可证交回发证机关核销。

（3）为了维护公共交通安全，《烟花爆竹安全管理条例》规定了禁止携带烟花爆竹搭乘公共交通工具。对携带烟花爆竹搭乘公共交通工具的，由公安部门予以制止，处以罚款，并没收非法携带的烟花爆竹。

7. 关于烟花爆竹燃放的安全管理

针对近几年来烟花爆竹燃放安全事故时有发生的情况，《烟花爆竹安全管理条例》规定了燃放烟花爆竹应当遵守有关法律、法规和规章的规定。同时，考虑到烟花爆竹燃放管理属于地方事权，《烟花爆竹安全管理条例》规定了县级以上地方人民政府可以根据本行政区域的实际情况，确定限制或者禁止燃放烟花爆竹的时间、地点和种类。在禁止燃放烟花爆竹的时间、地点燃放烟花爆竹，或者以危害公共安全和人身、财产安全的方式燃放烟花爆竹的，由公安部门责令停止燃放，处以罚款；构成违反治安管理行为的，依法给予治安管理处罚。

为了维护焰火晚会及其他大型焰火燃放活动的公共安全，《烟花爆竹安全管理条例》规定了举办焰火晚会及其他大型焰火燃放活动应当按照举办的时间、地点、环境、活动性质、规模以及燃放烟花爆竹的种类、规格和数量，确定危险等级，经过有关人民政府公安部门许可，并按照焰火燃放安全规程和经许可的燃放作业方案进行燃放作业。公安部门应当加强对危险等级较高的焰火晚会及其他大型焰火燃放活动的监督检查。对未经许可举办焰火晚会及其他大型焰火燃放活动，或者举办焰火晚会及其他大型焰火燃放活动的燃放作业单位和作业人员违反焰火燃放安全规程、燃放作业方案进行燃放作业的，由公安部门责令停止燃放，对主要责任人员处以罚款。

四、《生产安全事故报告和调查处理条例》及其主要内容 

1. 制定背景

生产安全事故的报告和调查处理是安全生产工作的重要环节。国务院 1989 年公布施行的《特别重大事故调查程序暂行规定》和 1991 年公布施行的《企业职工伤亡事故报告和处理规定》，对规范事故报告和调查处理发挥了重要作用。但是，随着社会主义市场经济的发展，安全生产领域出现了一些新情况、新问题。比如，生产经营单位的所有制形式多元化，由过去以国有制和集体所有制为主发展为多种所有制的生产经营单位并存，特别是私营、个体等非公有制生产经营单位在数量上占据多数，并且出现了公司、合伙企业、合作企业、个人独资企业等多样化的组织形式，生产经营单位的内部管理和决策机制也随之多样化、复杂化，给安全生产监督管理提出了新的课题；在经济持续快速发展的同时，安全生产面临着严峻形势，特别是矿山等高危行业或者领域事故多发的势头没有得到根本遏制；安全生产监督管理体制发生了较大变化，各级政府特别是地方政府在安全生产工作中负有越来越重要的职责；社会各界对于生产安全事故报告和调查处理的关注度越来越高，需要采取更加有效的措施，进一步规范事故报告和调查处理工作。

为规范事故报告和调查处理工作，落实事故责任追究制度，维护事故受害人的合法权益和社会稳定，预防和减少事故发生，进一步为安全生产提供法律保障，《生产安全事故报告和调查处理条例》（以下简称《条例》）自 2007 年 6 月 1 日起施行，共六章四十六条。《条例》是为了规范生产安全事故的报告和调查处理，落实生产安全事故责任追究制度，防止和减少生产安全事故，根据《安全生产法》和有关法律而制定的。2015 年 1 月 16 日，《国家安全监管总局关于修改〈生产安全事故报告和调查处理条例〉罚款处罚暂行规定等四部规章的决定》（国家安全生产监督管理总局令第 77 号）经国家安全生产监督管理总局局长办公会议审议通过，自 2015 年 5 月 1 日起施行。

2. 总体思路

生产安全事故报告和调查处理，既要及时、准确地查明事故原因，明确事故责任，使责任人受到追究，又要总结经验教训，落实整改和防范措施，防止类似事故再次发生。同时，生产安全事故报告和调查处理涉及众多行业或者领域，涉及各级政府及其多个部门的职责，现行有关法律、行政法规对一些行业或者领域事故的报告和调查处理已经作了相应规定。针对这种情况，《条例》的总体思路把握了以下 4 个方面：

（1）贯彻落实“四不放过”原则。“四不放过”，即事故原因未查明不放过，责任人未处理不放过，整改措施未落实不放过，有关人员未受到教育不放过。这是事故调查处理工作的根本要求，《条例》规定的主要制度和措施都体现了这一原则。

（2）坚持“政府统一领导、分级负责”的原则。各级人民政府都负有加强对安全生产工作领导的职责，特别是地方各级人民政府对于本行政区域内的安全生产负总责。因此，生产安全事故报告和调查处理必须坚持“政府统一领导、分级负责”的原则。同时，也要充分考虑和兼顾民航、铁路、交通等行业或者领域的特殊性及其事故报告与调查处理的现行体制和做法。

（3）重在完善程序，明确责任。规范生产安全事故的报告和调查处理，首先需要完善有关程序，为事故报告和调查处理工作提供明确的“操作规程”。同时，还必须明确政府及其有关部门、事故发生单位及其主要负责人以及其他单位和个人在事故报告和调查处理中所负的责任。

（4）注意《条例》与有关法律、行政法规的衔接，维护法制统一。

3. 事故等级划分

根据国务院印发的《国家突发公共事件总体应急预案》的规定，按照事故造成的伤亡人数或者直接经济损失，《条例》将事故划分为特别重大事故、重大事故、较大事故和一般事故 4 个等级。特别重大事故，是指造成 30 人以上死亡，或者 100 人以上重伤，或者 1 亿元以上直接经济损失的事故；重大事故，是指造成 10 人以上 30 人以下死亡，或者 50 人以上 100 人以下重伤，或者 5 000 万元以上 1 亿元以下直接经济损失的事故；较大事故，是指造成 3 人以上 10 人以下死亡，或者 10 人以上 50 人以下重伤，或者 1 000 万元以上 5 000 万元以下直接经济损失的事故；一般事故，是指造成 3 人以下死亡，或者 10 人以下重伤，或者 1 000 万元以下直接经济损失的事故。其中，事故造成的急性工业中毒，也属于重伤的范围。

需要说明的是，《条例》规定事故一般分为上述 4 个等级，针对一些行业或者领域事故的实际情况，《条例》还规定国务院安全生产监督管理部门可以会同国务院有关部门，制定事故等级划分的补充性规定。这样规定，体现了原则性和灵活性的统一，更加符合实际情况。

4. 事故报告

《条例》在提出事故报告应当及时、准确、完整，任何单位和个人对事故不得迟报、谎报、瞒报和漏报这一总体要求的同时，还从 4 个方面作了进一步规定：

（1）进一步落实事故报告责任。事故现场有关人员、事故发生单位的主要负责人、安全生产监督管理部门和负有安全生产监督管理职责的有关部门，以及有关地方人民政府，都有报告事故的责任。

（2）明确事故报告的程序和时限。事故发生后，事故现场有关人员应当立即向本单位负责人报告，单位负责人应当于 1 小时内向事故发生地县级以上人民政府安全生产监督管理部门和负有安全生产监督管理职责的有关部门报告。安全生产监督管理部门和负有安全生产监督管理职责的有关部门接到事故报告后，应当按照事故的级别逐级上报事故情况，并且每级上报的时间不得超过 2 小时。

（3）规范事故报告的内容。事故报告的内容应当包括事故发生单位概况，事故发生的时间、地点、简要经过和事故现场情况，事故已经造成或者可能造成的伤亡人数和初步估计的直接经济损失，以及已经采取的措施等。事故报告后出现新情况的，还应当及时补报。

（4）建立值班制度。为了方便人民群众报告和举报事故，强化社会监督，《条例》规定，安全生产监督管理部门和负有安全生产监督管理职责的有关部门应当建立值班制度，受理事故报告和举报。

5. 事故调查

（1）调查的组织责任

按照“政府统一领导、分级负责”的原则，《条例》对不同等级事故组织事故调查的责任分别作了规定。特别重大事故，由国务院或者国务院授权的部门组织事故调查组进行调查。重大事故、较大事故和一般事故，分别由事故发生地省级人民政府、设区的市级人民政府、县级人民政府负责调查；有关人民政府可以直接组成事故调查组进行调查，也可以授权或者委托有关部门组织事故调查组进行调查。对于没有造成人员伤亡的一般事故，也可以由县级人民政府委托事故发生单位组织事故调查组进行调查。

同时，考虑到火灾、道路交通、水上交通等行业或者领域的事故调查处理已有专门法律、行政法规作出规定，《条例》规定：特别重大事故以下等级事故的报告和调查处理，有关法律、行政法规、国务院另有规定的，依照其规定。

（2）事故调查组

事故调查是由事故调查组具体负责的。保证事故调查的客观、公正和高效，关键在于事故调查组的组成要合理、职责要明确、职权要充分、纪律要严明。据此，《条例》从4个方面作了规定：

1）明确了事故调查组组成的原则、组成单位以及事故调查组成员应当具备的基本条件。事故调查组应当遵循精简、效能的原则，由有关人民政府、安全生产监督管理部门、负有安全生产监督管理职责的有关部门、监察机关、公安机关以及工会派人组成，并邀请人民检察院派人参加。事故调查组成员应当具有事故调查所需要的知识和专长，并与所调查的事故没有直接利害关系。

2）明确了事故调查组的职责及其在事故调查中的职权。事故调查组的职责包括：查明事故发生的经过、原因、人员伤亡情况及直接经济损失，认定事故的性质和事故责任，提出对事故责任者的处理建议，总结事故教训，提出防范和整改措施，提交事故调查报告等。事故调查组有权向有关单位和个人了解与事故有关的情况，并要求其提供相关文件、资料，有关单位和个人不得拒绝。

3）对事故调查组成员的行为规范作了明确规定。事故调查组成员在事故调查工作中应当诚信公正、恪尽职守，遵守事故调查组的纪律，保守事故调查的秘密，未经事故调查组组长允许，不得擅自发布有关事故的信息。

4）明确规定了提出事故报告的时限和事故调查报告的内容。原则上，事故调查组应当自事故发生之日起60日内提交事故调查报告；特殊情况下，提交事故调查报告的期限经批准可以延长，但延长的期限最长不超过60日。事故调查报告除了要包括事故发生单位概况、事故经过和救援情况、事故造成的人员伤亡和直接经济损失等内容外，还应当包括事故发生的原因和事故性质、事故责任的认定、对事故责任者的处理建议以及防范和整改措施等内容，并应当附具有关证据材料，由事故调查组成员签名。

6. 事故责任追究和惩处

（1）事故责任追究

事故处理是落实“四不放过”要求的核心环节。为保证及时、严肃地进行事故处理，

《条例》从 4 个方面作了规定：

1）明确了事故调查报告的批复主体和批复的期限。事故调查报告由负责组织事故调查的人民政府批复。重大事故、较大事故、一般事故自收到事故调查报告之日起 15 日内作出批复；特别重大事故在 30 日内作出批复，特殊情况下，批复时间可以适当延长，但延长的时间最长不超过 30 日。

2）对落实事故责任追究作了规定。有关机关对事故发生单位和有关人员进行行政处罚，对负有事故责任的国家工作人员进行处分；事故发生单位对本单位负有事故责任的人员进行处理；负有事故责任的人员涉嫌犯罪的，依法追究刑事责任。

3）明确了防范和整改措施的落实及其监督检查。防范和整改措施由事故发生单位负责落实，落实情况除接受工会和职工的监督外，安全生产监督管理部门和负有安全生产监督管理职责的有关部门要进行监督检查。

4）确立了事故处理情况的公布制度。事故处理情况除依法需要保密的外，要向社会公布。

（2）事故惩处

《条例》对事故发生单位及其主要负责人和其他有关人员、中介机构及其有关人员，有关地方人民政府、安全生产监督管理部门和负有安全生产监督管理职责的有关部门及其有关人员，在事故报告和调查处理中的违法行为以及未履行安全生产职责导致事故发生等行为，都规定了力度较大的惩处措施，包括行政处罚、处分以及刑事责任等。其中的行政处罚既有财产罚，又有资格罚，目的就在于进一步加大处罚力度，有效地预防事故发生。比如，对事故发生单位最高可处 200 万元以上 500 万元以下的罚款，对其主要负责人、直接负责的主管人员和其他直接责任人员，最高可处上一年年收入 60%～100% 的罚款；对负有责任的事故发生单位依法暂扣或者吊销其有关证照，对其负有事故责任的有关人员，依法暂停或者撤销其与安全生产有关的执业资格、岗位证书。

五、《工伤保险条例》及其主要内容 

1. 制定和修订背景

《工伤保险条例》是为保障因工作遭受事故伤害或者患职业病的职工获得医疗救治和经济补偿，促进工伤预防和职业康复，分散用人单位的工伤风险而制定的。《工伤保险条例》由国务院于2003年4月27日发布，自2004年1月1日起施行。2010年12月8日，国务院第136次常务会议通过《国务院关于修改〈工伤保险条例〉的决定》，由中华人民共和国国务院令第586号公布，自2011年1月1日起施行。

我国经济飞速发展，从农业生产加入工业生产的劳动力数量不断增加，工伤事故和职业病发生频数也在随之增长。作为国家安全生产的保护网，工伤保险制度发挥着非常重要的作用。近年来我国工伤保险期末参保人数逐年增加，截止到2020年年末我国工伤保险参保人数达26 770万人，较2019年增加了1 295.6万人，同比增长5.1%，未来将继续增长。

随着经济社会的发展，工伤保险制度面临一些新情况、新问题。例如，事业单位、社会团体、民办非企业单位等组织的职工工伤政策不明确，工伤认定范围不够合理，工伤认定、劳动能力鉴定和争议处理程序复杂、时间冗长，一次性工亡补助金和一次性伤残补助金标准偏低等，这些问题都需要从制度层面加以解决、完善。

为了解决实践中出现的新问题，健全工伤保险制度，《工伤保险条例》的修订主要作了以下几处修改：一是扩大了工伤保险的适用范围；二是调整了工伤认定范围；三是简化了工伤认定、劳动能力鉴定和争议处理程序；四是提高了部分工伤待遇标准；五是减少了由用人单位支付的待遇项目，增加了由工伤保险基金支付的待遇项目等。

2. 主要具体内容

（1）扩大适用范围

2004年颁布的《工伤保险条例》规定中华人民共和国境内的各类企业、有雇工的个体工商户应当为其职工（雇工）缴纳工伤保险费，对事业单位、社会团体、民办非企业单位、基金会、律师事务所、会计师事务所等组织职工的工伤事宜未作规定，而是授权国务院有关部门制定具体办法。2005年，劳动保障部、人事部、民政部和财政部联合发布《关于事业单位、民间非营利组织工作人员工伤有关问题的通知》，对参照公务员法管理和不属于财政拨款的两类事业单位、社会团体、民办非企业单位等组织的工作人员的工伤待遇作了明确规定，对这两类之外的其他事业单位、社会团体、民办非企业单位以及基金会、律师事务所、会计师事务所等组织的工作人员的工伤待遇问题未作规定，而是交由省级地方政府规定。

为了解决这部分职工工伤政策不明确、不统一的问题，决定扩大工伤保险的适用范围，将不参照公务员法管理的事业单位、社会团体，以及民办非企业单位、基金会、律师事务所、会计师事务所等组织也纳入了工伤保险适用范围。2011 年 1 月 1 日实施的新《工伤保险条例》规定，中华人民共和国境内的企业、事业单位、社会团体、民办非企业单位、基金会、律师事务所、会计师事务所等组织和有雇工的个体工商户都应当为本单位全部职工或雇工缴纳工伤保险费。

（2）建立和完善工伤保险基金

《工伤保险条例》规定，工伤保险基金由用人单位缴纳的工伤保险费、工伤保险基金的利息和依法纳入工伤保险基金的其他资金组成。工伤保险费根据“以支定收、收支平衡”的原则，确定费率。工伤保险基金实行省级统筹。

（3）实行差别费率和浮动费率

为鼓励企业加强工伤事故预防，减少伤亡事故，《工伤保险条例》规定，国家根据不同行业的工伤风险程度确定行业的差别费率，并根据工伤保险费使用、工伤发生率等情况在每个行业内确定若干费率档次。

（4）规范工伤认定以及认定程序

《工伤保险条例》规定了应当认定为工伤的 7 种情形，以及视同工伤的 3 种情形。《工伤保险条例》对用人单位提出工伤认定申请、应提交的材料，以及社会保险行政部门受理工伤认定申请、作出工伤认定的决定等程序进行了规范。

（5）规范劳动能力鉴定以及鉴定程序

劳动能力鉴定是指劳动功能障碍程度和生活自理障碍程度的等级鉴定。《工伤保险条例》规定，劳动功能障碍分为 10 个伤残等级，最重的为一级，最轻的为十级；生活自理障碍分为生活完全不能自理、生活大部分不能自理和生活部分不能自理 3 个等级。《工伤保险条例》还对劳动能力鉴定委员会的组成、劳动能力鉴定程序等问题，作出了明确的规定。

（6）制定全面、合理的工伤保险待遇

《工伤保险条例》对于工伤保险待遇的规定如下：

1）职工因工作遭受事故伤害或患职业病进行治疗，享受工伤医疗待遇。

2）工伤职工因日常生活或就业需要，经劳动能力鉴定委员会确认，可以安装或配置必要的辅助器具，所需费用按照国家规定的标准由工伤保险基金支付。

3）工伤职工停工留薪期内，原工资福利待遇不变，由所在单位按月支付。

4）工伤职工已经评定伤残等级并经劳动能力鉴定委员会确认需要生活护理的，由工伤保险基金按月支付生活护理费。

5）职工因工致残被鉴定为一级至四级伤残的，由工伤保险基金按伤残等级支付一次性伤残补助金，并按月支付伤残津贴。

6）职工因工致残被鉴定为五级、六级伤残的，由工伤保险基金按伤残等级支付一次性伤残补助金；保留与用人单位的劳动关系，由用人单位安排适当工作，难以安排工作的，由用人单位按月支付伤残津贴。

7）职工因工致残被鉴定为七级至十级伤残的，由工伤保险基金按伤残等级支付一次性伤残补助金。劳动、聘用合同期满终止，或者职工本人提出解除劳动、聘用合同的由工伤保险基金支付一次性工伤医疗补助金，由用人单位支付一次性伤残就业补助金。

8）工伤职工工伤复发确认需要治疗的，享受《工伤保险条例》第三十条、第三十二条和第三十三条规定的工伤待遇。

9）职工因工死亡的，其近亲属领取丧葬补助金、供养亲属抚恤金和一次性工亡补助金。

（7）规范了监督管理，明确了法律责任

《工伤保险条例》规定了以下法律责任：

1）单位或者个人违反规定挪用工伤保险基金的法律责任。

2）社会保险行政部门工作人员的法律责任。

3）社会保险经办机构的法律责任。

4）医疗机构、辅助器具配置机构的法律责任。

5）从事劳动能力鉴定的组织或者个人的法律责任。

6）用人单位依照《工伤保险条例》规定应当参加工伤保险而未参加的法律责任。

7）公务员和参照公务员法管理的事业单位、社会团体的工作人员因工作遭受事故伤害或者患职业病的，由所在单位支付费用。具体办法由国务院社会保险行政部门会同国务院财政部门规定。

六、《烟花爆竹生产企业安全生产许可证实施办法》及其主要内容 

1. 制定、修订背景

依据《安全生产许可证条例》，国家安全生产监督管理局于 2004 年 5 月颁布了《烟花爆竹生产企业安全生产许可证实施办法》（国家安全生产监督管理局、国家煤矿安全监察局令第 11 号）。自该办法实施以来，相继出现了一些新的情况。

一是烟花爆竹安全管理行政法规进一步完善。2006 年国务院颁布了《烟花爆竹安全管理条例》（国务院令第 455 号），调整了烟花爆竹安全生产许可工作程序，进一步完善了烟花爆竹生产企业安全生产条件。

二是烟花爆竹安全生产许可的相关政策进一步细化。《国务院办公厅转发安全监管总局等部门关于进一步加强烟花爆竹安全监督管理工作意见的通知》（国办发〔2010〕53 号）、《国务院安委会办公室关于烟花爆竹生产经营企业贯彻落实〈国务院关于进一步加强企业安全生产工作的通知〉的实施意见》（安委办〔2010〕30 号）等规范性文件先后出台，进一步细化了烟花爆竹生产企业安全生产许可以及监管工作要求。

三是有关烟花爆竹安全技术标准作了重大修订。《烟花爆竹工程设计安全规范》（GB 50161—2009）和《烟花爆竹作业安全技术规程》（GB 11652—2012）已进行了重大修订。

四是烟花爆竹生产企业现状发生了较大变化。通过实施整顿改造提升，烟花爆竹生产初步实现了从家庭作坊到工厂化的转变，安全生产基础条件大幅度提升。

五是烟花爆竹安全生产许可工作中积累了大量实践经验。在原《烟花爆竹生产企业安全生产许可证实施办法》颁布后的许可实践工作中，积累了许多值得认真总结和吸取的工作经验。

2012 年 5 月 21 日，修订后的《烟花爆竹生产企业安全生产许可证实施办法》经国家安全生产监督管理总局局长办公会议审议通过并公布，自 2012 年 8 月 1 日起施行。国家安全生产监督管理局、国家煤矿安全监察局于 2004 年 5 月 17 日公布的《烟花爆竹生产企业安全生产许可证实施办法》同时废止。

2. 主要内容和修订变化

《烟花爆竹生产企业安全生产许可证实施办法》分七章，共五十条，包括总则、申请安全生产许可证的条件、安全生产许可证的申请和颁发、安全生产许可证的变更和延期、监督管理、法律责任、附则。《烟花爆竹生产企业安全生产许可证实施办法》在《安全生产许可证条例》《烟花爆竹安全管理条例》及相关法律法规标准规范框架下，针对烟花爆竹行业现状和烟花爆竹生产企业特点，进一步规范了烟花爆竹生产企业的安全生产条件，安全生产许可证的申请、颁发、变更、延期工作程序，对取得安全生产许可证企业的监督管理措施，以及违反该办法的相应法律责任；明确了各级安全生产监督管理部门在烟花爆竹安全生产许可及安全生产监督管理工作中的职责分工以及企业的权利和义务。修订主要体现在以下 4 个方面：

（1）细化并严格了烟花爆竹生产企业安全生产条件

《烟花爆竹生产企业安全生产许可证实施办法》在《安全生产许可证条例》第六条和《烟花爆竹安全管理条例》第八条确定的基本框架下，以第二章共十五条明确规定了烟花爆竹生产企业申请安全生产许可证应具备的安全生产条件。与原《烟花爆竹生产企业安全生产许可证实施办法》相比，内容进一步细化、条件进一步完善，体现了近年来烟花爆竹安全生产监督管理工作中一些新的政策要求，具有较强的可操作性。

1）补充完善了对烟花爆竹生产企业设立条件、选址、建设项目设计和审查、验收的规定。明确企业的设立应当符合国家产业政策和当地产业结构规划，选址应当符合当地城乡规划。对企业建设项目设计单位应当具备的资质，以及建设项目应当符合的设计标准和应当履行的审查、验收手续等进行了规定。

2）调整了企业基础设施、生产工艺及产品应符合的条件的表述。对企业应当符合的相关标准规范要求的表述，由直接列举内容修订为引用标准名称，不再逐条列出。明确了礼花弹生产企业应符合的条件，体现了礼花弹专项治理的相关政策；规定了企业应当根据相关行业标准安装视频监控和异常情况报警装置并设置安全警示标志；作为对引用相关标准的补充，明确规定企业生产厂房数量和仓库面积应当与其生产品种及规模相适应。

3）细化了对企业内部安全管理要求的规定。企业应当配备的专、兼职安全生产管理人员的数量较原《烟花爆竹生产企业安全生产许可证实施办法》有所增加；明确了企业应当建立健全安全生产责任制、规章制度和操作规程并作出了具体要求；依据《烟花爆竹安全管理条例》，对企业应当持证上岗人员的规定进行了补充完善；补充了对企业烟花爆竹流向信息化管理的规定。

4）体现了推动安全生产标准化创建和规范安全评价工作的政策导向。在安全生产许可证申请条件以及初次取证申请和延期申请应提供的材料中，对企业依法进行安全评价以及安全评价报告应当包括的内容进行了明确规定；在安全生产许可证延期条件中，规定安全生产标准化三级达标作为烟花爆竹安全生产许可证延期的基本条件，同时作为鼓励性政策对安全生产标准化二级以上达标企业适当简化延期手续。

（2）进一步规范了安全生产许可相关工作程序以及各级安全生产监督管理部门职责分工

《烟花爆竹生产企业安全生产许可证实施办法》根据《烟花爆竹安全管理条例》第九条有关安全生产许可证申请和颁发、审查程序的规定，对各级安全生产监督管理部门安全生产许可证颁发和管理的职责进行了细化，并对安全生产许可证申请、审查、颁发、变更、延期及相关处罚的工作程序进行了细化规定。

1）明确了初审机关（设区的市级人民政府安全生产监督管理部门）和发证机关（省级人民政府安全生产监督管理部门）的职责分工。对设区的市级人民政府安全生产监督管理部门初审，省级人民政府安全生产监督管理部门审查、颁发及办理延期、变更安全生产许可证中的职责权限划分和工作流程进行了细化规定，并明确了初审机关、发证机关审查的内容及发证机关必须派员现场审查的情形。

2）规定安全生产许可证由应急管理部统一编号。此规定旨在强化对全国安全生产许可证颁发、管理工作的指导和监督。为贯彻落实这项规定，国家安全生产监督管理总局于 2012 年 8 月 1 日以《关于认真贯彻落实〈烟花爆竹生产企业安全生产许可证实施办法〉的通知》（安监总管三〔2012〕100 号）附件印发了《烟花爆竹安全生产许可证编号规则》。各地发证机关将使用“金安”工程烟花爆竹安全监管子系统在线办理烟花爆竹安全生产许可流程，获取原国家安全生产监督管理总局统一编制的安全生产许可证号码。

3）细化规定了安全生产许可证变更的各种情形和程序。改建、扩建烟花爆竹生产（含储存）设施的，应当在建设项目通过竣工验收后的规定时间内申请变更，并提交建设项目安全设施设计审查和竣工验收证明材料；变更产品类别、级别的，应当进行专项安全评价，上述两种情形变更安全生产许可证应当由初审机关初审；变更企业主要负责人和企业名称的，直接向发证机关申请变更。

4）明确了相关行政处罚的权限。《烟花爆竹生产企业安全生产许可证实施办法》规定的行政处罚，由安全生产监督管理部门作出决定，暂扣、吊销安全生产许可证的行政处罚由发证机关决定。

（3）增加监督管理的内容

为进一步强化监督管理，落实《国务院办公厅转发安全监管总局等部门关于进一步加强烟花爆竹安全监督管理工作意见的通知》（国办发〔2010〕53号）要求及近年来有关专项治理的政策措施，在监督管理一章中特别增加了对相关禁止行为的规定。

1）明令禁止转包、分包行为。企业取得安全生产许可证后，不得出租、转让安全生产许可证，不得将企业、生产线或者工（库）房转包、分包给不具备安全生产条件或者相应资质的其他任何单位或者个人，不得多股东各自独立进行烟花爆竹生产活动。

2）明令禁止违规买卖半成品和礼花弹。企业不得从其他企业购买烟花爆竹半成品加工后销售或者购买其他企业烟花爆竹成品加贴本企业标签后销售，不得向其他企业销售烟花爆竹半成品；从事礼花弹生产的企业不得将礼花弹销售给未经公安机关批准的燃放活动。

3）加强社会公众和舆论参与监督。发证机关注销安全生产许可证后，应当在当地主要媒体或者本机关政府网站上及时公告被注销安全生产许可证的企业名单。

（4）强化对非法违法行为的处罚

与安全生产条件和监督管理内容调整相对应，细化了对相关非法违法行为的法律责任，对突出非法违法行为实行更加严厉的处罚。

1）对企业出租、转让安全生产许可证和转包、分包生产行为的处罚作出了更为具体的规定。出租、转让安全生产许可证的，依法吊销安全生产许可证，没收违法所得，并处10万元以上50万元以下罚款；企业取得安全生产许可证后，将企业、生产线或者工（库）房转包、分包给不具备安全生产条件或者相应资质的其他单位或者个人，依照《安全生产法》的有关规定给予处罚；多股东各自独立进行烟花爆竹生产活动的，依法暂扣安全生产许可证，并处1万元以上3万元以下的罚款。

2）对未取得安全生产许可证擅自生产的行为实行严厉处罚。未取得安全生产许可证（含安全生产许可证过期、超许可范围）擅自进行烟花爆竹生产的，按照《安全生产许可证条例》的规定，责令停止生产，没收违法所得，并处10万元以上50万元以下的罚款。

3）对涉及礼花弹的违规行为作出了规定。从事礼花弹生产的企业将礼花弹销售给未经公安机关批准的燃放活动的，依法暂扣安全生产许可证，并处1万元以上3万元以下的罚款。

4）对发生事故企业的处罚作出了规定。发生较大以上生产安全责任事故的，依法暂扣安全生产许可证。

七、《烟花爆竹经营许可实施办法》及其主要内容 

1. 制定修订背景

2006年8月，国家安全生产监督管理总局颁布了《烟花爆竹经营许可实施办法》（国家安全生产监督管理总局令第7号），对贯彻落实《烟花爆竹安全管理条例》，加强烟花爆竹经营安全管理发挥了重要作用。该办法实施后，相继出现了一些新的情况。

一是烟花爆竹安全监管相关政策和要求更加严格。《国务院办公厅转发安全监管总局等部门关于进一步加强烟花爆竹安全监督管理工作意见的通知》（国办发〔2010〕53号）、《国务院安委会办公室关于烟花爆竹生产经营企业贯彻落实〈国务院关于进一步加强企业安全生产工作的通知〉的实施意见》（安委办〔2010〕30号）等规范性文件，对烟花爆竹经营安全管理和经营许可审批工作提出了新要求。

二是国务院对烟花爆竹经营许可权限进行了调整。根据国家行政审批体制改革的总体要求，《国务院关于第六批取消和调整行政审批项目的决定》（国发〔2012〕52号）明确规定，将烟花爆竹批发许可的实施机关由省级安全生产监督管理部门下放调整为设区的市级安全生产监督管理部门。

三是相关上位法和标准进一步修订和完善。修订后的《中华人民共和国消防法》等法律法规，对烟花爆竹零售场所安全条件提出了新的要求；《烟花爆竹工程设计安全规范》（GB 50161—2009）、《烟花爆竹作业安全技术规程》（GB 11652—2012）、《烟花爆竹　安全与质量》（GB 10631—2013）三个重要国家标准已经做了重大修订，《烟花爆竹企业安全监控系统通用技术条件》（AQ 4101—2008）、《烟花爆竹流向登记通用规范》（AQ 4102—2008）等安全生产行业标准陆续发布实施，进一步细化了对烟花爆竹经营活动的安全要求。

四是《烟花爆竹经营许可实施办法》施行以来，在烟花爆竹经营许可实践工作中积累了许多值得认真总结和吸取的工作经验。

因此，修订《烟花爆竹经营许可实施办法》势在必行。

2013 年 9 月 16 日，修订后的《烟花爆竹经营许可实施办法》经国家安全生产监督管理总局局长办公会议审议通过，2013 年 10 月 16 日以国家安全生产监督管理总局令第 65 号公布。《烟花爆竹经营许可实施办法》分总则、批发许可证的申请和颁发、零售许可证的申请和颁发、监督管理、法律责任、附则，共六章四十二条，自 2013 年 12 月 1 日起施行。2006 年 8 月 26 日国家安全生产监督管理总局公布的《烟花爆竹经营许可实施办法》同时予以废止。

2. 主要内容和修订变化

《烟花爆竹经营许可实施办法》具体修订内容主要如下：

（1）进一步明确了《烟花爆竹经营许可实施办法》适用范围和烟花爆竹经营许可对象及许可原则

1）明确了《烟花爆竹经营许可实施办法》适用于烟花爆竹经营许可证的申请、审查、颁发及其监督管理。

2）明确规定从事烟花爆竹进出口的企业，应当申请办理批发许可证。此规定不仅适用于从事烟花爆竹进出口活动的批发企业，烟花爆竹生产企业的产品进出口活动，也应当依据此规定申请办理批发许可证。

3）进一步表述了经营布点原则。对烟花爆竹经营单位布点总原则，增加了“适度竞争”内容，避免出现独家垄断经营等有悖市场经济原则且不利于监管的现象；对黑火药、引火线批发及烟花爆竹进出口企业，规定“严格许可条件、严格控制数量”的审批原则；为减少烟花爆竹经营活动对城市特别是居民居住场所的影响，规定批发企业不得在城市建成区内设立烟花爆竹储存仓库，严格控制城市建成区内烟花爆竹零售点数量，烟花爆竹零售点不得与居民居住场所设置在同一建筑物内。

（2）调整烟花爆竹经营许可实施机关，明确各级安全生产监督管理部门职责

1）根据《国务院关于第六批取消和调整行政审批项目的决定》（国发〔2012〕52 号），调整了烟花爆竹经营许可实施机关，将批发许可证的颁发和管理实施机关由省级人民政府安全生产监督管理部门调整为设区的市级人民政府安全生产监督管理局，同时赋予省级人民政府安全生产监督管理部门制定批发企业布点规划和统一批发许可编号职责。

2）进一步明确县级人民政府安全生产监督管理部门的零售经营布点规划职责，将零

售许可证有效期限的确定由省级人民政府安全生产监督管理部门调整为县级人民政府安全生产监督管理部门。

3）明确了烟花爆竹经营许可证颁发和管理的属地监管原则，将除暂扣、吊销经营许可证外的行政处罚权赋予各级安全生产监督管理部门。

（3）严格了烟花爆竹经营许可条件并调整了许可证有效期限

1）在批发企业和零售点的许可条件中，均增加了符合布点规划的要求。

2）根据近年来有关技术标准的新要求，完善了批发企业基础设施安全条件和安全管理制度要求，增加了监控设施、安全警示标志和标识牌、流向信息化管理等方面规定，明确了安全生产责任制和安全管理制度、操作规程应包括的基本内容，对黑火药、引火线批发企业安全保管措施和配送能力作出了专门规定。

3）强调了进出口企业应具备的条件，除配送服务能力外，进出口企业与内销批发企业应具备相同条件，不具有仓储设施等基本条件的“皮包公司”将不能取得烟花爆竹批发许可证。

4）对零售点“实行专店或者专柜销售”的规定进行了细化，明确规定春节期间所有零售点、城市长期零售点实行专店销售，乡村长期零售点在淡季实行专柜销售。

5）对零售场所与学校、幼儿园、医院、集贸市场等人员密集场所和加油站等易燃易爆物品生产、储存设施等重点建筑物的安全距离作出了具体规定。

6）明确规定发证机关（县级与市级人民政府安全生产监督管理部门）应根据有关技术标准规定及安全条件确定零售点储存限量，并在许可证上载明。

7）将批发许可证有效期由 2 年修改为 3 年。

（4）进一步规范了烟花爆竹经营许可工作程序

1）调整了申请许可应提交的材料，明确规定了批发企业安全评价报告应具备的基本内容，并体现建设项目安全设施“三同时”有关规定，将安全设施设计审查和竣工验收证明材料列为批发企业申请材料。

2）明确了对许可审查过程中现场核查的情形、人员、程序等要求，规定对烟花爆竹进出口企业和设有 1.1 级仓库的企业必须指派 2 名以上工作人员组织技术人员进行现场检查，零售场所必须进行现场核查，现场核查应当提出书面核查意见。

3）结合企业安全生产标准化工作，对批发许可证延期应具备的条件、应提交的材料及办理程序作出了明确规定；明确规定零售许可证到期后，继续从事零售经营活动一律须重新申请取得许可。

（5）增加并强化了监督管理内容

1）为严防高危险性烟花爆竹产品流入社会、危害公共安全，进一步明确规定禁止礼花弹等应由专业燃放人员燃放的产品进入零售环节。

2）明确禁止在许可证载明的储存（零售）场所以外储存烟花爆竹。

3）针对近年来安全检查中经常发现批发企业仓库内执法机关收缴的非法生产、假冒伪劣等产品与企业经营的合格产品混存等隐患问题，规定批发企业对非法生产、假冒伪劣、过期、含违禁药物以及其他存在严重质量问题的烟花爆竹，应当及时、妥善销毁，不得将执法收缴的、存在质量问题的烟花爆竹与正常烟花爆竹产品同库存放。

4）为加强烟花爆竹产品流向信息化管理和买卖合同管理，规定批发企业应当建立并严格执行合同管理、流向登记制度。

（6）加大了对非法违法行为的处罚力度

1）对未经许可经营、超许可范围经营、许可证过期继续经营烟花爆竹的，责令其停止非法经营活动，处 2 万元以上 10 万元以下的罚款，并没收非法经营的物品及违法所得。

2）对批发企业的 10 种违规行为，责令其限期改正，处 5 000 元以上 3 万元以下的罚款；对批发企业的 3 种违规行为，责令其停业整顿，依法暂扣批发许可证，处 2 万元以上 10 万元以下的罚款，并没收非法经营的物品及违法所得，情节严重的，依法吊销批发许可证。

3）对零售单位的 2 种违规行为，责令其停止违法行为，处 1 000 元以上 5 000 元以下的罚款，并没收非法经营的物品及违法所得，情节严重的，依法吊销零售许可证；对零售单位的 2 种违规行为加大了处罚力度，责令其限期改正，处 1 000 元以上 5 000 元以下的罚款；情节严重的，处 5 000 元以上 3 万元以下的罚款。

4）对出租、出借、转让、买卖以及冒用或者使用伪造烟花爆竹经营许可证的行为，作出了责令停止违法行为，并处罚款，依法撤销经营许可证的规定，对冒用或者使用伪造的烟花爆竹经营许可证的，依照《烟花爆竹经营许可实施办法》第三十一条的规定按照未经许可从事烟花爆竹经营处罚。

八、相关标准

1. 烟花爆竹安全与质量

《烟花爆竹　安全与质量》（GB 10631—2013）规定了烟花爆（炮）竹产品分类、通用安全技术质量要求、检验方法和检验规则，还规定了产品的标志、包装、运输和储存要求。引用标准包括《烟花爆竹　抽样检查规则》（GB/T 10632—2014）等。

为进一步提高烟花爆竹安全与质量，国家颁布了一些新的标准，如《烟花爆竹　组合烟花》（GB 19593—2015）、《化工产品中水分测定的通用方法　干燥减量法》（GB/T 6284—2006）、《化学试剂 pH 值测定通则》（GB/T 9724—2007）、《烟花爆竹　黑火药爆竹（爆竹类产品）》（GB 21552—2008）、《烟花爆竹　双响（升空类产品）》（GB 21555—2008）、《烟花爆竹　火箭（升空类产品）》（GB 21553—2008）、《烟花爆竹　标志》（GB 24426—2015）、《烟花爆竹用纸》（GB/T 22928—2008）、《烟花爆竹　检验规程》（GB/T 22810—2008）、《烟花爆竹　安全性能检测规程》（GB/T 22809—2008）、《烟花爆竹工程设计安全规范》（GB 50161—2009）、《烟花爆竹作业安全技术规程》（GB 11652—2012）、《建筑物防雷设计规范》（GB 50057—2010）、《通用用电设备配电设计规范》（GB 50055—2011）、《建筑地面设计规范》（GB 50037—2013）、《建筑设计防火规范（2018 年版）》（GB 50016—2014）。

针对烟花爆竹行业的生产现状，为减少或杜绝安全事故，除了国家颁布的标准和规范外，原国家安全生产监督管理总局也颁布了一些新的标准与规范，如《烟花爆竹企业安全监控系统通用技术条件》（AQ 4101—2008）、《烟花爆竹流向登记通用规范》（AQ 4102—2008）、《烟花爆竹　烟火药认定方法》（AQ 4103—2008）、《烟花爆竹　烟火药安全性指标及测定方法》（AQ 4104—2008）、《烟花爆竹机械　引线机》（AQ 4108—2008）、《烟花爆竹机械　爆竹插引机》（AQ 4109—2008）、《烟花爆竹机械　结鞭机》（AQ 4110—2008）、《烟花爆竹作业场所机械电器安全规范》（AQ 4111—2008）、《烟花爆竹出厂包装检验规程》（AQ 4112—2008）、《烟花爆竹企业安全评价规范》（AQ 4113—2008）、《烟花爆竹安全生产标志》（AQ 4114—2011）、《礼花弹生产安全条件》（AQ 4121—2012）、《烟花爆竹　烟火药吸湿率测定方法》（AQ/T 4122—2014）、《烟花爆竹　烟火药火焰感度测定方法》（AQ/T 4123—2014）、《烟花爆竹　烟火药危险性分类定级方法》（AQ/T 4124—2014）、

《烟花爆竹 单基火药安全要求》（AQ 4125—2014）。

2. 烟花爆竹作业安全技术规程

《烟花爆竹作业安全技术规程》（GB 11652—2012）规定了烟花爆竹生产和经营企业在烟花爆竹生产、研制、储存、装卸、企业内运输、燃放试验及危险性废弃物处置过程中的作业安全技术要求，适用于烟花爆竹生产（含引火线厂、烟火药厂）和经营企业，也适用于外加工厂。

第四节 从业人员安全生产权利与义务

一、《安全生产法》的规定 

根据《安全生产法》，从业人员的安全生产权利和义务包括以下几个方面：

1. 从业人员在安全生产方面的权利

（1）知情权与建议权

生产经营单位的从业人员有权了解其作业场所和工作岗位存在的危险因素、防范措施及事故应急措施，有权对本单位的安全生产工作提出建议。

（2）批评、检举、控告权及合法拒绝权

从业人员有权对本单位安全生产工作中存在的问题提出批评、检举、控告，有权拒绝违章指挥和强令冒险作业。生产经营单位不得因从业人员对本单位安全生产工作提出批评、检举、控告或者拒绝违章指挥、强令冒险作业而降低其工资、福利等待遇或者解除与其订立的劳动合同。

（3）紧急避险权

从业人员发现直接危及人身安全的紧急情况时，有权停止作业或者在采取可能的应急措施后撤离作业场所。生产经营单位不得因从业人员在上述紧急情况下停止作业或者采取紧急撤离措施而降低其工资、福利等待遇或者解除与其订立的劳动合同。

(4) 参加工伤保险权

生产经营单位与从业人员订立的劳动合同，应当载明有关保障从业人员劳动安全、防止职业危害的事项，以及依法为从业人员办理工伤保险的事项。生产经营单位不得以任何形式与从业人员订立协议，免除或者减轻其对从业人员因生产安全事故伤亡依法应承担的责任。

(5) 依法赔偿权

因生产安全事故受到损害的从业人员，除依法享有工伤保险外，依照有关民事法律尚有获得赔偿的权利的，有权提出赔偿要求。

2. 从业人员在安全生产方面的义务

(1) 遵章守纪，服从管理，正确佩戴和使用劳动防护用品的义务

从业人员在作业过程中，应当严格遵守本单位的安全生产规章制度和操作规程，服从管理。

(2) 接受安全生产教育培训的义务

从业人员应当接受安全生产教育和培训，掌握本职工作所需的安全生产知识，提高安全生产技能，增强事故预防和应急处理能力。

(3) 立即报告事故隐患、事故的义务

从业人员发现事故隐患或者其他不安全因素，应当立即向现场安全生产管理人员或者本单位负责人报告；接到报告的人员应当及时予以处理。生产经营单位发生生产安全事故后，事故现场有关人员应当立即报告本单位负责人。生产经营单位使用被派遣劳动者的，被派遣劳动者享有《安全生产法》规定的从业人员的权利，并应当履行《安全生产法》规定的从业人员的义务。

二、《职业病防治法》的规定 

根据《职业病防治法》，从业人员依法享有下列职业卫生保护的权利：

(1) 获得职业卫生教育、培训。

(2) 获得职业健康检查、职业病诊疗、康复等职业病防治服务。

(3) 了解工作场所产生或者可能产生的职业病危害因素、危害后果和应当采取的职业病防护措施。

（4）要求用人单位提供符合防治职业病要求的职业病防护设施和个人使用的职业病防护用品，改善工作条件。

（5）对违反职业病防治法律、法规以及危及生命健康的行为提出批评、检举和控告。

（6）拒绝违章指挥和强令进行没有职业病防护措施的作业。

（7）参与用人单位职业卫生工作的民主管理，对职业病防治工作提出意见和建议。

用人单位应当保障从业人员行使上述权利。因从业人员依法行使正当权利而降低其工资、福利等待遇或者解除、终止与其订立的劳动合同的，其行为无效。

第二章 烟花爆竹生产经营安全管理

第一节 烟花爆竹基础知识

一、烟花爆竹及其组成 

1. 烟花爆竹的定义

烟花爆竹是以烟火药为主要原料，经过工艺制作，引燃后通过燃烧或爆炸，产生光、声、色、型、烟雾等效果，用于观赏，具有易燃易爆危险的物品。

2. 烟花爆竹的组成

烟火药最基本的组成是氧化剂和还原剂。但单一的氧化剂和还原剂组成的二元混合物很难在工程应用上获得理想的烟火效应。因此，实际应用的烟火药除氧化剂和还原剂外，还包括具有一定强度的黏合剂、产生特种烟火效应的功能添加剂（如使火焰着色的物质、增加烟雾浓度的发烟物质、增加火焰亮度的其他可燃物质、减缓燃速的惰性添加物质）等。

（1）氧化剂

烟火药所用的氧化剂通常要求是富氧的离子型固体，能在中等温度下分解放出氧。氧化剂质量含量一般不低于98%或99%，水分含量应不高于0.5%，且应不含有增强药剂机械感度或降低药剂化学安定性和影响烟火效应的杂质。

常用的氧化剂包括高氯酸钾、硝酸钾、硝酸钡、硝酸锶和四氧化三铅等。

（2）还原剂

烟火药的还原剂可分为金属、非金属和有机化合物还原剂。还原剂的选择以获得最佳烟火效应为前提，同时要兼顾其经济性和实用性。

常用的还原剂包括镁铝合金粉、铝粉、钛粉、滤渣、铁粉、木炭、硫黄、苯甲酸钾和苯二甲酸氢钾等。

（3）黏合剂

烟火药组分中的黏合剂主要起增强制品机械强度、减缓药剂燃速、降低药剂敏感度和改善药剂物理化学安定性等作用。其含量一般以5%~10%为宜。

常用的黏合剂包括酚醛树脂、淀粉（包括江米粉、小麦粉等）、虫胶、聚乙烯醇、硝化棉、单基火药、硝基漆、桃胶和糊精等。

（4）功能添加剂

烟火药组分中的功能添加剂主要包括使火焰着色的染焰剂、加快或减缓燃速的调速剂、增强物理化学安定性的安定剂、降低机械感度的钝感剂以及增强各种烟火效应的添加物质等。

常用的功能添加剂包括草酸钠、氟铝酸钠、氟硅酸钠、硫酸钡、碳酸锶、硫酸锶、碱式碳酸铜、聚氯乙烯、六氯代苯、六氯乙烷、氯化橡胶、珍珠岩粉、木炭、纸屑、稻壳、棉籽皮、锯末、香料、石蜡、硬脂酸、各种香料等。

二、烟花爆竹的特性与分类分级 

1. 烟花爆竹的特性

烟花爆竹的组成决定了它具有燃烧和爆炸的特性。

燃烧是可燃物质（包括可燃固体、可燃液体和可燃气体）发生强烈的氧化还原反应，同时发出热和光的现象。其主要特性如下：

（1）能量特性

能量特性是标志火药做功能力的参量，一般是指1 kg火药燃烧时气体产物所做的功。

（2）燃烧特性

燃烧特性标志火药能量释放的能力，主要取决于火药的燃烧速率和燃烧表面积。燃烧速率与火药的组成和物理结构有关，还随初温和工作压力的升高而增大。加入增速剂、嵌入金属丝或将火药制成多孔状，均可提高燃烧速率。加入降速剂，可降低燃烧速率。

燃烧表面积主要取决于火药的几何形状、尺寸和对表面积的处理情况。

（3）力学特性

力学特性是指火药要具有相应的强度，满足在高温下不变形、低温下不变脆，能承受在使用和处理时可能出现的各种力的作用，以保证稳定燃烧的能力。

（4）安定性

安定性是指火药在长期储存中保持其物理化学性质相对稳定的能力。为改善火药的安定性，一般在火药中加入少量的化学安定剂，如二苯胺等。

（5）安全性

由于火药在特定的条件下能发生爆轰，所以要求在配方设计时必须确保火药在生产、使用和运输过程中安全可靠。

2. 烟花爆竹的产品类别

《烟花爆竹　安全与质量》（GB 10631—2013）明确了烟花爆竹产品类别，根据结构与组成、燃放运动轨迹及燃放效果，烟花爆竹产品分为9大类和若干小类，产品类别及定义见表2–1。

表2–1　　产品类别及定义

序号	产品大类	产品大类定义	产品小类	产品小类定义
1	爆竹类	燃放时主体爆炸（主体筒体破碎或者爆裂）但不升空，产生爆炸声音、闪光等效果，以听觉效果为主的产品	黑药炮	以黑火药为爆响药的爆竹
			白药炮	以高氯酸盐或其他氧化剂并含有金属粉成分为爆响药的爆竹
2	喷花类	燃放时以直向喷射火苗、火花、响声（响珠）为主的产品	地面（水上）喷花	固定放置在地面（或者水面）上燃放的喷花类产品
			手持（插入）喷花	手持或插入某种装置上燃放的喷花类产品
3	旋转类	燃放时主体自身旋转但不升空的产品	有固定轴旋转烟花	产品设置有固定旋转轴的部件，燃放时以此部件为中心旋转，产生旋转效果的旋转类产品
			无固定轴旋转烟花	产品无固定轴，燃放时无固定轴而旋转的旋转类产品
4	升空类	燃放时主体定向或旋转升空的产品	火箭	产品安装有定向装置，起到稳定方向作用的升空类产品

续表

序号	产品大类	产品大类定义	产品小类	产品小类定义
4	升空类	燃放时主体定向或旋转升空的产品	双响	圆柱型筒体内分别装填发射药和爆响药，点燃发射竖直升空（产生第一声爆响），在空中产生第二声爆响（可伴有其他效果）的升空类产品
			旋转升空烟花	燃放时自身旋转升空的产品
5	吐珠类	燃放时从同一筒体内有规律地发射出（药粒或药柱）彩珠、彩花、声响等效果的产品	—	
6	玩具类	形式多样、运动范围相对较小的低空产品，燃放时产生火花、烟雾、爆响等效果，有玩具造型、线香型、摩擦型、烟雾型产品等	玩具造型	产品外壳制成各种形状，燃放时或燃放后能模仿所造形象或动作；或产品外表无造型，但燃放时或燃放后能产生某种形象的产品
			线香型	将烟火药涂敷在金属丝、木杆、竹竿、纸条上，或将烟火药包裹在能形成线状可燃的载体内，燃烧时产生声、光、色、型效果的产品
			烟雾型	燃放时以产生烟雾效果为主的产品
			摩擦型	用撞击、摩擦等方式直接引燃引爆主体的产品
7	礼花类	燃放时弹体、效果件从发射筒（单筒，含专用发射筒）发射到高空或水域后能爆发出各种光、色、花型图案或其他效果的产品	小礼花	发射筒内径<76 mm，筒体内发射出单个或多个效果部件，在空中或水域产生各种花型、图案等效果。产品可分为裸药型、非裸药型，可发射单发、多发
			礼花弹	弹体或效果件从专用发射筒（发射筒内径≥76 mm）发射到空中或水域产生各种花型图案等效果，可分为药粒型（花束）、圆柱型、球型
8	架子烟花类	以悬挂形式固定在架子装置上燃放的产品，燃放时可以喷射火苗、火花，形成字幕、图案、瀑布、人物、山水等画面	—	
9	组合烟花类	由两个或两个以上小礼花、喷花、吐珠同类或不同类烟花组合而成的产品	同类组合烟花	限由小礼花、喷花、吐珠同类组合，小礼花组合包括药粒（花束）型、药柱型、圆柱型、球型以及助推型
			不同类组合烟花	仅限由喷花、吐珠、小礼花中两种组合

注：烟雾型、摩擦型仅限出口。

3. 产品级别

《烟花爆竹　安全与质量》（GB 10631—2013）规定了烟花爆竹产品的级别和燃放类产品最大允许药量。按照药量及所能构成的危险性大小，烟花爆竹产品分为 A、B、C、D 四级。

A 级：由专业燃放人员在特定的室外空旷地点燃放、危险性很大的产品。

B 级：由专业燃放人员在特定的室外空旷地点燃放、危险性较大的产品。

C 级：适于室外开放空间燃放、危险性较小的产品。

D 级：适于近距离燃放、危险性很小的产品。

燃放类产品的最大允许药量具体见表 2-2 和表 2-3。

表 2-2　　个人燃放类产品最大允许药量

<table>
<tr><th rowspan="2">序号</th><th rowspan="2">产品大类</th><th rowspan="2">产品小类</th><th colspan="2">最大允许药量</th></tr>
<tr><th>C 级</th><th>D 级</th></tr>
<tr><td rowspan="2">1</td><td rowspan="2">爆竹类</td><td>黑药炮</td><td>1 g/个</td><td rowspan="2">—</td></tr>
<tr><td>白药炮</td><td>0.2 g/个</td></tr>
<tr><td rowspan="2">2</td><td rowspan="2">喷花类</td><td>地面（水上）喷花</td><td>200 g</td><td>10 g</td></tr>
<tr><td>手持（插入）喷花</td><td>75 g</td><td>10 g</td></tr>
<tr><td rowspan="2">3</td><td rowspan="2">旋转类</td><td>有固定轴旋转烟花</td><td>30 g</td><td>—</td></tr>
<tr><td>无固定轴旋转烟花</td><td>15 g</td><td>1 g</td></tr>
<tr><td rowspan="3">4</td><td rowspan="3">升空类</td><td>火箭</td><td>10 g</td><td rowspan="3">—</td></tr>
<tr><td>双响</td><td>9 g</td></tr>
<tr><td>旋转升空烟花</td><td>5 g/发</td></tr>
<tr><td>5</td><td>吐珠类</td><td>药粒型吐珠</td><td>20 g（2 g/珠）</td><td>—</td></tr>
<tr><td rowspan="2">6</td><td rowspan="2">玩具类</td><td>玩具造型</td><td>15 g</td><td>3 g</td></tr>
<tr><td>线香型</td><td>25 g</td><td>5 g</td></tr>
<tr><td>7</td><td>组合烟花类</td><td>同类组合和不同类组合，其中，小礼花单筒内径≤30 mm，圆柱型喷花内径≤52 mm，圆锥型喷花内径≤86 mm，吐珠单筒内径≤20 mm</td><td>小礼花为 25 g/筒，喷花为 200 g/筒，吐珠为 20 g/筒，总药量为 1 200 g
（开包药：黑火药 10 g，硝酸盐加金属粉 4 g，高氯酸盐加金属粉 2 g）</td><td>50 g
（仅限喷花组合）</td></tr>
</table>

注：图中符号“—”代表无此级别产品。

表 2-3　　专业燃放类产品最大允许药量

<table>
<tr><th rowspan="2">序号</th><th rowspan="2">产品大类</th><th rowspan="2" colspan="2">产品小类</th><th colspan="5">最大允许药量</th></tr>
<tr><th colspan="2">A 级</th><th>B 级</th><th>C 级</th><th>D 级</th></tr>
<tr><td>1</td><td>喷花类</td><td colspan="2">地面（水上）喷花</td><td colspan="2">1 000 g</td><td>500 g</td><td>—</td><td>—</td></tr>
<tr><td rowspan="2">2</td><td rowspan="2">旋转类</td><td colspan="2">有固定轴旋转烟花</td><td colspan="2">150 g/发</td><td>60 g/发</td><td rowspan="2">—</td><td rowspan="2">—</td></tr>
<tr><td colspan="2">无固定轴旋转烟花</td><td colspan="2">—</td><td>30 g</td></tr>
<tr><td rowspan="2">3</td><td rowspan="2">升空类</td><td colspan="2">火箭</td><td colspan="2">180 g</td><td>30 g</td><td rowspan="2">—</td><td rowspan="2">—</td></tr>
<tr><td colspan="2">旋转升空烟花</td><td colspan="2">30 g/发</td><td>20 g/发</td></tr>
<tr><td>4</td><td>吐珠类</td><td colspan="2">吐珠</td><td colspan="2">400 g（20 g/珠）</td><td>80 g（4 g/珠）</td><td>—</td><td>—</td></tr>
<tr><td rowspan="3">5</td><td rowspan="3">礼花类</td><td colspan="2">小礼花</td><td colspan="2">—</td><td>70 g/发</td><td>—</td><td>—</td></tr>
<tr><td rowspan="2">礼花弹</td><td>药粒型（花束）（外径≤125 mm）</td><td colspan="2">250 g</td><td rowspan="2">—</td><td rowspan="2">—</td><td rowspan="2">—</td></tr>
<tr><td>圆柱型和球型（外径≤305 mm，其中雷弹外径≤76 mm）</td><td colspan="2">爆炸药为 50 g，总药量为 8 000 g</td></tr>
<tr><td>6</td><td>架子烟花类</td><td colspan="2">架子烟花</td><td colspan="2">—</td><td>瀑布为 100 g/发，字幕和图案为 30 g/发</td><td>瀑布为 50 g/发，字幕和图案为 20 g/发</td><td>—</td></tr>
<tr><td rowspan="2">7</td><td rowspan="2">组合烟花类</td><td rowspan="2" colspan="2">同类组合和不同类组合</td><td>药柱型、圆柱型内径≤76 mm，100 g/筒</td><td rowspan="2">总药量为 8 000 g</td><td rowspan="2">内径≤51 mm，50 g/筒，总药量为 3 000 g</td><td rowspan="2">—</td><td rowspan="2">—</td></tr>
<tr><td>球型内径≤102 mm，320 g/筒</td></tr>
</table>

注：①图中符号“—”表示无此级别产品。
②舞台上用各类产品均为专业燃放类产品。
③含烟雾效果件产品均为专业燃放类产品。

三、烟花爆竹的基本安全知识 

1. 标志及其使用

烟花爆竹产品应有符合国家有关规定的标志和流向登记标签，产品标志分为运输包装标志和销售包装标志（如图 2-1、图 2-2 和图 2-3 所示）。标志应附在运输包装和销售包装上不脱落。

消费类别	个人燃放类	产品名称	爆竹 （××××响大地红）
产品类别	爆竹类	产品级别	C 级
总药量	×××g	单发（个）药量	0. ×g
警示语	按照相关标准规范填写		
燃放说明	按照相关标准规范填写		
生产日期	20××年××月××日	保质期	3 年
生产厂家	×××××烟花爆竹×××公司	联系电话	××××-××××××××
地址	××省××市××县××镇××村		

图 2-1 烟花爆竹销售包装标志示例——爆竹

消费类别	个人燃放类	产品名称	组合烟花 （××发万紫千红）
产品类别	组合烟花类	产品级别	C 级
总药量	××××g	单发（个）药量	××g
警示语	按照相关标准规范填写		
燃放说明	按照相关标准规范填写		
生产日期	20××年××月××日	保质期	3 年
生产厂家	××烟花爆竹××公司（厂）	联系电话	××××-××××××××
地址	××省××市××县××镇××村		

图 2-2 烟花爆竹销售包装标志示例——组合烟花

（1）运输包装标志的基本信息应包含产品名称、消费类别、产品级别、产品类别、生产厂家及地址、安全生产许可证号、箱含量、箱含药量、毛重、体积、生产日期、保质期、执行标准代号以及“烟花爆竹”“防火”“防潮”“轻拿”“轻放”等安全用语或图案，安全图案应符合《危险货物包装标志》（GB 190—2009）、《包装储运图示标志》

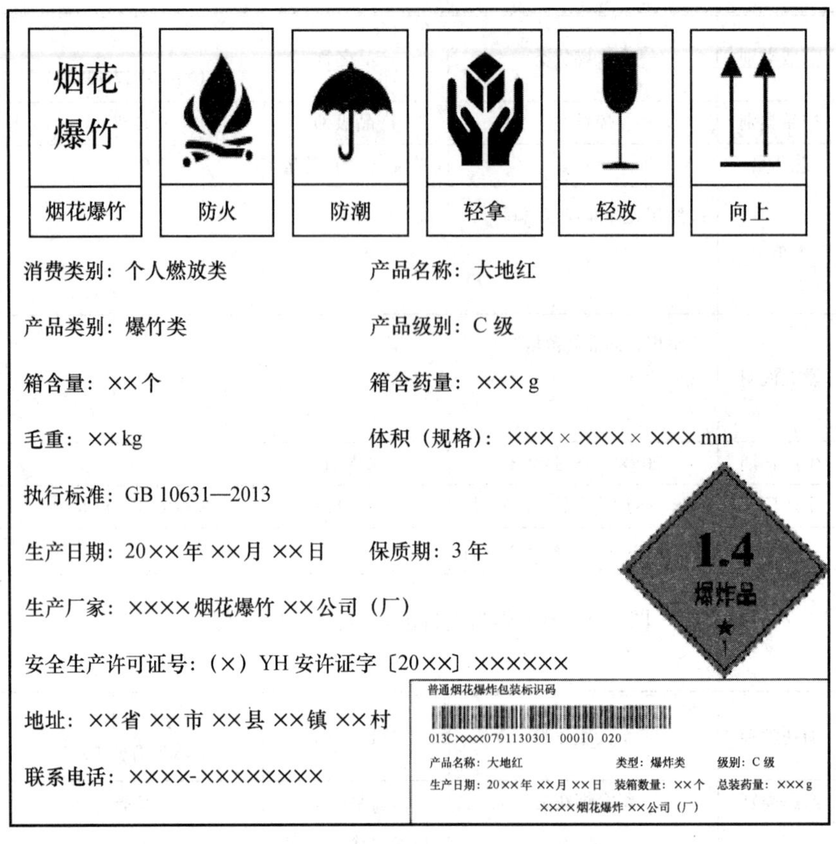

图 2-3　烟花爆竹运输包装标志示例

注：①文字的字体大小应按照标准要求执行。

②销售包装和运输包装颜色应按照标准要求执行。

③印刷的比例应根据包装的大小规格确定。

（GB/T 191—2008）的要求。

（2）销售包装标志的基本信息应包含产品名称、消费类别、产品级别、产品类别、生产厂家及地址、含药量（总药量和单发药量）、警示语、燃放说明、生产日期、保质期。计数类产品应标明数量。

（3）专业燃放类产品应使用红色字体注明“专业燃放”的字样，个人燃放类产品应使用绿色字体注明“个人燃放”的字样。摩擦型产品应用红色字体注明“不应拆开”的字样。

（4）专业燃放类产品还应标注加工、安装方法以及发射高度、辐射半径、火焰熄灭高度、燃放轨迹等信息。设计为水上效果的产品应标注其适用的水域范围。

（5）标注内容应正确、清晰可见、易于识别、难以消除并且与背景色对比鲜明。运输包装上的“消费类别”字体高度≥28 mm，其他字体高度≥6 mm，销售包装上的“警示语”及内容字体高度≥4 mm，其他字体高度≥2. 2 mm。

（6）燃放说明和警示语内容应符合《烟花爆竹 标志》（GB 24426—2015）的规定。

2. 包装安全要求

（1）产品应有销售包装（含内包装）和运输包装，并应同时符合安全要求。

（2）销售包装（含内包装）材料应采用防潮性好的塑料、纸张等，且应封闭包装，确保产品排列整齐、不松动。内包装材质不应与烟火药发生化学反应。

（3）运输包装应符合《危险货物运输包装通用技术》（GB 12463—2009）的要求。

（4）运输包装容器体积应符合品种规格的设计要求，每件毛重不超过 30 kg。

（5）水路、铁路运输和空运产品的运输包装应分别符合《水路运输危险货物包装检验安全规范》（GB 19270—2009）、《铁路运输危险货物包装检验安全规范》（GB 19359—2009）、《空运危险货物包装检验安全规范》（GB 19433—2009）的技术要求。

（6）专业燃放类产品包装（包括运输包装和销售包装）应使用单一色彩（瓦楞纸原色、灰色、草黄）的包装，不应使用其他彩色包装；个人燃放类产品包装可使用对比度鲜明的彩色包装。

（7）摩擦型产品包装应包含隔栅或填充物等。

3. 外观要求

（1）产品应保证完整、清洁，文字图案清晰。

（2）产品表面无浮药、无霉变、无污染，产品无明显变形、无损坏、无漏药。

（3）筒标纸粘贴吻合平整，无遮盖、无露头露脚、无包头包脚、无露白现象。

（4）筒体应粘贴牢固，不开裂、不散筒。

4. 部件安全要求

（1）底座、底塞和吊线

1）不需要加工安装的 C 级、D 级且放置在地面燃放、主体不运动的烟花（喷花类、玩具类产品），筒高超过外径 3 倍的，应安装底座，底座的外径或边长应大于主体高度（含安装底座后增加的高度）的 1/3。

2）底座应安装牢固，在燃放过程中，底座应不散开、不脱落。

3）底塞应安装牢固，跌落试验过程中，不开裂、不脱落。

4）吊线应在 50 cm 以上，安装牢固并保持一定的强度。

（2）引燃装置

1）在所有正常、可预见的使用条件下使用引燃装置，应能正常地点燃并引燃效果药。

2）引火线、引线接驳器、电点火头应符合相应的质量标准要求。

3）点火引火线应为绿色安全引线，点火部位应有明显标识。

4）点火引火线应安装牢固，可承受产品自身质量的 2 倍或 200 g 的作用力而不脱落或损坏。

5）快速引火线、电点火头和引线接驳器应慎重使用，并遵循下列要求：

①产品不应预先连接电点火头（舞台用焰火采取固定防摩擦且有短路措施的除外）。

②个人燃放类产品不应使用电点火头。

③使用快速引火线和引线接驳器（仅限定在特殊的组合烟花）时，快速引火线与安全引火线及引线接驳器之间应安装牢固，可承受 1 kg 的作用力而不脱落或损坏，快速引火线和引线接驳器均应有防火措施。

④快速引火线只能作为连接引火线，颜色应为银色、红色或黄色。

6）点火引火线的引燃时间应保证燃放人员安全离开，且在规定时间内引燃主体。D 级：2~5 s；C 级：3~8 s；A 级、B 级：6~12 s。C 级、D 级产品设计无引燃时间的可不计引燃时间，专业燃放类产品采用电点火引燃的不规定引燃时间。

（3）手持部位不应装药或涂敷药物。手持部位长度：C 级≥100 mm，D 级≥80 mm。A 级、B 级产品不应设计为手持燃放。

（4）个人燃放类产品不应含漂浮物和雷弹。

（5）其他部件应符合有关标准要求，安装牢固，不脱落。

5. 结构和材质安全要求

（1）产品的结构和材质应符合安全要求，保证产品及产品燃放时安全可靠。

（2）个人燃放类组合烟花不应两盆以上（含两盆）联结。

（3）个人燃放类组合烟花筒体高度与底面最小水平尺寸或直径的比值应≤1.5，且筒体高度应≤300 mm。

（4）产品运动部件、爆炸部件及相关附件一般采用纸质材料，不应采用金属等硬质材料，以保证在燃放时不产生尖锐碎片或大块坚硬物。如技术需要，固定物可采用木材、订书钉、钉子或捆绑用金属线，但固定物不应与烟火药物直接接触。

（5）带炸效果件和单个爆竹产品内径>5 mm 的，如需使用固引剂，应能确保固引剂燃放后散开，固引剂碎片中不应含有直径>5 mm 的块状物。

6. 药种、药量和安全性能

（1）药种

1）产品不应使用氯酸盐（烟雾型、摩擦型的过火药及结鞭爆竹中纸引和擦火药头除外，所用氯酸盐仅限氯酸钾，结鞭爆竹中纸引仅限氯酸钾和炭粉配方），微量杂质检出限量为 0.1%。

2）产品不应使用双（多）基火药，不应直接使用退役单基火药。使用退役单基火药时，安定剂含量≥1.2%。

3）产品不应使用砷化合物、汞化合物、没食子酸、苦味酸、六氯代苯、镁粉、锆粉、磷（摩擦型除外）等，爆竹类、喷花类、旋转类、吐珠类、玩具类产品及个人燃放类组合烟花不应使用铅化合物，检出限量为 0.1%。

4）喷花类、旋转类、玩具类产品除可含每单个药量<0.13 g 的响珠和炸子外，不应使用爆炸药和带炸效果件。

5）架子烟花产品仅限燃烧型烟火药，不应使用爆炸药和带炸效果件。

（2）药量

单个产品药量应不超过最大装药量（见表 2-2 和表 2-3，不包括引火线和填充物）。实际药量与标称药量的允许误差：药量≤2 g 时，误差为±20%；2 g<药量≤25 g 时，误差为±10%；药量>25 g 时，误差为±5%。

（3）安全性能

1）产品及烟火药的安全性能应定期进行检测。新产品批量生产前应对产品及烟火药进行检测。

2）产品安全性能检测包括跌落试验、热安定性试验、低温试验及烟火药安全性能检测。烟火药安全性能检测包括摩擦感度、撞击感度、火焰感度、静电感度、着火温度、爆发点、相容性、吸湿性、水分、pH 值。

3）热安定性试验中，产品及烟火药在 75 ℃±2 ℃、48 h 条件下应无肉眼可见分解现象，且燃放效果无改变。

4）低温试验中，产品在-35～-25 ℃、48 h 条件下应无肉眼可见冻裂现象，且燃放效果无改变。

5）产品的跌落试验不应出现燃烧、爆炸或漏药的现象。

6）产品各类烟火药摩擦感度、撞击感度、火焰感度、静电感度、着火温度、爆发点、热安定性、相容性应符合相关标准要求。

7）烟火药的吸湿率应≤2.0%，笛音药、粉状黑火药、含单基火药的烟火药吸湿率应≤4.0%。

8）烟火药的水分应≤1.5%，笛音药、粉状黑火药、含单基火药的烟火药水分应≤3.5%。

9）烟火药的 pH 值应为 5～9。

7. 燃放安全性能

喷花类的喷射高度应符合以下规定：D 级≤1 m，C 级≤8 m，B 级≤15 m。各类升空产品效果出现的最低高度见表 2-4。

表 2-4　　各类升空产品效果出现的最低高度

产品类别	典型产品	产品型号或级别	最低高度值/m
礼花类	小礼花	B 级	35
	礼花弹	3 号	50
		4 号	60
		5 号	80
		6 号	100
		7 号	110
		8 号	130
		10 号	140
		12 号	160
组合烟花类		C 级	15
		B 级	35
		A 级	45（3 号）/60（4 号）
升空类	旋转升空		3
	其他		5

注：表中各类升空产品不包括花束和水上效果的产品。

（1）发射升空产品的发射偏斜角应≤22.5°，造型组合烟花和旋转升空烟花的发射偏斜角应≤45°（仅限专业燃放类）。

（2）A级产品的声级值应≤120 dB，B级、C级、D级产品的声级值应≤110 dB。

（3）个人燃放类产品燃放时产生的火焰、燃烧物、色火或带火残体不应落到距离燃放中心点8 m之外的地面。专业燃放类产品燃放时产生的火焰、燃烧物、色火或带火残体的落点与燃放中心点的最大距离：B级为20 m，A级为40 m（特殊设计的专业燃放类产品除外）。

（4）产品燃放时产生的炙热物与燃放中心点横向距离：C级≤15 m，B级≤25 m，A级≤50 m。

（5）产品燃放时产生的质量>5 g（纸质>15 g，设计效果中的漂浮物除外）的抛射物与燃放中心点横向距离：C级≤20 m，B级≤30 m，A级≤60 m。

（6）产品燃放不应出现倒筒、烧筒、散筒、低炸现象，且燃放后筒体不应继续燃烧超过30 s；其他缺陷应符合《烟花爆竹　抽样检查规则》（GB/T 10632—2014）的要求。

（7）计数类产品，计量误差应在±5%的范围内。

（8）计数类产品烧成率应>90%。

（9）旋转类产品允许飞离地面的高度应≤0.5 m，旋转直径应≤2 m。

（10）线香型产品不应爆燃，燃放高度为1 m±0.1 m时不应有火星落地。

（11）烟雾效果不应出现明火。

（12）玩具造型产品行走距离应≤2 m。

四、烟花爆竹安全检验 

1. 检验方法

（1）标志检验

通过目测方法进行检验。

（2）包装检验

目测及按相关包装标准执行。

（3）外观检验

通过目测方法进行检验。

（4）部件检验

1）底座牢固性和稳定性检验具体方法如下：

①底座牢固性检验：拿起底座使主体向下，在下垂的主体上吊起 50 g 重物 1 min，观察底座与主体是否分离；在产品燃放过程中，观察底座是否脱落或者散开。

②底座稳定性检验：将样品直立放置在用硬木板制成的与水平面成 30°的斜面上，样品不应倾倒，样品旋转任意角度后，也不应倾倒。

2）引燃装置检验具体方法如下：

①用目测方法观察点火引火线、快速引火线、电点火头、引线接驳器的外观及连接是否完好。

②引火线牢固性检验：将样品主体提起，在下垂的引火线上吊起 200 g 或自身质量 2 倍（取最小值）的重物 1 min，观察引火线是否脱落；快速引火线与安全引火线及引线接驳器之间应吊起 1 000 g 或自身质量 1 倍（取最小值）的重物 1 min，观察引火线是否脱落。

③引燃时间测定：用两块精度不低于 0. 1 s 的计时秒表，测量从点燃引火线至引燃主体的时间。两块表的读数偏差<0. 5 s，则检验结果有效。取其平均值，采用四舍五入法，精确到 0. 1 s。

④快速引火线和接驳器防火测试：露在外面的快速引火线和接驳器旁燃时间应>20 s。

3）底塞牢固性检验。将主体（安装底座的产品不摘除底座）呈水平状拿住，从 400 mm 高处，自由落向厚度 30 mm 以上的硬木板，每个样品重复 3 次，观察底塞是否开裂或跌落。

4）吊线牢固度检验。在吊线上加 50 g 重物后吊起 1 min，观察吊线是否脱落或断线。

（5）结构与材质检验

目测产品结构和材质是否符合本书关于结构和材质的安全要求，必要时解剖检测其结构。

（6）药种、药量、安全性能检测

1）药种采用《烟花爆竹　禁限用物质定性检测方法》（GB/T 21242—2019）、《烟花爆竹烟火药成分定性测定》（GB/T 15814. 1—2010）标准方法进行。

2）药量采用计量合格且符合相应精度的天平进行检测。药量≤2 g 的，取 10 个

(发) 样品分别称量记录，最大值为产品药量；2 g<药量≤25 g 的，取 5 个（发）样品分别称量记录，最大值为产品药量；药量>25 g 的，取 3 个（发）样品分别称量记录，最大值为产品药量。

3）安全性能检测具体方法如下：

①吸湿性测定按《烟花爆竹　烟火药吸湿率测定方法》（AQ/T 4122—2014）规定执行。

②水分测定按《化工产品中水分测定的通用方法　干燥减量法》（GB/T6284—2006）规定执行（采取烘箱干燥或红外水分测定仪检测）。

③pH 值测定按《化学试剂 pH 值测定通则》（GB/T 9724—2007）规定执行。

④热安定性测定：单个产品药量<100 g 的，将产品放置在 75 ℃±2 ℃的烘箱中 48 h 无燃烧、爆炸现象，取出放置 24 h 后燃放，观察是否保持原设计效果；单个产品药量≥100 g 的，称取 50 g 烟火药放置在 75 ℃±2 ℃的烘箱中 48 h 无燃烧、爆炸现象，取出放置 24 h 后点燃，观察是否保持原设计效果。

⑤低温试验按《出口烟花爆竹安全性能检验方法　第 3 部分：低温稳定性试验》（SN/T 1730. 3—2006）规定执行。

⑥跌落试验：将成箱产品从 12 m 高处自由落在平整的水泥地面上，观察产品是否发生燃烧、爆炸和漏药现象。

⑦摩擦感度、撞击感度、火焰感度、静电感度、着火温度、爆发点按相关标准检测。

（7）燃放性能检验

1）进行燃放性能检验时遇有下列情况，应暂停或终止燃放：

①风力超过 6 级或可能危及安全区内建筑物、电力通信设施和公众安全。

②突然下雨、起雾等，妨碍燃放正常进行。

③发生膛炸、低炸、筒口炸等危及人身安全的意外情况。

④现场燃放人员认为有必要暂停或终止燃放的情况。

2）发射高度的测定。可选用标杆、测距仪、经纬仪及其他仪器设备测定，允许误差：发射高度≤30 m 时，±2 m；发射高度为 30～50 m 时，±4 m；发射高度>50 m 时，±8 m。

3）声级值检验。随机抽取样品（爆竹 10 个、其他 3 个）进行声级测定，声级计水平放置安装在三角架上，吸音器中心线距地面 1.5 m，根据不同级别的样品，确定声级计与样品燃放点的水平距离（A 级为 25 m，B 级为 15 m，C 级为 8 m，D 级为 2 m），燃放样品，记录声级数据，取最大值为样品的声级值。（环境条件：室外开阔平坦的硬性地面上，周围 15 m 内无声音反射的物件；环境噪声<60 dB；风速<5 级，无雨、雾）。

4）烧成率检验。将一定数量的产品燃放后，统计出烧成数与未烧成数，计算出烧成率。

5）抛射物检测。目测是否有金属抛射物，观察色火或炙热物是否在规定范围以内。用米尺测量有可能超过指定限度质量残渣离燃放点的距离，并用感量 0.1 克的天平称量其质量。

2. 检验规则

（1）组批

以相同原材料、相同工艺条件、同一生产线和班次生产的品种及规格相同的产品为一批。

（2）型式检验

1）有下列情况之一应进行型式检验：

①新产品投产之前。

②停产半年以上再生产时。

③原材料、工艺发生重大变化时。

④监督检验部门提出要求时。

2）型式检验抽样方法：按《烟花爆竹　抽样检查规则》（GB/T 10632—2014）规定执行。

3）型式检验项目：标志、包装、外观、部件、结构与材质、药种、药量、安全性能（烟火药涉及新材料的以及需检测的，应检测摩擦感度、撞击感度、静电感度、火焰感度和着火温度等项目）、燃放性能。

（3）出厂检验和进货验收

1）出厂检验要求如下：

①出厂检验抽样方法：按《烟花爆竹　抽样检查规则》（GB/T 10632—2014）规定执行。

②出厂检验项目：标志、包装、外观、部件、药量、燃放性能。

③每批产品应经生产厂家按标准规定的方法检验合格，并出具合格证方可出厂。

2）进货验收要求如下：

①进货单位应委托专业检验机构或自行组织对产品的标志、包装、外观、部件、药量、燃放性能等进行检验验收。

②产品无质量合格证明或有破损、受潮、霉变、变形的应拒收，并视情况做相应处理。

③供需双方发生质量纠纷，应由法定专业检验机构进行质量仲裁。

第二节 安全管理概述

一、安全管理的含义 

企业[①]管理系统包含多个具有某种特定功能的子系统，安全管理就是其中一个，这个子系统是由企业有关部门的相应人员组成的。安全管理这个子系统的主要目的是通过管理手段，实现控制事故、消除隐患、减少损失的目的，使整个企业达到最佳的安全水平，为从业人员创造安全舒适的工作环境。

1. 安全管理的定义

安全管理就是针对人们在生产过程中的安全问题，运用有效的资源，发挥人们的智慧，通过人们的努力，进行有关决策、计划、组织和控制等活动，实现生产过程中人与设备、物料、环境的和谐，达到安全生产的目的。

安全管理的基本对象是企业的从业人员（企业所有人员）、设备设施、物料、环境、财务、信息等各个方面。安全管理包括安全生产行政管理、监督管理、工艺技术管理、

① 本书所讲内容，基本目标最终围绕着企业及其从业人员安全管理与技术，书中根据政策环境和适用原则需要，出现“企业”“生产经营单位”“用人单位”等不同称谓，除特殊说明的之外，其基本概念不做区分。

设备设施管理、作业环境和条件管理等方面。安全管理的目标是减少和控制危害事故，尽量避免生产过程中所造成的人身伤害、财产损失、环境污染以及其他损失。

2. 安全管理的分类

可以从宏观和微观、狭义和广义等方面，对安全管理加以分类。

从宏观上看，凡是保障和推进安全生产的一切管理措施和活动都属于安全管理的范畴，泛指国家从政治、经济、法律、体制、组织等各方面所采取的措施和进行的活动。安全管理人员应对国家有关安全生产的方针、政策、法规、标准、体制、组织结构以及经济措施等有深刻的理解和全面的掌握。

从微观上看，安全管理指经济和生产管理部门以及企事业单位所进行的具体的安全管理活动。

狭义的安全管理是指在生产过程或与生产有直接关系的活动中，防止意外伤害和财产损失的管理活动。

广义的安全管理泛指一切保护从业人员安全健康、防止国家财产受到损失的管理活动。从这个意义上讲，安全管理不但要防止劳动中的意外伤亡，也要防止危害从业人员健康的一切因素产生（如防止尘毒、噪声、辐射等物理化学危害，以及对女职工的特殊保护等）。

二、现代安全管理理论简介 

1. 安全管理原理与原则

安全管理作为管理的主要组成部分，遵循管理的普遍规律，它既服从管理的基本原理与原则，也有其自身特殊性。

（1）系统原理

安全管理是生产管理的一个子系统，它包含各级安全管理人员、安全防护设备与设施、安全管理规章制度、安全生产操作规范和规程以及安全管理信息等。安全贯穿生产活动的各个方面，安全管理是全方位、全天候和涉及全体人员的管理。系统原理是运用系统观点、理论和方法，对管理活动进行充分的系统分析，以达到优化管理的目标，即用系统论的观点、理论和方法来认识和处理管理中出现的问题。

运用系统原理时应遵循的原则如下：

1）动态相关性原则。构成管理系统的各要素是运动和发展的，它们相互联系、相互制约。

2）整分合原则。在整体规划下明确分工，在分工基础上有效综合。

3）反馈原则。成功的高效管理，离不开灵活、准确、快速的反馈。

4）封闭原则。在任何一个管理系统内部，管理手段、管理过程等必须构成一个连续封闭的回路，才能形成有效的管理活动。

（2）人本原理

人本原理是指在管理中必须把人的因素放在首位，体现以人民为中心的指导思想。以人民为中心有两层含义：其一是一切管理活动都是以人为根本而展开的，人既是管理的主体，又是管理的客体；其二是在管理活动中，作为管理对象的各要素和管理系统各环节，都需要人掌握、运作、推动和实施。

运用人本原理时应遵循的原则如下：

1）动力原则。推动管理活动的基本力量是人，管理必须有能够激发人工作能力的动力（管理系统有 3 种动力，即物质动力、精神动力和信息动力）。

2）能级原则。在管理系统中，建立一套合理能级，根据单位和个人能量的大小安排其工作，才能发挥不同能级的能量，保证结构的稳定性和管理的有效性。

3）激励原则。以科学的手段，激发人的内在潜力，使其充分发挥积极性、主动性和创造性。

（3）预防原理

预防原理是指安全管理应以预防为主，通过有效的管理和技术手段，减少和防止人的不安全行为和物的不安全状态。

运用预防原理时应遵循的原则如下：

1）偶然损失原则。反复发生的同类事故，并不一定产生完全相同的后果。

2）因果关系原则。事故的发生是许多互为因果的因素连续发生的最终结果，只要导致事故的因素存在，发生事故是必然的，只是时间或迟或早而已。

3）3E（Engineering——工程技术，Education——教育，Enforcement——强制管理）原则。针对造成人和物不安全因素的 4 方面原因　技术原因、教育原因、身体和态度原因以及管理原因，采取 3 种防治对策，即工程技术对策、教育对策和强制管理对策。

4）本质安全化原则。从一开始和从本质上实现安全化，从根本上消除事故发生的可能性。

（4）强制原理

强制原理是指采取强制管理的手段控制人的意愿和行为，使个人的活动、行为等受到安全生产要求的约束。

运用强制原理时应遵循的原则如下：

1）安全第一原则。在进行生产和其他活动时把安全工作放在一切工作的首要位置。生产或其他工作与安全发生矛盾时，要服从安全。

2）监督原则。为了使安全生产法律法规得到落实，设立安全生产监督管理部门，对企业生产中的守法和执法情况进行监督。

2. 事故致因理论

事故发生有其自身的发展规律和特点，只有掌握了事故发生的规律，才能保证生产系统处于安全状态。科技工作者们站在不同的角度，对事故进行研究，给出了很多事故致因理论，下面简要介绍几种。

（1）事故频发倾向理论

1939 年，相关学者提出了事故频发倾向理论。事故频发倾向是指个别容易发生事故的、稳定的、个人的内在倾向。事故频发倾向者的存在是事故发生的主要原因，即少数具有事故频发倾向的从业人员是事故频发倾向者，他们容易导致事故发生。如果企业中减少了事故频发倾向者，就可以减少事故。

（2）海因里希因果连锁理论

美国安全工程师海因里希把工业伤害事故的发生发展过程描述为具有一定因果关系事件的连锁，即人员伤亡的发生是事故的结果，事故发生的原因是人的不安全行为或物的不安全状态，人的不安全行为或物的不安全状态是由人的缺点造成的，人的缺点是由不良环境诱发或由先天遗传因素造成的。

海因里希的因果连锁理论包括以下 5 个因素：遗传及社会环境、人的缺点、人的不安全行为或物的不安全状态、事故、伤害。海因里希用多米诺骨牌来形象地描述事故的这种因果连锁关系。在多米诺骨牌系列中，一枚骨牌被碰倒后，则将发生连锁反应，其余几枚骨牌相继被碰倒。如果移去中间的一枚骨牌，则连锁被破坏，事故过程被中止。他认为，企业安全工作的中心就是防止人的不安全行为，消除机械的或物质的不安全状态，中断事故连锁的进程，从而避免事故发生。

（3）能量意外释放理论

1961年，美国的吉布森提出，事故是一种不正常的或不希望的能量释放，各种形式的能量是构成伤害的直接原因，因此应该通过控制能量或能量载体（即能量触及人体的媒介）来预防伤害事故。

1966年，在吉布森的研究基础上，美国运输安全局局长哈登完善了能量意外释放理论，提出“人受伤害的原因只能是某种能量的转移”，并根据能量作用于人体造成伤害的方式，将伤害分为两类：第一类伤害是由施加了局部或全身性损伤阈值的能量引起的；第二类伤害是由影响了局部或全身性能量交换引起的，主要指中毒、窒息和冻伤。哈登认为，在一定条件下，某种形式的能量对人体造成的伤害，取决于能量大小、人体接触能量的时间和频率以及能量的集中程度。根据能量意外释放理论，可以利用各种屏蔽来防止能量意外转移，从而防止事故发生。

（4）系统安全理论

在20世纪50年代到60年代，在美国研制洲际导弹的过程中，系统安全理论应运而生。系统安全理论包括很多区别于传统安全理论的创新概念，具体如下：

1）在事故致因理论方面，改变了人们只注重人的不安全行为，而忽略硬件故障的传统观念，开始考虑如何通过改善物的系统可靠性来提高复杂系统的安全性，从而避免事故。

2）没有任何一种事物是绝对安全的，任何事物中都潜伏着危险因素。通常所说的安全或危险只不过是一种主观的判断。

3）不可能根除一切危险源，但可以减少现有危险源的危险性。应减少总的危险性，而不是只彻底消除几种选定的风险。

4）由于人的认识能力有限，有时不能完全认识危险源及其风险。即使认识了现有的危险源，随着生产技术的发展，以及新技术、新工艺、新材料和新能源的出现，又会产生新的危险源。

三、企业及其生产班组安全管理 

1. 企业与班组安全管理的重要意义

班组是安全生产的基础，班组的安全生产状况反映出整个企业安全生产的管理水平，班组安全生产形势与整个企业安全生产形势密切相关。班组是企业的“细胞”，是企业实现安全生产的基础，可以用班组这面“镜子”来透视企业的安全生产，用班组这把“尺子”来衡量企业的安全生产水平。大量的生产事故表明，90%以上的事故发生在班组，80%以上事故的直接原因都是在班组生产过程中违规作业或未及时发现并消除各种隐患，60%以上的事故是由思想麻痹、纪律松弛、管理混乱、违章指挥作业造成的。生产班组是生产一线，也是事故的多发区。

因此，班组安全管理对企业安全生产具有重要意义，下面通过班组安全管理来分析讲解企业安全管理的具体内容。

安全是企业发展的重要保障，安全管理是企业管理的重要组成部分，而班组是企业最基层的生产单位。企业安全管理必须服务于基层班组，将工作重心下移到班组，通过班组安全管理实现各项工作的落实。把生产建立在坚实的基础上，才能充分提高生产效率，实现企业生产经营管理目标。

危险、有害因素主要产生于生产过程，而在企业，班组是生产的主体。因此，企业要做到安全生产，就必须重视班组安全，一切工作都必须从班组抓起，扎扎实实地搞好班组安全建设，以班组安全来保障企业的整体安全。

从安全生产的角度来讲，一个好的班组应既能完成生产任务，又能确保安全。因为只完成生产任务，不能确保安全的班组，如果发生事故，最终将影响士气，从而导致生产率降低。

从安全生产的特点来看，很多企业生产工艺复杂，生产工艺过程既有机械伤害、起重伤害、物体打击、高处坠落、挤压、火灾爆炸等危害，又有高温、高压、高浓度粉尘、有毒有害物质的危害，特别是生产中的高温高压、炉体爆炸、煤气中毒窒息等危害性较大。另外，由于经济发展水平、科技水平的局限性，本质安全程度还不是很高，部分生产工艺过程具有高危险性。这些危险、有害因素直接对从业人员安全健康造成威胁，需要通过加强安全管理，增强从业人员的安全意识和责任感，并提高从业人员职业技能水平来预防伤亡事故的发生。

2. 班组安全管理的基本内容

班组安全管理作为安全管理的重要组成部分，它所包含的内容也是十分广泛的。具体包括以下几点：

（1）安全生产制度

“没有规矩，不成方圆。”规章制度是全体从业人员的行为准则，企业应针对各班组生产的特点和工种、工序的不同来制定健全合理的、行之有效的规章制度，并确保全体从业人员严格遵守，这是实现班组安全管理的重要基础性工作。

班组安全生产制度应有安全生产岗位责任制度、安全检查制度、安全奖惩制度、安全例会制度、事故预测预防制度等。随着生产的发展和客观条件的变化，对于已经不能正确反映客观规律的制度，要及时修订完善。制度的建立要力求完整统一、简明扼要、通俗易懂，便于从业人员牢记、掌握与遵守。

有了制度，还要有执行情况的检查与记录，记录是每个人制度执行情况的原始凭证。班组应有交接班记录、检查记录、学习记录、整改记录、考核评比记录等。记录应及时、齐全、清晰、准确，决不能为了应付检查、评比而报虚情、做假账。

（2）班组安全生产责任制及各项安全管理制度

安全生产责任制是根据“管生产经营必须管安全”“安全生产、人人有责”的原则，以制度的形式明确规定企业各级领导和各类人员在生产活动中应负的安全责任，它是企业岗位责任制的重要组成部分，是企业所有安全生产制度的核心。有了这项制度，就能把安全与生产从组织领导上统一起来，安全工作才能做到事事有人管、层层有专责。

班组安全生产责任制是企业安全生产的有机组成部分。车间（部门、厂矿）的安全生产态势是根据班组安全生产责任制的落实情况来加以评估的，若每个班组都能落实安全生产责任制，那么车间（部门、厂矿）的安全生产工作就有了良好的基础。

班组长是班组安全生产的第一责任人，班组安全员则是班组长的参谋与助手。因此，评估班组安全生产责任制是否落实，首先看班组长是否按安全生产责任制严格要求自己。如果班组长在这方面能起到表率作用，落实自己的安全生产责任，并能督促每位成员认真执行安全生产责任制，那么班组的安全生产就有了保障。

从业人员做好本岗位的安全工作，是企业和班组搞好安全工作的基础，企业中的一切安全生产制度都要通过企业的从业人员来落实。因此，从业人员的安全生产责任应包含以下内容：自觉遵守各项安全生产规章制度，不违规作业，并劝阻他人违规作业；根据工艺要求精心操作，各种生产记录要正确、清楚、可靠，并能正确判断和处理事故；按时巡检，发现异常情况应及时处理或报告；重视文明生产，爱护和正确使用、妥善保管机器设备、工具和劳动防护用品；积极参加各种安全生产活动；主动提出改进安全生产的建议；有权拒绝违章指挥和强令冒险作业。

（3）班组安全教育

安全教育是搞好安全生产的基础。首先，安全教育能提高从业人员搞好安全生产的责任感和自觉性，使其自觉贯彻安全生产方针和各项政策法规，遵守企业安全生产规章制度；其次，安全教育能使从业人员掌握安全生产知识，提高安全操作技术水平，认识工伤事故与职业病发生的原因和规律。安全教育既能增强从业人员的安全意识，又能提高从业人员的安全技能，是有效防范事故发生的必要前提条件。

班组安全教育的形式主要如下：对新入职人员进行班组安全教育；针对班组成员的思想动态，结合典型事故案例、岗位安全操作规程，开展经常性安全教育；针对班组采用新工艺、新技术、新材料、新设备的情况，开展新操作方法的安全教育；针对岗位的工艺要求，进行各岗位安全操作技能训练。

班组安全教育的方法主要有以下 3 个方面：

1）抓好“关键人物”的安全教育。所谓“关键人物”，一是指新入职或转岗的人员，二是指行为比较散漫的人员，三是指性格急躁、粗心大意的人员。

2）根据事故发生的规律进行针对性的安全教育。例如，有生产经验的从业人员容易思想麻痹；新入职人员缺乏安全生产知识，容易冒险作业；节假日前后，一些人员思想不集中，容易发生事故；生产或检修任务紧张时，往往抢时间，容易忽视安全等。

3）要注意教育艺术，避免空泛说教，努力把安全教育贯穿于直观、生动、具有感染力的活动之中。班组安全教育力求生动活泼、多种多样、贴近实际，这样才能收到良好的教育效果。

（4）班组安全检查

安全检查是贯彻“安全第一、预防为主、综合治理”方针的重要措施，是依靠班组发现隐患、防止事故的一个重要手段，班组长对此务必高度重视，要有效组织各类有针对性的安全检查。“班中查”是班组长经常采用的一种行之有效的安全检查方式。

通过安全检查发现的问题涉及两个方面：一是人的因素，二是物的因素。对于人的因素，视不同情况采取不同的措施。例如，有人违章操作或出现不安全行为，发现后要立即阻止和纠正；发现新手操作生疏，有安全隐患时，要及时调配力量并加强培训。对于物的因素，如设备、作业环境等，一定要做到“三定”“二不推”。“三定”，即对不安全因素的整改要做到定人员、定措施、定时间；“二不推”，即个人能整改的不推给班组，班组能整改的不推给车间。特别强调的是，整改要及时，措施要有力，并落实到个人，而且要做好整改记录。对于班组不能解决的重大隐患，必须及时报上级部门，在处理之前，要做好有效的预防性措施。

要加强岗位检查，及时消除危险因素和制止不安全行为。要在交班前、接班后对本班组作业环境认真进行检查，检查情况要向本班组人员通报。对重点部位和易发生事故的环节，要采取相应的控制措施，作业中出现的不安全行为要及时制止，发现的不安全因素要及时整改，暂时不能整改的隐患要采取有效的针对性控制措施。

根据在安全检查中发现的问题和整改措施落实情况，要按有关规定，视不同情况进行严格考核或教育。

（5）事故报告、分析和处理

若班组发生了事故，在紧急抢救伤员的同时，应立即向上级领导报告，并采取应急措施，保护现场，积极组织或参与对事故的分析，查明事故原因和责任，采取措施防止同类事故重复发生。

1）事故报告。事故报告的内容应包括事故发生的时间、地点，伤亡人员姓名、年龄、工种、伤害部位、伤害程度，事故的类别、事故经过情况及其原因等。不准隐瞒不报、虚报或拖延不报。

2）事故分析。班组长要认真地组织本班组成员开展事故分析。对事故进行分析时，重点应放在查事故的原因上，只有消除了产生事故的危险因素，才能防止同类事故再次发生。本车间同类型的兄弟班组发生了事故，班组长也应参加事故分析会，并将分析的结果传达给班组成员，组织班组成员举一反三、吸取教训。

3）事故处理。对事故的处理要做到“四不放过”，对班组发生的事故苗子和险肇事故应同样按“四不放过”的要求进行处理。

（6）安全值日

对点多、面广、作业分散的班组，单靠班组长抓安全是不够的，应由班组长指定专人进行安全值日，并要求他们做到：搞好安全点检确认，有隐患及时整改，发现不安全行为及时制止，做好现场互保监护，搞好文明生产。

（7）班组安全活动

企业安全管理工作的重心在生产班组，开展班组安全活动则是安全管理的重要内容之一，是保障安全生产的一项重要措施，是企业安全文化的一项具体表现形式，也是提高从业人员安全文化素质的手段之一。开展形式多样的安全活动，可以提高从业人员的安全素质，让“我要安全”渗透到从业人员日常工作习惯之中，真正做到“三不伤害”（不伤害自己、不伤害他人、不被他人伤害），营造注重安全、尊重生命的文化氛围。

3. 班组安全管理的主要方法

（1）教育培训

加强班组全体成员的安全教育培训，以及重点对象的安全教育，有助于不断增强班组成员的安全意识，提高班组成员的安全技能和自我防范能力，使安全管理始终贯穿在整个班组工作中。无数的事故案例表明，安全技术素质低下，往往就是事故隐患。因此，班组长对此要有清醒的认识。安全教育培训要注重做好以下几个方面的工作：

1）班组安全教育，首先要抓好动态教育。班组长要随时掌握班组成员的思想动态，对能够影响班组成员思想波动的各种因素，要在自己力所能及的范围内及时消除，根据实际情况安排不同的工作，避免因思想波动而导致操作失误，最终造成事故。

2）要抓好岗位教育，特别是抓好新入职和转岗人员的教育。新入职和转岗人员对新工作环境、设备、生产工艺、安全操作技术等不熟悉，较易发生事故，因此对他们进行安全教育是十分必要的。班组长在对新入职和转岗人员进行教育时，要将本班组的工作范围、主要生产设备、工艺、危险源、安全操作规程及本班组曾经发生的事故或重大险肇事故等告诉他们，并为他们指定专门带教老师，规定带教老师在传授生产技术的同时要传授安全技术（包括劳动防护用品的正确使用）。对新入职人员，要求既要懂得工艺流程和技术要求，又要了解生产中应采取的安全措施，实现安全生产；对转岗人员，要有针对性地进行安全教育，使其真正了解新岗位的特点和安全注意事项，在工作中严格按照要求去作业。对新入职和转岗人员的安全状况，应进行定期分析，发现问题及时解决，避免发生事故。

3）要抓好安全技能教育和自我防范意识的教育。充分利用班前会、班后会、安全活动日进行思想教育，同时在作业现场让有经验的从业人员进行实地操作，使班组成员形象直观地接受教育，真正懂得和充分理解、掌握安全操作规程，确保在作业中按规程要求操作，实现安全生产。

安全操作技术是生产操作技能与各类安全操作规范、规程、制度的结合。学习安全操作技术，就是岗位安全操作练兵，也就是人们常说的“练内功”。随着生产现代化进程的不断加快，对操作技术的要求也会越来越高，对安全工作也会提出更高的要求。

4）结合事故案例开展直观的安全教育。通过分析事故案例，找出发生事故的原因，使班组成员真正明白制定规程的依据，以及不按规程操作会造成的危害，消除班组成员的侥幸心理，从而促使其在工作中按规程作业。

（2）安全检查

组织班组成员对班组安全生产进行检查是消除生产中事故隐患、改善劳动条件的重要手段，是确保安全生产的一种有效的工作方法。安全检查就是查隐患和人员的不安全行为，一旦发现隐患和不安全行为，就要采取措施，使其得到有效的控制，直至彻底消除。因此，班组应高度重视安全检查。

安全检查是一项专业性、技术性较强又非常细致的工作，因此，开展安全检查，必须有明确的目的、要求和具体计划，切忌形式主义、走过场。同时，安全检查应该始终贯彻领导与班组成员相结合的原则，充分依靠班组成员。要检查生产过程中的劳动条件、生产设备以及相应的安全卫生设施和人员的操作行为是否符合安全生产的要求。为保证检查的效果，对查出的问题和隐患，要坚决按照“边检查、边整改”的原则，一般问题应立即整改，并限期、定专人解决；对发现的重大隐患，限于技术条件当时不能解决的，要向上级反映并采取控制措施。

（3）隐患整改

事故隐患是指生产场所存在的物的不安全因素，如不处理，就可能导致事故的发生。因此，隐患一经发现必须及时整改。

隐患排查与整改工作是防止事故发生的主要措施，必须坚持“谁主管、谁负责”的原则。班组每日至少对本单位、本岗位各种设备设施、建（构）筑物、危险源及其作业环境等进行一次全面的排查。建立隐患排查登记台账，对排查出的隐患及其上报情况及时登记，登记内容包括排查人员、排查时间、隐患部位及危险状态、整改责任人和整改期限等。若排查出的隐患，经确认本单位无力整改，应立即向上一级主管部门报告，并在登记台账上注明上报单位、时间等。隐患的排查与整改工作要坚持“四定三不交”原则：定项目、定措施、定责任人、定完成时间；班组能整改的不交车间，车间能整改的不交厂矿，厂矿能整改的不交公司。

正确、及时、有效地处理安全检查中发现的事故隐患和不安全因素，应遵循下列原则：

1）边查边改的原则。在生产作业现场发现的事故隐患和不安全因素，当场可以解决的，应立即进行整改。例如，发现有人员戴手套操作钻床，应立即纠正并给予批评教育。这种边查边改的方法一方面可以及时消除事故隐患和违规行为，另一方面也减轻了安全检查人员后期的工作量。同时，现场解决问题，对于在场人员是很好的安全教育，其效果比课堂安全教育更好。

2）限期整改的原则。对于不能现场解决的问题，必须限期解决。限期整改不能只是口头的，要按一定的方式和程序进行。

3）采取防护措施的原则。对于一些事故隐患或不安全因素，在整改之前，必须要采取一定的防护措施，以确保不发生事故。对因隐患整改不及时而导致伤亡事故的，应视情节轻重对责任单位和责任人严肃处理。隐患整改应做好生产现场的安全检查，提出事故预防措施，并做好事故预防工作。

（4）危险源控制管理

为了落实“安全第一、预防为主、综合治理”的安全生产方针，实现危险部位、场所、设施等不安全因素的预知预控，对危险源实施分级控制管理。即以控制危险因素为核心，针对生产过程中每个危险源的设备、环境、人的行为和安全管理等因素，实施有效的控制管理，并分级负责和督促检查。

危险源的确定一般考虑以下几个方面：容易发生重大人身伤亡、设备损坏及火灾、爆炸、急性中毒等事故；设备安全度低、作业环境不良、事故发生率高；具有一定的危险性，作业频繁；潜在危险性大。

危险源控制管理的基本方法如下：

1）对危险源进行危险因素分析。对危险源系统中存在的物的不安全因素进行分析，预测可能产生的危害，制定危险源的安全控制措施。安全控制措施应包括以下内容：

①国家标准、行业标准和企业标准中适合现场实际的部分。

②工程技术措施。应把改善劳动生产条件和作业环境，提高安全技术装备水平放在首位，力求在消除危险因素和隐患的基础上落实管理措施。

③预测、控制事故的措施，包括危险预知活动、岗位标准化作业等。

④管理措施。应明确岗位生产作业中各级管理人员的责任。

⑤应急救援措施方案。A 级危险源必须建立事故应急救援预案，及时有效处理突发事故，最大限度地降低事故损失。

2）危险源分级。根据危险源可能造成的伤害程度，将危险源分为以下 4 个级别：

①A 级。可能造成多人伤亡或引起火灾、爆炸、设备及厂房设施毁灭性破坏。

②B 级。可能造成人员死亡或永久性全部丧失劳动能力（终身致残性重伤），或可能造成生产中断（一个班以上）。

③C 级。可能造成人员永久性局部丧失劳动能力（伤愈后能工作，但不能从事原岗位工作的重伤），或生产暂时性中断（一个班以内）。

④D 级。可能造成人员轻伤或伤愈后能恢复原岗位工作的一般性重伤，并不会造成生产中断。

公司负责对 A 级危险源进行管理，厂矿负责对 A、B 级危险源进行管理，车间负责对本车间的 A、B、C 级危险源进行管理，班组负责对本班组的 A、B、C、D 级危险源进行管理。

3）建档立卡。危险源确定后，应填写危险源登记卡及档案，在危险源控制区域醒目处设置危险源警示牌。警示牌内容应包含危险源可能造成的事故伤害模式、主要危险因素及应采取的主要措施对策。危险源一经确认，就必须纳入控制管理轨道。因工艺变更，危险源不再存在的；因工艺改进，防护措施水平提高，危险因素消除的，应取消对该危险源的管控。

4）制定检查表。在制定对策措施的基础上，应针对各危险源制定危险源检查表，并尽量与设备点检内容契合，使安全检查与设备点检一致。当班人员应根据设备点检制度要求，按危险源检查表内容对本班组管理区域内各级危险源进行点检，并做好记录。

5）班组长检查。班组长应熟悉各危险源的控制内容，负责实施本工段、班组危险源的控制管理，由本人或指定的专人定时检查控制情况，认真填写检查表。

岗位操作人员应熟悉本人负责的危险源的控制内容、防范措施、应急预案，按规定认真检查并登记；发现危险源的不正常状态，立即上报和做好记录，并采取防范措施避免事故发生。

（5）伤亡事故调查分析

企业从业人员在生产时间和生产活动区域内，由于生产和工作的原因，或因履行职责而受到事故伤害，这类事故属于工伤事故。

事故的直接原因是比较容易掌握的，然而，要寻找出事故的根源以及事故的演变过程，却非易事。事故的发生往往是多种因素共同作用的结果，各因素之间往往又是相互关联的，而且某种偶然的因素也可能造成事故。因此，在事故发生以后，应尽最大努力分析造成事故的直接原因和间接原因，深入分析事故发生、发展的过程，提出防止同类事故发生的措施。

事故分析是事故调查人员依据事故调查所取得的证据，运用科学技术知识和经验，采用科学的分析方法，对事故进行原因分析和责任分析。事故原因分析是对事故的直接原因和间接原因的确定，事故责任分析是对事故的直接责任者、领导责任者和主要责任者的确定。事故原因和责任的确定将直接影响事故处理。

4. 班组检修作业管理

检修作业不同于生产工艺流程中的正常作业，与建筑施工作业也有差别，其特点主要包括任务重、工期紧、施工任务多，具有随机性、分散性和流动性，协调难度大、不确定因素多、危险因素多等。

（1）检修作业安全生产的特点

1）为了赶生产进度，检修作业工期一般很紧，各施工队伍往往交叉、连续、疲劳作业，违规作业、违章指挥、冒险作业的现象大量存在。

2）检修作业点多面广，作业环境复杂多变，极大地增加了影响安全的不确定因素。在正常的生产场所，设备、物品的定置定位良好，固定的人员操作固定的机械设备，环境为作业人员所熟悉，上下左右配合默契熟练，作业人员对各种危险了然于胸，危险处于受控状态，一切生产都在井然有序地运行，一般不容易发生事故。但在检修作业现场，作业人员各自为战，任务千差万别，作业空间狭小，作业难度大，人员及物资密度高、流动大且不确定性因素多，极大地增加了检修工作的危险性。

3）检修作业危险因素多。

4）检修项目管理工作跨越多个部门和单位，需要多种学科的知识来解决问题。而一个检修工程就是一个复杂的系统，一个环节失误，就有可能导致整个系统的安全可靠性下降，埋下事故隐患，甚至直接造成事故。检修队伍的素质以及人员的安全意识、知识水平以及自身阅历、经验不同，都会对检修工作产生影响。

5）一个检修工程需要许多施工队伍参与，包括内部检修队伍和外部检修队伍，有时还存在承包转包的现象，这些队伍技术水平、安全素质参差不齐。尤其是外包队伍，往往在揽到工程以后再临时招募人员，其安全素质差、安全意识低，经常野蛮施工、冒险作业，对安全工作造成很大影响。而且外来的施工人员对安全管理有抵触情绪，更容易搅乱现场施工的管理秩序。

（2）检修作业的安全管理措施

为了确保检修作业的安全，在检修作业中应做到定作业项目、定责任人、定安全措施的全过程安全管理。检修作业的安全管理应以开展对人、机、环境等方面的危险辨识为基础，重点是控制人的不安全行为和物的不安全状态，只有这样才能真正保障检修作业的安全。检修作业的要点如下：

1）下达检修作业计划或组织检修作业时，应同时下达安全措施或注意事项，并负责安全措施的落实。

2）各单位在接到检修作业任务后，主管负责人应到现场了解实际情况，根据实际情况和作业环境，制定详细的安全措施，确定作业责任人并签字。

3）作业责任人在正式开始工作以前，应组织班组作业人员进行危险预知活动，制定预防对策，并对班组作业人员进行安全交底，危险作业要指定安全监护人。

4）生产单位应派专人负责配合作业单位的协调、监护、检查工作，并负责安全措施的落实及完工后的确认验收。

5）对危险性较大的检修作业，以及多个单位在同一作业场所同时进行检修作业的，厂矿安全管理机构应派专人进行安全交底和现场监督及检查。

6）动火作业必须采取防火、防爆措施。高处作业必须采取防坠落的措施。

第三节　烟花爆竹安全管理

一、烟花爆竹安全管理职责

国家对烟花爆竹的生产、经营、运输和举办焰火晚会以及其他大型焰火燃放活动，实行许可证制度。未经许可，任何单位或者个人不得生产、经营、运输烟花爆竹，不得举办焰火晚会以及其他大型焰火燃放活动。

安全生产监督管理部门负责烟花爆竹的安全生产监督管理，公安部门负责烟花爆竹的公共安全管理，质量监督检验部门负责烟花爆竹的质量监督和进出口检验。公安部门、安全生产监督管理部门、质量监督检验部门按照职责分工，组织查处非法生产、经营、储存、运输、邮寄烟花爆竹以及非法燃放烟花爆竹的行为。国家鼓励烟花爆竹生产企业采用提高安全程度和提升行业整体水平的新工艺、新配方和新技术。

烟花爆竹生产、经营、运输企业和焰火晚会以及其他大型焰火燃放活动主办单位的主要负责人，对本单位的烟花爆竹安全工作负责。烟花爆竹生产、经营、运输企业和焰火晚会以及其他大型焰火燃放活动主办单位应当建立健全安全责任制，制定各项安全管理制度和操作规程，并对从业人员定期进行安全教育、法制教育和岗位技术培训。

中华全国供销合作总社应当依法加强对本系统企业烟花爆竹经营活动的管理。

二、烟花爆竹生产经营单位安全管理 

1. 总体要求

烟花爆竹生产企业（以下简称生产企业）、烟花爆竹批发企业（以下简称批发企业）和烟花爆竹零售经营者（以下简称零售经营者）统称烟花爆竹生产经营单位。烟花爆竹生产经营单位应当落实安全生产主体责任，其主要负责人（包括法定代表人、实际控制人，下同）是本单位安全生产工作的第一责任人，对本单位的安全生产工作全面负责。其他负责人在各自职责范围内对本单位安全生产工作负责。县级以上地方人民政府安全生产监督管理部门按照属地监管、分类分级负责的原则，对本行政区域内烟花爆竹生产经营单位安全生产工作实施监督管理。地方各级人民政府安全生产监督管理部门在本级人民政府的统一领导下，按照职责分工，会同其他有关部门依法查处非法生产经营烟花爆竹行为。

2. 安全生产保障

烟花爆竹生产经营单位应当具备有关法律、行政法规和国家标准或者行业标准规定的安全生产条件，并依法取得相应行政许可。

（1）生产企业、批发企业应当建立健全全员安全生产责任制，建立健全安全生产工作责任体系，制定并落实符合法律、行政法规和国家标准或者行业标准的安全生产规章制度和操作规程。

（2）生产企业、批发企业应当不断完善安全生产基础设施，持续保障和提升安全生产条件：防雷设施应当经具有相应资质的机构设计、施工，确保符合相关国家标准或者行业标准的规定；防范静电危害的措施应当符合相关国家标准或者行业标准的规定；在工艺技术条件发生变化和扩大生产储存规模投入生产前，应当对企业的总体布局、工艺流程、危险性工（库）房、安全防护屏障、防火防雷防静电等基础设施进行安全评价。新的国家标准、行业标准公布后，生产企业、批发企业应当对企业的总体布局、工艺流程、危险性工（库）房、安全防护屏障、防火防雷防静电等基础设施以及安全管理制度进行符合性检查，并依据新的国家标准、行业标准采取相应的改进、完善措施。

（3）生产企业应当积极推进烟花爆竹生产工艺技术进步，采用本质安全、性能可靠、自动化程度高的机械设备和生产工艺，使用安全、环保的生产原材料。禁止使用国家明令禁止或者淘汰的生产工艺、机械设备及原材料。禁止从业人员自行携带工具、设备进入企业从事生产作业。生产企业的涉药生产环节采用新工艺、使用新设备前，应当组织具有相应能力的机构、专家进行安全性能、安全技术要求论证。

（4）生产企业、批发企业应当保证下列事项所需安全生产资金投入：

1）安全设备设施维修维护。

2）工（库）房按国家标准、行业标准规定的条件改造。

3）重点部位和库房监控。

4）安全风险分级管控与隐患排查治理。

5）风险评估与安全评价。

6）安全生产教育培训。

7）劳动防护用品配备。

8）应急救援器材和物资配备。

9）应急救援训练及演练。

10）投保安全生产责任保险等其他需要投入资金的安全生产事项。

（5）生产企业、批发企业的生产区、总仓库区、工（库）房及其他有较大危险因素的生产经营场所和有关设施设备上，应当设置明显的安全警示标志；所有工（库）房应当按照国家标准或者行业标准的规定设置准确、清晰、醒目的定员、定量、定级标识。零售经营场所应当设置清晰、醒目的易燃易爆以及周边严禁烟火、严禁燃放烟花爆竹的安全警示标志。

（6）烟花爆竹生产经营单位应当对本单位从业人员进行烟花爆竹安全知识、岗位操作技能等培训，未经安全生产教育和培训的从业人员，不得上岗作业。危险工序作业等特种作业人员应当依法取得相应资格，方可上岗作业。单位的主要负责人和安全生产管理人员应当由安全生产监督管理部门对其进行安全生产知识和管理能力考核合格。考核不得收费。单位应当严格按照安全生产许可或者经营许可批准的范围，组织开展生产经营活动；禁止在许可证载明的场所外从事烟花爆竹生产、经营、储存活动，禁止许可证过期继续从事生产经营活动；禁止销售超标、违禁烟花爆竹产品或者非法烟花爆竹产品。

（7）生产企业可以依法申请设立批发企业和零售经营场所，但不得向其他企业销售烟花爆竹含药半成品，不得从其他企业购买烟花爆竹含药半成品加工后销售，不得购买其他企业烟花爆竹成品加贴本企业标签后销售。批发企业可以依法申请设立零售经营场所，但不得向零售经营者或者个人销售专业燃放类烟花爆竹产品。零售经营者不得在居民居住场所同一建筑物内经营、储存烟花爆竹。

（8）生产企业、批发企业应当在权责明晰的组织架构下统一组织开展生产经营活动，禁止分包、转包工（库）房、生产线、生产设备设施或者出租、出借、转让许可证。生产企业、批发企业应当依法建立安全风险分级管控和事故隐患排查治理双重预防机制，采取技术、管理等措施，管控安全风险，及时消除事故隐患，建立安全风险分级管控和事故隐患排查治理档案，如实记录安全风险分级管控和事故隐患排查治理情况，并向本企业从业人员通报。

生产企业、批发企业必须建立值班制度和现场巡查制度，全面掌握当日各岗位人员数量及药物分布等安全生产情况，确保不超员超量，并及时处置异常情况。危险品生产区、总仓库区，应当确保24小时有人值班，并保持监控设施有效、通信畅通。建立从业人员、外来人员、车辆进出厂（库）区登记制度，对进出厂（库）区的从业人员、外来人员、车辆如实登记记录，随时掌握厂（库）区人员和车辆的情况。禁止无关人员和车辆进入厂（库）区。禁止未安装阻火装置等不符合国家标准或者行业标准规定安全条件的机动车辆进入生产区和仓库区。

（9）生产企业和经营黑火药、引火线的批发企业应当要求供货单位提供并查验购进的黑火药、引火线及化工原材料的质检报告或者产品合格证，确保其安全性能符合国家标准或者行业标准的规定；对总仓库和中转库的黑火药、引火线、烟火药及裸药效果件，应当建立并实施由专人管理、登记、分发的安全管理制度。

（10）生产企业、批发企业应当加强日常安全检查，采取安全监控、巡查检查等措施，及时发现、纠正违反安全操作规程和规章制度的行为。禁止工（库）房超员、超量作业，禁止擅自改变工（库）房设计用途，禁止作业人员随意串岗、换岗、离岗。应当按照设计用途、危险等级、核定药量使用药物总库和成品总库，并按规定堆码，分类分级存放，保持仓库内通道畅通，准确记录药物和产品数量。禁止在仓库内进行拆箱、包装作业。禁止将性质不相容的物质混存。禁止将高危险等级物品储存在危险等级低的仓库。禁止在烟花爆竹仓库储存不属于烟花爆竹的其他危险物品。生产企业的中转库数量、核定存药量、药物储存时间应当符合国家标准或者行业标准规定，确保药物、半成品、成品合理中转，保障生产流程顺畅。禁止在中转库内超量或者超时储存药物、半成品、成品。生产企业、批发企业应当定期检查工（库）房、安全设施、电气线路、机械设备等的运行状况和作业环境，及时维护保养；对有药物粉尘的工房，应当按照操作规程及时清理冲洗。对工（库）房、安全设施、电气线路、机械设备等进行检测、检修、维修、改造作业前，生产企业、批发企业应当制定安全作业方案，停止相关生产经营活动，转移烟花爆竹成品、半成品和原材料，清除残存药物和粉尘，切断被检测、检修、维修、改造的电气线路和机械设备电源，严格控制检修、维修作业人员数量，撤离无关的人员。

（11）生产企业、批发企业在烟花爆竹购销活动中，应当依法签订规范的烟花爆竹买卖合同，建立烟花爆竹买卖合同和流向管理制度，使用全国统一的烟花爆竹流向管理信息系统，如实登记烟花爆竹流向。生产企业应当在专业燃放类产品包装（包括运输包装和销售包装）及个人燃放类产品运输包装上张贴流向登记标签，并在产品入库和销售出库时登记录入。批发企业购进烟花爆竹时，应当查验流向登记标签，并在产品入库和销售出库时登记录入。生产企业、批发企业所生产、销售烟花爆竹的质量、包装、标志应当符合国家标准或者行业标准的规定。零售经营者应当向批发企业采购烟花爆竹并接受批发企业配送服务，不得到企业仓库自行提取烟花爆竹。批发企业应当向零售经营者及零售经营场所提供烟花爆竹配送服务。配送烟花爆竹抵达零售经营场所装卸作业时，应当轻拿轻放、妥善码放，禁止碰撞、拖拉、抛摔、翻滚、摩擦、挤压等不安全行为。

（12）在生产企业、批发企业内部及生产区、库区之间运输烟花爆竹成品、半成品及原材料时，应当使用符合国家标准或者行业标准规定安全条件的车辆、工具。企业内部运输应当严格按照规定路线、速度行驶。装卸烟花爆竹成品、半成品及原材料时，应当严格遵守作业规程。禁止碰撞、拖拉、抛摔、翻滚、摩擦、挤压等不安全行为。

生产企业、批发企业应当及时妥善处置生产经营过程中产生的各类危险性废弃物，不得留存过期的烟花爆竹成品、半成品、原材料及各类危险性废弃物。

三、烟花爆竹生产安全管理

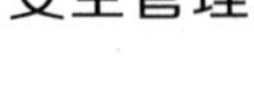

1. 生产条件要求

生产企业是指依法设立并取得工商营业执照或者企业名称工商预先核准文件，从事烟花爆竹生产的企业。生产企业应当具备下列条件：

（1）符合当地产业结构规划。

（2）基本建设项目应当经过批准，其设计应符合《烟花爆竹工程设计安全规范》（GB 50161—2009）的要求，并依法进行安全设施设计审查和竣工验收。

（3）选址符合城乡规划，并与周边建筑、设施保持符合国家标准、行业标准规定的安全距离。

（4）厂房和仓库的设计、结构和材料以及防火、防爆、防雷、防静电等安全设备、设施符合国家有关标准和规范。

（5）生产设备、工艺符合安全标准。

（6）产品品种、规格、质量符合国家标准、行业标准。

（7）有健全的安全生产责任制。

（8）有安全管理机构和专职安全管理人员。

（9）依法进行了安全评价。

（10）有事故应急救援预案、应急救援组织和人员，并配备必要的应急救援器材、设备。

（11）法律法规规定的其他条件。

2. 安全管理机构设置

生产企业应当设置安全管理机构，配备专职安全管理人员，并符合下列要求：

（1）确定安全生产主管人员。

（2）配备占本企业从业人员总数1%以上且不少于2名的专职安全管理人员。

（3）配备占本企业从业人员总数5%以上的兼职安全员。

3. 安全管理制度

生产企业应当建立健全主要负责人、分管负责人、安全管理人员、职能部门、各岗位的安全生产责任制，制定下列安全生产规章制度和操作规程：

（1）符合国家标准、行业标准规定的岗位安全操作规程。

（2）药物存储管理、领取管理和余（废）药处理制度。

（3）企业负责人及涉裸药生产线负责人值（带）班制度。

（4）特种作业人员管理制度。

（5）从业人员安全教育培训制度。

（6）安全检查和隐患排查治理制度。

（7）产品购销合同和销售流向登记管理制度。

（8）新产品、新药物研发管理制度。

（9）安全设施设备维护管理制度。

（10）原材料购买、检验、储存及使用管理制度。

（11）人员出入厂（库）区登记制度。

（12）厂（库）区门卫值班（守卫）制度。

（13）重大危险源（重点危险部位）监控管理制度。

（14）安全生产费用提取和使用制度。

（15）劳动防护用品配备、使用和管理制度。

（16）工作场所职业病危害防治制度。

生产企业主要负责人、分管安全生产负责人和专职安全管理人员应当经专门的安全生产培训和安全生产监督管理部门考核合格，取得安全资格证。从事药物混合、造粒、筛选、装药、筑药、压药、切引、搬运等危险工序和烟花爆竹仓库保管、守护的特种作业人员，应当接受专业知识培训，并经考核合格取得特种作业操作证。其他岗位从业人员应当依照有关规定经本岗位安全生产知识教育和培训合格。

生产企业应当依法参加工伤保险，为从业人员缴纳保险费；应当依照国家有关规定提取和使用安全生产费用，不得挪用；必须为从业人员配备符合国家标准或者行业标准的劳动防护用品，并依照有关规定对从业人员进行职业健康检查；应当建立生产安全事故应急救援组织，制定事故应急预案，并配备应急救援人员和必要的应急救援器材、设备。

4. 许可申请

生产企业应当在投入生产前向所在地设区的市人民政府安全生产监督管理部门提出安全审查申请，提交下列文件、资料，并对其真实性负责：

（1）安全生产许可证申请书（一式三份）。

（2）工商营业执照或者企业名称工商预先核准文件（复制件）。

（3）建设项目安全设施设计审查和竣工验收的证明材料。

（4）安全管理机构及安全管理人员配备情况的书面文件。

（5）各种安全生产责任制文件（复制件）。

（6）安全生产规章制度和岗位安全操作规程目录清单。

（7）企业主要负责人、分管安全生产负责人、专职安全管理人员名单和安全资格证（复制件）。

（8）特种作业人员的特种作业操作证（复制件）和其他从业人员安全生产教育培训合格的证明材料。

（9）为从业人员缴纳工伤保险费的证明材料。

（10）安全生产费用提取和使用情况的证明材料。

（11）具备资质的中介机构出具的安全评价报告。

设区的市人民政府安全生产监督管理部门应当自收到材料之日起20日内提出安全审查初步意见，并报省、自治区、直辖市人民政府安全生产监督管理部门审查。省、自治区、直辖市人民政府安全生产监督管理部门应当自受理申请之日起45日内进行安全审查，对符合条件的，核发烟花爆竹安全生产许可证（以下简称安全生产许可证）；对不符合条件的，应当说明理由。生产企业为扩大生产能力进行基本建设或者技术改造的，应当依照规定申请办理安全生产许可证。

生产企业持安全生产许可证到相关部门办理登记手续后，方可从事烟花爆竹生产活动。

四、烟花爆竹经营安全管理 

1. 总体要求

烟花爆竹的经营分为批发和零售。批发企业和零售经营者应当按照《烟花爆竹经营许可实施办法》的规定，分别取得烟花爆竹经营（批发）许可证（以下简称批发许可证）和烟花爆竹经营（零售）许可证（以下简称零售许可证）。从事烟花爆竹进出口的企业，应当按照规定申请办理批发许可证。未取得烟花爆竹经营许可证的，任何单位或者个人不得从事烟花爆竹经营活动。

烟花爆竹经营单位的布点，应当按照保障安全、统一规划、合理布局、总量控制、适度竞争的原则审批；对从事黑火药、引火线批发和烟花爆竹进出口的企业，应当按照严格许可条件、严格控制数量的原则审批。

批发企业不得在城市建成区内设立烟花爆竹储存仓库，不得在批发（展示）场所摆放有药样品；严格控制城市建成区内烟花爆竹零售点数量，且烟花爆竹零售点不得与居民居住场所设置在同一建筑物内。

2. 经营条件要求

（1）批发企业条件要求

批发企业应当符合下列条件：

1）具备企业法人条件。

2）符合所在地省级安全生产监督管理部门制定的批发企业布点规划。

3）具有与其经营规模和产品相适应的仓储设施。仓库的内外部安全距离、库房布局、建筑结构、疏散通道、消防、防爆、防雷、防静电等安全设施以及电气设施等，符合《烟花爆竹工程设计安全规范》（GB 50161—2009）等国家标准和行业标准的规定。仓储区域及仓库安装有符合《烟花爆竹企业安全监控系统通用技术条件》（AQ 4101—2008）规定的监控设施，并设立符合《烟花爆竹安全生产标志》（AQ 4114—2011）规定的安全警示标志和标识牌。

4）具备与其经营规模、产品和销售区域范围相适应的配送服务能力。

5）建立安全生产责任制和各项安全管理制度、操作规程。安全管理制度和操作规程至少包括：仓库安全管理制度、仓库保管守卫制度、防火防爆安全管理制度、安全检查和隐患排查治理制度、事故应急救援与事故报告制度、买卖合同管理制度、产品流向登记制度、产品检验验收制度、从业人员安全教育培训制度、违规违章行为处罚制度、企业负责人值（带）班制度、安全生产费用提取和使用制度、装卸（搬运）作业安全规程。

6）有安全管理机构或者专职安全管理人员。

7）主要负责人、分管安全生产负责人、安全管理人员具备烟花爆竹经营方面的安全知识和管理能力，并经培训考核合格，取得相应资格证书。仓库保管员、守护员接受烟花爆竹专业知识培训，并经考核合格，取得相应资格证书。其他从业人员经本单位安全知识培训合格。

8）按照《烟花爆竹流向登记通用规范》（AQ 4102—2008）和烟花爆竹流向信息化管理的有关规定，建立并应用烟花爆竹流向信息化管理系统。

9）有事故应急救援预案、应急救援组织和人员，并配备必要的应急救援器材、设备。

10）依法进行安全评价。

11）法律法规规定的其他条件。

从事烟花爆竹进出口的企业申请领取批发许可证，应当具备上述1）项至3）项和5）项至11）项规定的条件。

从事黑火药、引火线批发的企业，除具备上述规定的条件外，还应当具备必要的黑火药、引火线安全保管措施，自有的专用运输车辆能够满足其配送服务需要，且符合国家相关标准。

（2）零售经营者条件要求

零售经营者应当符合下列条件：

1）符合所在地县级安全生产监督管理部门制定的零售经营布点规划。

2）主要负责人经过安全培训合格，销售人员经过安全知识教育。

3）春节期间零售点、城市长期零售点实行专店销售。乡村长期零售点在淡季实行专柜销售时，安排专人销售，专柜相对独立，并与其他柜台保持一定的距离，保证安全通道畅通。

4）零售场所的面积不小于10 m^2，其周边50 m范围内没有其他烟花爆竹零售点，并与学校、幼儿园、医院、集贸市场等人员密集场所和加油站等易燃易爆物品生产、储存设施等重点建筑物保持100 m以上的安全距离。

5）零售场所配备必要的消防器材，张贴明显的安全警示标志。

6）法律法规规定的其他条件。

3. 许可申请

（1）批发许可申请

批发企业申请领取批发许可证时，应当向发证机关（县级、设区的市级人民政府安全生产监督管理部门统称发证机关，分别负责本行政区划内零售、批发许可证颁发和管理工作）提交下列申请文件、资料，并对其真实性负责：

1）批发许可证申请书（一式三份）。

2）企业法人营业执照副本或者企业名称工商预先核准文件复制件。

3）安全生产责任制文件、事故应急救援预案备案登记文件、安全管理制度和操作规程的目录清单。

4）主要负责人、分管安全生产负责人、安全管理人员和仓库保管员、守护员的相关资格证书复制件。

5）具备相应资质的设计单位出具的库区外部安全距离实测图和库区仓储设施平面布置图。

6）具备相应资质的安全评价机构出具的安全评价报告。

7）建设项目安全设施设计审查和竣工验收的证明材料。

8）从事黑火药、引火线批发的企业自有专用运输车辆以及驾驶员、押运员的相关资质（资格）证书复制件。

9）法律法规规定的其他文件、资料。

申请从事烟花爆竹批发的企业，应当向发证机关提出申请，并提供规定的有关材料。受理申请的发证机关应当自受理申请之日起 30 日内对提交的有关材料和经营场所进行审查，对符合条件的，核发批发许可证；对不符合条件的，应当说明理由。

（2）零售许可申请

零售经营者申请领取零售许可证时，应当向所在地发证机关提交申请书、零售点及其周围安全条件说明和发证机关要求提供的其他材料。

零售许可证的有效期限由发证机关确定，最长不超过 2 年。零售许可证有效期满后拟继续从事烟花爆竹零售经营活动，或者在有效期内变更零售点名称、主要负责人、零售场所和许可范围的，应当重新申请取得零售许可证。

申请从事烟花爆竹零售的经营者，应当向发证机关提出申请，并提供能够证明符合规定条件的有关材料。受理申请的发证机关应当自受理申请之日起 20 日内对提交的有关材料和经营场所进行审查，对符合条件的，核发零售许可证；对不符合条件的，应当说明理由。零售许可证应当载明经营负责人、经营场所地址、经营期限、烟花爆竹种类和限制存放量。

批发企业应当向生产企业采购烟花爆竹，向零售经营者供应烟花爆竹。零售经营者应当向批发企业采购烟花爆竹。

批发企业、零售经营者不得采购和销售非法生产、经营的烟花爆竹，不得向零售经营者供应按照国家标准规定应由专业燃放人员燃放的烟花爆竹。零售经营者不得采购、储存和销售按照国家标准规定应由专业燃放人员燃放的烟花爆竹。生产、经营黑火药、烟火药、引火线的企业，不得向未取得烟花爆竹安全生产许可的任何单位或者个人销售黑火药、烟火药和引火线。

五、烟花爆竹运输安全管理 

1. 烟花爆竹运输默认分类

（1）默认分类和编号

按照《危险货物分类和品名编号》（GB 6944—2012）、《危险货物品名表》（GB 12268—2012）和联合国《关于危险货物运输的建议书　规章范本》关于危险货物分类和编号、爆炸品配装组等规定以及烟花爆竹的危险类型和危险程度，将烟花爆竹归为爆炸品并分别划入配装组 G 和配装组 S。在按烟花爆竹相应危险项别和配装组级别进行危险性组合基础上，将烟花爆竹具体划分为 1.1G、1.2G、1.3G、1.4G 和 1.4S，并相应给出联合国编号 0333、0334、0335、0336 和 0337。烟花爆竹危险性分类和编号与爆炸品配装组的对应关系见表 2-5。

表 2-5　　烟花爆竹危险性分类和编号与爆炸品配装组的对应关系

物品	危险性分类	联合国编号	配装组
有整体爆炸危险性的烟火药或含有烟火药的物品	1.1G	0333	G
有迸射危险，但无整体爆炸危险性的烟火药或含有烟火药的物品	1.2G	0334	
有燃烧危险性并兼有局部爆炸危险性或局部迸射危险性之一或兼有这两种危险，但无整体爆炸危险性的烟火药或含有烟火药的物品	1.3G	0335	
不呈现重大危险性的烟火药或含有烟火药的物品	1.4G	0336	
不呈现重大危险性，即使有危险，其影响范围也非常有限的烟火药或含有烟火药的物品	1.4S	0337	S

（2）产品分级分类

按照《烟花爆竹　安全与质量》（GB 10631—2013）和《烟花爆竹危险等级分类方法》（GB/T 21243—2007）的规定执行。

（3）默认分类表

烟花爆竹产品及默认分类见表2-6。1.4S应通过联合国《关于危险货物运输的建议书　试验和标准手册》试验系列6确认。

表2-6　烟花爆竹产品及默认分类

<table>
<tr><th>产品类别</th><th>详细分类/别称</th><th>《烟花爆竹安全与质量》（GB 10631—2013）类别</th><th>定义</th><th>规格</th><th>等级</th></tr>
<tr><td rowspan="11">礼花弹（球状或柱状）</td><td rowspan="5">球状礼花弹：礼花弹、彩弹、多响弹、多重效果礼花弹、水上礼花弹、降落伞礼花弹、烟雾弹、照明弹、雷弹</td><td rowspan="5">礼花弹</td><td rowspan="5">产品有（或无）发射药，含有延时引线和开包药、烟火单元或散装烟火药，并设计成从发射筒中发射</td><td>雷弹</td><td>1.1G</td></tr>
<tr><td>彩弹外径≥180 mm</td><td>1.1G</td></tr>
<tr><td>彩弹外径<180 mm，白药爆炸药（开包或作为声响效果）含量>25%</td><td>1.1G</td></tr>
<tr><td>彩弹外径<180 mm，白药爆炸药（开包或作为声响效果）含量≤25%</td><td>1.3G</td></tr>
<tr><td>彩弹外径≤50 mm或≤烟火药60 g，且白药爆炸药（开包或作为声响效果）含量≤2%</td><td>1.4G</td></tr>
<tr><td>花生弹</td><td>礼花弹</td><td>产品由两个或两个以上的球形礼花弹组成，由同一包装物包装，以同一发射药发射，并带独立的延时引线</td><td></td><td>其烟花等级由当中所含危险级别最高的球形礼花弹的等级确定</td></tr>
<tr><td rowspan="5">带筒礼花弹</td><td rowspan="5">礼花弹</td><td rowspan="5">组装在发射筒里的球形或柱形礼花弹，礼花弹从此发射筒中发射</td><td>雷弹</td><td>1.1G</td></tr>
<tr><td>彩弹外径≥180 mm</td><td>1.1G</td></tr>
<tr><td>彩弹：白药爆炸药（开包或作为声响效果）含量>25%</td><td>1.1G</td></tr>
<tr><td>50 mm<彩弹外径<180 mm</td><td>1.2G</td></tr>
<tr><td>彩弹外径≤50 mm或烟火药≤60 g，且白药爆炸药（开包或作为声响效果）含量≤25%</td><td>1.3G</td></tr>
</table>

续表

产品类别	详细分类/别称	《烟花爆竹安全与质量》（GB 10631—2013）类别	定义	规格	等级
礼花弹（球状或柱状）	光弹（球形）（光弹的百分比率是基于整个烟花个体的总毛重）	礼花弹	产品不含发射药，带延时引线及开包药，内含雷弹及填充物，设计为从发射筒发射	外径>120 mm	1. 1G
			产品不含发射药，带延时引线及开包药，每个雷弹效果件包含的雷药成分≤25 g，白药爆炸药含量≤33%，填充物≥60%，且设计从发射筒发射	外径≤120 mm	1. 3G
			产品不含发射药，带延时引线及开包药，内含彩色礼花弹及（或）其他烟花部件，且设计从发射筒发射	外径>300 mm	1. 1G
			产品不含发射药，带延时引线及开包药，内含彩弹（≤70 mm）及（或）其他烟花效果件，白药爆炸药含量≤25%，药量≤60%，且设计从发射筒发射	200 mm<外径≤300 mm	1. 3G
			产品不含发射药，带延时引线及开包药，内含彩色礼花弹(≤70 mm)及（或）其他烟花效果件，白药爆炸药含量≤25%，药量≤60%，且设计从发射筒发射	外径≤200 mm	1. 3G
组合烟花	同类组合/不同类组合	组合烟花、喷花同类组合、吐珠同类组合	包括多种烟花单元，有同类组合或不同类组合，并有一个或两个点火引		以产品中最危险的烟花单元确定级别

续表

产品类别	详细分类/别称	《烟花爆竹安全与质量》（GB 10631—2013）类别	定义	规格	等级
吐珠	专业燃放吐珠、吐珠	吐珠类	筒体内含有多个有序发射的烟火单元，包括烟火药、发射药和传火引线	内径≥50 mm，含白药爆炸药；或内径<50 mm，且白药爆炸药含量>25%	1.1G
				内径≥50 mm，不含白药爆炸药	1.2G
				内径<50 mm，且白药爆炸药含量≤25%	1.3G
				内径≤30 mm，每个烟火单元药量≤25 g，且白药爆炸药含量≤5%	1.4G
单筒礼花	单发吐珠、小型带筒礼花	小礼花	筒体内含有单个烟火单元，包括烟火药、发射药、传火引线（或无传火引线）	内径≤30 mm，每个烟火单元药量>25 g或5%<白药爆炸药含量≤25%	1.3G
				内径≤30 mm，每个烟火单元药量≤25 g，且白药爆炸药含量≤5%	1.4G
火箭	火箭、信号火箭、笛音火箭、小火箭、无杆火箭	升空类	筒体内装有烟火药和（或）烟花单元，安装有稳定杆或其他飞行稳定装置，并设计成向空中发射	仅含白药爆炸药效果	1.1G
				烟火药中白药爆炸药含量>25%	1.1G
				烟火药量>20 g，且白药爆炸药含量≤25%	1.3G
				烟火药量≤20 g，仅含黑药开包药；或白药爆炸药每响药量≤0.13 g，总开包药≤1 g	1.4G

续表

<table>
<tr><th>产品类别</th><th>详细分类/别称</th><th>《烟花爆竹安全与质量》（GB 10631—2013）类别</th><th>定义</th><th>规格</th><th>等级</th></tr>
<tr><td rowspan="5">花束</td><td rowspan="5">花束、地面花束、袋装花束、柱型花束</td><td rowspan="5">小礼花</td><td rowspan="5">装有发射药及烟花部件的筒子，放置于地面上或固定在地面上。主效果是在单一次喷射中打出所有烟花部件，并在空中产生广阔的视觉及听觉效果。或布/纸袋或布/纸圆柱体内装发射药及烟花部件，用于放在筒子内产生与花束同样的效果</td><td>白药爆炸药（开包或作为声响效果）含量>25%</td><td>1.1G</td></tr>
<tr><td>内径≥180 mm，白药爆炸药（开包或作为声响效果）含量≤25%</td><td>1.1G</td></tr>
<tr><td>内径<180 mm，白药爆炸药（开包或作为声响效果）含量≤25%</td><td>1.3G</td></tr>
<tr><td>烟火药量≤150 g，白药爆炸药（开包或作为声响效果）含量≤5%</td><td>1.4G</td></tr>
<tr><td>每个烟火单元药量≤25 g，每个声响效果药量<2 g，每个笛音（如有）药量≤3 g</td><td>1.4G</td></tr>
<tr><td rowspan="2">喷花</td><td rowspan="2">喷花、锥形喷花、柱形喷花、孟加拉火焰、火炬、字幕</td><td rowspan="2">喷花类/架子烟花类</td><td rowspan="2">非金属筒体内装经压紧或加固的产生火花及火焰的烟火药</td><td>烟火药量≥1 kg</td><td>1.3G</td></tr>
<tr><td>烟火药量<1 kg</td><td>1.4G</td></tr>
<tr><td rowspan="2">瀑布</td><td rowspan="2">小瀑布、喷泉烟花</td><td rowspan="2">架子烟花类</td><td rowspan="2">用于产生垂直瀑布状或帘状闪光效果的喷花</td><td>含白药爆炸药，无论试验系列6的结果如何</td><td>1.1G</td></tr>
<tr><td>不含白药爆炸药</td><td>1.3G</td></tr>
<tr><td rowspan="2">电光花</td><td rowspan="2">手持电光花、非手持电光花</td><td rowspan="2">玩具类</td><td rowspan="2">硬杆上部分涂有（沿着一个末端）缓慢燃烧的带（或不带）引火头的烟火药</td><td>高氯酸盐电光花：单个药量>5 g，或每包含产品个数>10个</td><td>1.3G</td></tr>
<tr><td>高氯酸盐电光花：单个药量≤5 g，且每包产品个数≤10个；硝酸盐电光花：单个药量≤30 g</td><td>1.4G</td></tr>
</table>

续表

<table>
<tr><th>产品类别</th><th>详细分类/别称</th><th>《烟花爆竹安全与质量》（GB 10631—2013）类别</th><th>定义</th><th>规格</th><th>等级</th></tr>
<tr><td rowspan="2">孟加拉棒</td><td rowspan="2">防风火柴</td><td rowspan="2">玩具类</td><td rowspan="2">非金属的杆部分涂有（沿着一个末端）缓慢燃烧的烟火药，设计为手持燃放</td><td>高氯酸盐类：单个药量>5 g，或每包含产品个数>10个</td><td>1. 3G</td></tr>
<tr><td>高氯酸盐类：单个药量≤5 g，且每包含产品个数≤10个；硝酸盐类：单个药量≤30 g</td><td>1. 4G</td></tr>
<tr><td rowspan="2">低危险烟花和造型玩具</td><td rowspan="2">桌面烟花、砂炮、魔球、烟雾、小青蛙、小青蛇、拉炮、闪光球、快乐烟花、玩具烟球、萤火虫、电光花、室内喷花等</td><td rowspan="2">玩具类</td><td>产生非常有限的视觉或听觉效果，含有少量烟火药或爆炸药</td><td>砂炮和拉炮中雷酸银的含量≤1. 6 mg；快乐烟花和拉炮中氯酸钾/红磷混合物的含量≤16 mg；其他产品的烟火药量≤5 g，但不能含白药爆炸药</td><td>1. 4G</td></tr>
<tr><td>仅产生有限视觉或听觉效果，含有极少量烟火药</td><td>这类产品中仅含最大不超过5 g的化学药剂</td><td>1. 4S或者不满足危险性分类要求</td></tr>
<tr><td rowspan="2">旋转</td><td rowspan="2">旋转升空、直升机、地老鼠、地面旋转</td><td rowspan="2">旋转类/升空类</td><td rowspan="2">非金属筒体含有产生喷气或火花的烟火药，含有（或无）声响效果的烟火药，有（或无）定向装置</td><td>单个产品药量>20 g，其中爆响效果的白药含量≤3%，或笛音药≤5 g</td><td>1. 3G</td></tr>
<tr><td>单个产品药量≤20 g，其中爆响效果的白药含量≤3%，或笛音药≤5 g</td><td>1. 4G</td></tr>
<tr><td rowspan="2">转轮</td><td rowspan="2">转轮</td><td rowspan="2">旋转类</td><td rowspan="2">含有固定轴及固定装置，烟火药燃烧时产生推力推动产品旋转</td><td>总药量≥1 000 g，无爆响效果；单发笛音药药量（如有）≤25 g，且每个转轮笛音药总药量≤50 g</td><td>1. 3G</td></tr>
<tr><td>总药量<1 000 g，无爆响效果；单发笛音药药量（如有）≤5 g，且每个转轮笛音药总药量≤10 g</td><td>1. 4G</td></tr>
</table>

续表

产品类别	详细分类/别称	《烟花爆竹安全与质量》(GB 10631—2013) 类别	定义	规格	等级
空中转轮	空中转轮、飞碟	升空类	筒体内装发射药以及能产生火花、火焰和声响效果的烟火药，筒体应固定在转轮上	总药量>200 g，或单筒药量>60 g，声响效果的白药含量≤3%，单发笛音药药量（如有）≤25 g，且每个转轮笛音药总药量≤50 g	1.3G
				总药量≤200 g，或单筒药量≤60 g，声响效果的白药含量≤3%，单发笛音药药量（如有）≤5 g，且每个转轮笛音药总药量≤10 g	1.4G
混合包	专业燃放类混合包、个人燃放类混合包	—	含有此表中一种或一种以上所列烟花类别的烟花混合包		以最危险的烟花类别确定其级别
结鞭爆竹	礼炮、盘鞭、条鞭	爆竹类	由纸张或纸板卷成的筒子，用一根引线连接，每个筒子产生一个声响效果	单筒的白药药量≤140 mg，或者黑药药量≤1 g	1.4G
单个爆竹	白药炮、黑药炮	爆竹类	非金属的筒体内装爆响药，能够产生声响效果	单个产品白药药量>2 g	1.1G
				单个产品白药药量≤2 g，且单个内包装含药量≤10 g	1.3G
				单个产品白药药量≤1 g，且单个内包装含药量≤10 g，或单个产品黑药药量≤10 g	1.4G

注：对于柱形礼花弹，以最大尺寸（高度或直径）确定内径。

（4）运输标签

1）图形。1.1G、1.2G 和 1.3G 危险货物运输标签如图 2-4 所示，1.4G 和 1.4S 危险货物运输标签如图 2-5 所示。标签底色为橙红色，字体及符号为黑色。

在图 2-4 中，上层的＊＊代表 1.1、1.2 或 1.3，下层的＊代表 G。在图 2-5 中，＊代表 G 或 S。

2）尺寸。运输标签的尺寸分为 4 种，见表 2-7。

图 2-4　1. 1G、1. 2G 和 1. 3G 危险货物运输标签

图 2-5　1. 4G 和 1. 4S 危险货物运输标签

表 2-7　运输标签的尺寸

尺寸系列	长/mm	宽/mm	用法
1	50	50	粘贴在较小运输包装外表面
2	100	100	粘贴在一般性运输包装外表面
3	150	150	粘贴在较大运输包装外表面
4	250	250	粘贴在集装箱外侧面

注：如遇特大或特小的运输包装，标签的尺寸可按规定适当扩大或缩小。

3）运输标签的使用方法如下：

①完整的运输包装和内包装均应有相应的标签。

②在运输包装尺寸足够大的情况下，标签应当与正式运输名称贴在运输包装的同一表面与之靠近的地方。

③不同危险项别烟花爆竹放在同一运输包装或集装箱内，运输包装或集装箱外表面应粘贴最高危险项别标签。

（5）运输包装

1）除非另有特殊规定，装在同一运输包装中的烟花爆竹如果有一种以上危险性分类，应当以其中最高的危险性分类为准。

2）表 2-7 中所示的分类仅适用于装在纤维板箱（4G）中的烟花爆竹产品。

3）烟花爆竹包装应符合《烟花爆竹　包装》（GB 31368—2015）的要求。

2. 烟花爆竹运输安全管理要求

经由道路运输烟花爆竹的，应当经公安部门许可。经由铁路、水路、航空运输烟花爆竹的，依照铁路、水路、航空运输安全管理的有关法律、法规、规章的规定执行。

（1）运输申请

经由道路运输烟花爆竹的，托运人应当向运达地县级人民政府公安部门提出申请，并提交下列有关材料：

1）承运人从事危险货物运输的资质证明。

2）驾驶员、押运员从事危险货物运输的资格证明。

3）危险货物运输车辆的道路运输证明。

4）托运人从事烟花爆竹生产、经营的资质证明。

5）烟花爆竹的购销合同及运输烟花爆竹的种类、规格、数量。

6）烟花爆竹的产品质量和包装合格证明。

7）运输车辆牌号、运输时间、起始地点、行驶路线、经停地点。

受理申请的公安部门自受理申请之日起3日内对提交的有关材料进行审查，对符合条件的，核发烟花爆竹道路运输许可证；对不符合条件的，应当说明理由。烟花爆竹道路运输许可证应当载明托运人、承运人、一次性运输有效期限、起始地点、行驶路线、经停地点、烟花爆竹的种类、规格和数量。

（2）运输安全管理要求

经由道路运输烟花爆竹的，除应当遵守《中华人民共和国道路交通安全法》外，还应当遵守下列规定：

1）随车携带烟花爆竹道路运输许可证。

2）不得违反运输许可事项。

3）运输车辆悬挂或者安装符合国家标准的易燃易爆危险物品警示标志。

4）烟花爆竹的装载符合国家有关标准和规范要求。

5）装载烟花爆竹的车厢不得载人。

6）运输车辆限速行驶，途中经停必须有专人看守。

7）出现危险情况立即采取必要的措施，并报告当地公安部门。

烟花爆竹运达目的地后，收货人应当在3日内将烟花爆竹道路运输许可证交回发证机关核销。禁止携带烟花爆竹搭乘公共交通工具；禁止邮寄烟花爆竹，禁止在托运的行李、包裹、邮件中夹带烟花爆竹。

六、烟花爆竹燃放安全管理 

1. 相关安全管理责任

燃放烟花爆竹，应当遵守有关法律、法规和规章的规定。县级以上地方人民政府可以根据本行政区域的实际情况，确定限制或者禁止燃放烟花爆竹的时间、地点和种类。各级人民政府和政府有关部门应当开展社会宣传活动，教育公民遵守有关法律、法规和规章，安全燃放烟花爆竹。广播、电视、报刊等新闻媒体，应当做好安全燃放烟花爆竹的宣传、教育工作。未成年人的监护人应当对未成年人进行安全燃放烟花爆竹的教育。

2. 燃放环境要求

禁止在下列地点燃放烟花爆竹：

（1）文物保护单位。

（2）车站、码头、飞机场等交通枢纽以及铁路线路安全保护区内。

（3）易燃易爆物品生产、储存单位。

（4）输变电设施安全保护区内。

（5）医疗机构、幼儿园、中小学校、敬老院。

（6）山林、草原等重点防火区。

（7）县级以上地方人民政府规定的禁止燃放烟花爆竹的其他地点。

燃放烟花爆竹，应当按照燃放说明燃放，不得以危害公共安全和人身、财产安全的方式燃放烟花爆竹。

3. 焰火晚会、大型焰火燃放活动燃放安全要求

举办焰火晚会以及其他大型焰火燃放活动，应当按照举办的时间、地点、环境、活动性质、规模以及燃放烟花爆竹的种类、规格和数量，确定危险等级，实行分级管理。分级管理的具体办法，由国务院公安部门规定。

申请举办焰火晚会以及其他大型焰火燃放活动，主办单位应当按照分级管理的规定，向有关人民政府公安部门提出申请，并提交下列有关材料：

（1）举办焰火晚会以及其他大型焰火燃放活动的时间、地点、环境、活动性质、规模。

（2）燃放烟花爆竹的种类、规格、数量。

（3）燃放作业方案。

（4）燃放作业单位、作业人员符合行业标准规定条件的证明。

受理申请的公安部门应当自受理申请之日起 20 日内对提交的有关材料进行审查，对符合条件的，核发焰火燃放许可证；对不符合条件的，应当说明理由。

焰火晚会以及其他大型焰火燃放活动燃放作业单位和作业人员，应当按照焰火燃放安全规程和经许可的燃放作业方案进行燃放作业。公安部门应当加强对危险等级较高的焰火晚会以及其他大型焰火燃放活动的监督检查。

4. 大型焰火燃放安全管理

（1）燃放作业人员

1）燃放作业人员应穿符合安全要求的作业服装，佩戴明显标志；燃放及清场时，应戴安全帽；酒后不应上岗。

2）安全员应负责现场安全监督和检查。

3）焰火产品的包装应符合安全要求方可运输。

4）在燃放现场允许利用结构坚固、无火源、无人居住的房屋、工棚或车辆等作为燃放所需焰火产品的临时储存保管点，并应遵守下列规定：

①由现场保管员或专人负责看管。

②严禁同室保管与焰火产品无关的物品。

5）清场应符合下列要求：

①燃放作业结束后，作业人员要及时关闭点火系统，切断电源；30 min 后方可进行现场检查清场，清场时应有专人负责警戒，防止无关人员进入燃放现场。

②清场时应先检查礼花弹燃放区，发现哑弹或其他未引燃的烟花时，应由燃放技术人员处理。

③焰火燃放剩余产品应在燃放现场安全拆除电点火头，成箱包装后回收。

6）用于发射焰火的每一固定发射炮筒的独立架固定发射炮筒数应符合表 2-8 的要求。

（2）组织指挥与安全警戒

1）组织指挥。组织实施大型焰火燃放，应设指挥部，统一负责燃放、安全警戒、交通管制、消防、救护及事故应急处理等指挥工作。

表 2-8　每一固定发射炮筒的独立架固定发射炮筒数　单位：发

型号规格	每一固定发射炮筒的独立架固定发射炮筒数（≤）
3 号礼花弹发射筒	100
4 号礼花弹发射筒	80
5 号礼花弹发射筒	40
6 号礼花弹发射筒	30
7 号礼花弹发射筒	20
8 号礼花弹发射筒	12
10 号以上礼花弹发射筒	4 （当只有 1 发时，地面固定面积应≥0.5 m^2）

2）安全警戒的内容如下：

①大型焰火燃放的警戒范围和时间、交通管制的地段和时间、消防设备的设置地点和位置，由指挥部根据技术设计方案和组织实施方案及现场环境特点确定。

②所有进入燃放现场的通道和入口区都应当配备人员警戒。

③执行警戒任务的人员，应按时上岗，认真履行职责。在未接到解除警戒命令前，不准离岗。

④指挥长收到确认安全报告后，方可下达解除警戒命令。

⑤在燃放作业现场及周边地区设置有人值守的安全应急通道，以保障应急车队行驶畅通。

（3）安全评估

1）Ⅰ级焰火燃放及不满足《大型焰火燃放安全技术规程》（GB 24284—2009）规定安全条件的焰火燃放应进行安全评估。

2）安全评估由主办单位委托有资质的评估机构进行。

3）安全评估应包括下列内容：

①作业单位的资质。

②技术设计方案和组织实施方案。

③所燃放的焰火产品及燃放器材的安全性、可靠性。

④点火系统及点火方式的安全性、可靠性。

⑤燃放现场周围环境和气象条件的安全性。

⑥安全距离与警戒范围确定的科学性和可靠性。

⑦安全警戒、交通管制、消防救援与事故应急处理等安全保卫措施的周密性、科学性。

4）专家组或评估机构应对大型焰火燃放作出符合、基本符合或不符合安全条件的结论及待改进的意见。

5）根据安全评估报告需要对技术设计方案与组织实施方案进行调整修改的，作业单位与主办单位应进行调整修改。

（4）安全距离

1）大型焰火燃放安全距离详见表 2–9。

表 2–9　大型焰火燃放安全距离　单位：m

目标	产品种类及规格										
	12 号礼花弹	10 号礼花弹	8 号礼花弹	7 号礼花弹	6 号礼花弹	5 号礼花弹	4 号礼花弹	3 号礼花弹和吐珠类	组合烟花和吐珠类（单筒内径≤50. 8 mm）	架子烟花	舞台焰火
观众（≥）	300	280	220	200	180	150	120	100	50	30	
建筑物（≥）	160	140	130	110	100	80	60	45	35		
重要场所（≥）	600	560	440	400	360	300	240	200	100	60	100

注：①安全距离仅指在地面和水面上燃放的安全距离。
②建筑物系指露天无人、无易燃易爆物的建筑物。
③重要场所是指《烟花爆竹安全管理条例》规定的场所。

2）内部距离应符合表 2–10 规定。

表 2–10　内部距离　单位：m

型号规格	内部距离（≥）
组合烟花	0. 2
组合烟花组间距	0. 5
同时升空的组合烟花组间距	10. 0
7 号及 8 号发射炮筒	0. 2
10 号及 10 号以上发射炮筒	1. 5
6 号以下（含 6 号）礼花弹发射炮筒组	0. 2（发射炮筒间距不小于 0. 04 时，组间距应不小于 0. 1）
8 号以下（含 8 号）礼花弹发射炮筒组	1. 0
10 号及 10 号以上礼花弹发射炮筒组	1. 5
安全疏散通道	1. 0

七、烟花爆竹储存安全管理 

1. 建筑物危险性等级划分

对烟花爆竹生产项目的建筑物划分危险等级，主要是为了便于确定危险性建筑物与相邻的建筑物、构筑物、设施及场所的安全距离，其次是为了确定危险性建筑物的结构形式和应采取的安全措施。

建筑物的危险等级是根据建筑物内所含的生产工序和制造、加工或储存危险品的危险性决定的。危险品危险性的确定以危险品的感度、一旦发生爆炸事故时所产生的对外界的破坏力为主要依据。本教材中的危险品是指烟花、爆竹成品和已装药的半成品及其药剂，事故指涉及烟花、爆竹成品和已装药的半成品及其药剂的燃烧、爆炸事故。

实践证明，烟花爆竹企业的事故主要有两种形式，即爆炸和燃烧。两种情况对外界破坏遵循的规律不一样，须分别处理。

烟花爆竹建筑物危险等级分为两级：1.1 级为具有整体爆炸危险的建筑物，1.3 级为具有燃烧危险的建筑物。

1.1 级建筑物的主要特点是其中的危险品具有整体爆炸危险或有迸射危险。该建筑物一旦发生事故，主要以爆炸冲击波和爆炸破片的形式对外界产生破坏，且这种破坏不局限于本建筑物中，周围的建筑物及附近的人员也会受到影响，尤其是冲击波和破片的速度非常快，来不及疏散或采取相应的补救措施，一般多采用安全距离来防范对周围的危害。

1.3 级建筑物的主要特点是其中的危险品具有燃烧危险和较小爆炸或较小迸射危险，或两者兼有，但无整体爆炸危险。该建筑物一旦发生事故，主要是燃烧事故，事故对外界的破坏主要是靠火焰以及辐射出的热量烧伤人员和引燃其他财产。考虑其中的危险品多数是有爆炸可能的含有烟火药、黑火药的危险品，不同于普通的危险化学品，因此，不能笼统地按《建筑设计防火规范》（GB 50016—2014）处理该类建筑物，而是在《烟花爆竹工程设计安全规范》（GB 50161—2009）中单独列出一个等级以考虑它的特殊性。例如，烟花产品的包装厂房，所包装的对象中含有烟火药、黑火药等爆炸品，但加工方式（加工时不直接接触药剂）和这些爆炸品存在的状态（分散在各个产品中）使之不易发生整体爆炸事故，只发生燃烧事故或较小爆炸事故，故将其定为 1.3 级建筑物。

1.3级建筑物还包括一种情况，即建筑物内的危险品偶尔有轻微爆炸，但这种爆炸轻微到破坏效应只局限于本建筑物内。同样以包装厂房为例，在包装厂房中发生火灾事故时，其中的爆竹会发生爆炸，但其威力不会波及厂房以外，因此，包装厂房在包装某些产品时，属于偶尔有轻微爆炸，但其破坏效应只局限于本建筑物内的厂房。

危险品生产工序的危险等级分类见表2-11。分级的原则主要是把烟花爆竹生产使用的含氯酸盐、高氯酸盐的烟火药剂及其效果件定为 1.1^{-1} 级；把黑火药和含有惰性剂（如碳酸锶）的烟火药，以及其他TNT（三硝基甲苯）当量值相当于黑火药的烟火药定为 1.1^{-2} 级。对 1.1^{-1} 级药剂进行加工的工序，定为 1.1^{-1} 级工序；对 1.1^{-2} 级药剂进行加工的工序，定为 1.1^{-2} 级工序；对药量比较少且分散或不直接加工危险药剂的工序定为1.3级工序。烟火药的TNT当量值有高有低，若在生产中同一厂房不同当量的烟火药没有区分开，则按高的划分。

表2-11　　危险品生产工序的危险等级分类

序号	危险品名称	危险等级	生产工序
1	黑火药	1.1^{-2}	药物混合（硝酸钾与碳、硫球磨）、潮药装模（或潮药包片）、压药、拆模（撕片）、碎片、造粒、抛光、浆药、干燥、散热、筛选、计量包装
		1.3	单料粉碎，筛选，干燥，称料，硫、碳二成分混合
2	烟火药	1.1^{-1}	药物混合、造粒、筛选、制开球药、压药、浆药、干燥、散热、计量包装
		1.1^{-2}	褙药柱（药块）、湿药调制、烟雾剂干燥、散热、计量包装
		1.3	氧化剂、可燃物的粉碎与筛选，称料（单料）
3	引火线	1.1^{-2}	制引、浆引、漆引、干燥、散热、绕引、定型裁割、捆扎、切引、包装
4	爆竹类	1.1^{-1}	装药
		1.1^{-2}	黑火药装药
		1.3	插引（含机械插引、手工插引和空筒插引）、挤引、封口、点药、结鞭、包装
5	组合烟花类、内筒型小礼花类	1.1^{-1}	装药、筑（压）药、内筒封口（压纸片、装封口剂）
		1.1^{-2}	装发射药、黑火药装（压）药、已装药部件钻孔、装单个裸药件、单筒药量≥25 g非裸药件组装、外筒封口（压纸片）
		1.3	蘸药、安引、组盆串引（空筒）、单筒药量<25 g非裸药件组装、包装
6	礼花弹类	1.1^{-1}	装球
		1.1^{-2}	包药、组装（含安引、装发射药包、串球）、剖引（引线钻孔）、球干燥、散热、包装
		1.3	空壳安引、糊球

续表

序号	危险品名称	危险等级	生产工序
7	吐珠类	1.1^{-2}	装（筑）药
		1.3	安引（空筒）、组装、包装
8	升空类（含双响炮）	1.1^{-1}	装药、筑（压）药
		1.1^{-2}	黑火药装（筑、压）药、包药、装裸药效果件（含效果药包）、单个药量≥30 g 非裸药件组装
		1.3	安引、单个药量<30 g 非裸药效果件组装（含安稳定杆）、包装
9	旋转类（旋转升空类）	1.1^{-1}	装药、筑（压）药
		1.1^{-2}	黑火药装、筑（压）药，已装药部件钻孔
		1.3	安引、组装（含引线、配件、旋转轴、架）、包装
10	喷花类和架子烟花	1.1^{-2}	装药、筑（压）药、已装药部件的钻孔
		1.3	安引、组装、包装
11	线香类	1.1^{-1}	装药
		1.3	蘸药、干燥、散热、包装
12	摩擦类	1.1^{-1}	雷酸银药物配剂、拌药砂、发令纸干燥
		1.1^{-2}	机械蘸药
		1.3	包药砂、手工蘸药、分装、包装
13	烟雾类	1.1^{-2}	装药、筑（压）药
		1.3	糊球、安引、球干燥、散热、组装、包装
14	造型玩具类	1.1^{-1}	装药、筑（压）药
		1.1^{-2}	已装药部件钻孔
		1.3	安引、组装、包装
15	电点火头	1.3	蘸药、干燥（晾干）、检测、包装

注：表中未列品种、加工工序，其危险等级可依照《烟花爆竹工程设计安全规范》（GB 50161—2009）第 3.1.1 条并对照本表确定。

危险品仓库的危险等级分类见表 2-12。

表 2-12　　危险品仓库的危险等级分类

储存的危险品名称	危险等级
烟火药（包括裸药效果件）、开球药	1.1^{-1}
黑火药，引火线，未封口含药半成品，单个装药量在 40 g 及以上已封口的烟花半成品及含爆炸音剂、笛音剂的半成品，已封口的 B 级爆竹半成品，A、B 级成品（喷花类除外），单筒药量在 25 g 及以上的 C 级组合烟花类成品	1.1^{-2}
电点火头，单个装药量在 40 g 以下已封口的烟花半成品（不含爆炸音剂、笛音剂），已封口的 C 级爆竹半成品，C、D 级成品（其中，组合烟花类成品单筒药量在 25 g 以下），喷花类成品	1.3

注：表中 A、B、C、D 级为现行国家标准《烟花爆竹　安全与质量》（GB 10631—2013）规定的产品分级。

2. 储存仓库安全要求

（1）各类物品应按不同性质分别设库储存，性质不相容的物品不应混存。

（2）危险品仓库的危险等级划分应按上述规定执行。

（3）不应改变危险等级或超过核定数量储存，应储存在危险等级高的仓库、中转库的物品不应储存在危险等级低的仓库、中转库，摩擦药及含摩擦药的半成品、成品应在单独专用库房储存。

（4）仓库内木地板、垛架和木箱上使用的铁钉，钉头要低于木板外表面 3 mm 以上，钉孔要用油灰填实；未做防潮处理的地面，应铺设防潮材料或设置大于或等于 20 cm 高的垛架。

（5）库房温度控制范围应为-20～45 ℃，相对湿度控制范围为 50%～85%；库房内应有温、湿度计，每天对库房内温、湿度进行检测记录；应适时做好库房通风、防潮、降温处理，环境湿度较高的地区应设除（去）湿设备。

（6）烟火药、效果件、引火线等应经彻底干燥、冷却并包装后方可收存入库；包装物或盛装容器应使用防潮、防静电的材质，包装应符合《烟花爆竹　安全与质量》（GB 10631—2013）等标准要求。

（7）仓库内应保持卫生整洁，通道畅通，物品摆放整齐、平码堆放；堆垛与库墙之间宜留有大于或等于 0.45 m 的通风巷，堆垛与堆垛之间应留有大于或等于 0.7 m 的检查通道，通往安全出口的主通道宽度应大于或等于 1.5 m，每个堆垛的边长应小于或等于 10 m。

（8）仓库内物品堆垛高度应符合表 2-13 规定。

表 2-13　仓库内物品堆垛高度　　单位：cm

名称	烟火药（黑火药、效果件）	散装成品、半成品、引火线	成箱成品
高度	≤100	≤150	≤250

（9）仓库应设专门保管人员；保管人员应熟悉所储存物品的安全性能和消防器材的使用方法，加强对消防设施（器材）以及通风、防潮、防鼠等设施的维护，保障其功能有效、适用安全要求；应分库建立危险品登记台账，严格出入库登记手续，并定期进行货账核对。

（10）严禁在库房区域内进行钉箱、分箱、成箱、串引、蘸（点）药、封口等生产作业，总仓库区域内物品应整箱（件）出入。

（11）危险品分类储存条件和灭火物质应符合表 2-14 的规定。

表 2-14　　危险品分类储存条件和灭火物质

序号	类别	名称	储存条件	灭火物质
1	氧化剂	氯酸钾	专库储存，不应与还原剂、易燃易爆物及酸类物质混存	水、沙土、泡沫
		高氯酸钾、高氯酸铵、硝酸钾、硝酸钡、硝酸锶	可同间分离储存，不应与还原剂、易燃易爆物及酸类物质混存	水、沙土、泡沫
		氧化铜、四氧化三铅、三氧化二铋、四氧化三铁	可同间分离储存，不应与铝粉、铝镁合金粉、钛粉、铁粉及酸类物质混存	水、沙土、泡沫
2	还原剂	铝粉、铝镁合金粉、钛粉、铁粉	可同间分离储存，通风防潮，不应与氧化剂、酸类物质混存	沙土、干粉
		炭粉	专库储存，保持阴凉干燥，新制木炭在炭化后 7 天内不应入库储存	水
		硫、硫化锑、碳素粉、虫胶、酚醛树脂、淀粉	可同间分离储存，不应与氧化剂混存	水、干粉
		赤磷	专间储存，室温低于 40 ℃	水
		白磷	专间储存，存放于水中，室温低于 40 ℃	水
3	特殊效应物质	苯甲酸钾、苯二甲酸钾、成烟物	可同间分离储存，不应与氧化剂混存	水
4	着色剂	碱式碳酸铜、碳酸锶、草酸钠、氟硅酸钠、氟铝酸钠	可同间分离储存	水、沙土、泡沫
5	含氯物质	聚氯乙烯、六氯乙烯、氯化石蜡	可同间分离储存	水、干粉
6	酸类	硝酸	专间储存，干燥通风，不应与易燃易爆物及硫、磷等混存	沙土、泡沫
7	可燃性液体	酒精、丙酮、防潮剂	专间储存，不应与氧化剂混存	泡沫
8	烟火药	裸药效果件、黑火药、开球炸药、其他烟火药	按《烟花爆竹工程设计安全规范》（GB 50161—2009）中的分级分类规定储存在相应的仓库	水、沙土、泡沫
9	引火线	快速引火线、慢速引火线		
10	烟花爆竹	半成品		
		成品		
11	单基药	硝化棉、单基发射药	专库储存，通风散热，室温低于 40 ℃	水、沙土、泡沫

3. 厂内装卸和运输安全要求

（1）装卸

1）装卸前应打开仓库相应的安全出口，机动车应熄火平稳停靠在仓库门前 2.5 m 以外。

2）装卸烟火药、黑火药、引火线、有药半成品时，进入库房定员 2 人；装卸烟花爆竹成品，进入库房定员 8 人；不应有无关人员靠近，电瓶车、板车、手推车不应进入烟火药（黑火药）、引火线、有药半成品仓库内。

3）应单件装卸，不应有碰撞、拖拉、抛摔、翻滚、摩擦、挤压等操作行为，不应使用铁锹等铁制工具。

（2）运输

1）运输工具应使用符合安全要求的机动车、板车、手推车，不应使用自卸车、挂车、三轮车、摩托车、畜力车和独轮手推车等；工房之间的物品搬运可采用肩挑、手抬（提）等方式。

2）所运输的物品堆码应平稳、整齐，遮盖严密，物品堆码高度应不超过运输工具围板、挡板高度。

3）厂内运输应遵守以下规定：

①机动车辆进入生产区和仓库区时，排气管应安装阻火器，速度小于或等于 15 km/h。

②使用手推车、板车在坡道上运输时，应有人协助并以低速行驶。

③道路纵坡大于 6°时不应使用板车、手推车运输。

④手推车、板车以及抬架应安装挡板，外延轮盘应是橡胶制品，车（架）脚应为木制品或包裹橡胶。

⑤肩挑、手抬（提）的绳索、扁担、抬（提）架应牢靠、稳固。

4）厂区、库区之间运输应遵守以下规定：

①车辆应配备消防灭火器，并设置明显的爆炸危险品标志。

②车辆速度应低于有关限速规定，应当保持车距，不应抢道，避免紧急制动。

5）危险品运输车辆不应混装性质不相容的物品，除驾驶员和押运员外，不应有其他人员搭乘。

八、烟花爆竹销毁安全管理 

1. 销毁前准备

（1）销毁前应认真了解待销毁烟花爆竹的结构、性能、物态、现状等情况，并根据其危险特性，按照《烟花爆竹作业安全技术规程》（GB 11652—2012）第 13 章的规定，科学制定销毁处置方案、安全警戒方案和应急救援预案。

（2）待销毁烟花爆竹按其危险性分为 I 类、Ⅱ类二大类。I 类具有整体爆炸或较大迸射危险，其爆炸破坏波及范围较大；Ⅱ类具有燃烧危险，偶尔有较小爆炸或较小迸射危险，或二者兼有，但无整体爆炸危险，其爆炸破坏限于较小范围。待销毁烟花爆竹分类见表 2-15。

表 2-15　　待销毁烟花爆竹分类

分类	序号	待销毁烟花爆竹种类	销毁方法	一次销毁最大药量/kg	铺设最大厚度/cm	铺设最大宽度/cm
I类	1	A、B 级成品（礼花弹类、架子烟花、喷花类除外）	燃放法（优先）	500		
			户外焚烧法	500	10（高度或直径≥10 cm 的产品为单个产品高度）	150
	2	未封口含药半成品，单个装药量在 40 g 及以上已封口烟花半成品，含笛音剂、爆炸音剂半成品	户外焚烧法	500	10	150
	3	黑火药	户外焚烧法	500	2	30
	4	单基火药、引火线	户外焚烧法	500	5	150
	5	烟火药（含亮珠、药柱等裸药效果件）	户外焚烧法	500	3（直径或高度≥3 cm 的药柱为单个药柱厚度）	100
	6	烟火药［开包（球）药、爆炸音药、笛音药］	户外焚烧法	50	1	5
	7	礼花弹成品	燃放法（优先）	200		
Ⅱ类	1	升空类成品、C 级组合烟花成品	燃放法（优先）	500		
			户外焚烧法	1 000	10（高度或直径≥10 cm 的产品为单个产品高度）	200

续表

分类	序号	待销毁烟花爆竹种类	销毁方法	一次销毁最大药量/kg	铺设最大厚度/cm	铺设最大宽度/cm
Ⅱ类	2	喷花类成品，架子烟花，其他C、D级成品（不含升空类、C级组合烟花）	户外焚烧法	1 000	10（高度或直径≥10 cm的产品为单个产品高度）	200
	3	电点火头、单个装药量在40 g以下已封口烟花半成品（不含笛音剂、爆炸音剂）、已封口爆竹半成品	户外焚烧法（添加助燃物）	1 000	10	200
	4	化工原材料、湿态（水溶剂）烟火药	户外焚烧法（添加助燃物）	500	5（氧化剂、还原剂应分别焚烧）	200

（3）销毁Ⅰ类烟花爆竹，其销毁方案应由3名以上火炸药、民用爆炸物品等相近专业高级以上职称人员组成专家组制定，并进行安全评估。

2. 销毁方法及安全要求

销毁烟花爆竹一般应采用燃放法或户外焚烧法。各类待销毁烟花爆竹销毁方法的选择应符合表2-15的规定。不同种类的待销毁烟花爆竹应分别销毁。销毁作业的基本安全要求应符合《烟花爆竹作业安全技术规程》（GB 11652—2012）第13章的规定。严禁采用挖坑掩埋法和抛入江、河、湖、海水体等销毁方法。

（1）燃放法

1）专业燃放类产品以燃放法销毁时，应按《大型焰火燃放安全技术规程》（GB 24284—2009）执行。其他类产品应摆放、固定在坚实、干燥的地面，安装加长点火引火线，作业人员在安全距离外点火操作。

2）点火：优先采用电点火设备或遥控引燃方式，点火前应进行现场检查，确保引火线、点火设备连接安装可靠，无其他危险源后，方可点火。

3）燃放时出现断火、哑弹等未引燃的烟花时，应由专业技术人员处理后，采用焚烧法彻底销毁。未引燃的礼花弹应经过拆除发射药包和解剖球壳取出药物后采用焚烧法销毁。

4）燃放结束后应对场地进行清理、清洁，现场检查和清场应在燃放停止30 min后进行。

（2）户外焚烧法

1）铺设：应将待销毁的烟花爆竹成品、含烟火药半成品分类平铺于地面；组合烟花类应平稳摆放于硬质地面，发射上升口朝上，打开包装箱；其他成品、半成品平铺于地面。

铺设厚度和铺设宽度应符合表 2-14 的规定。多条铺设时，条与条之间的距离应不小于 5 m。烟火药、黑火药、引火线、还原剂、氧化剂铺设长度应不大于 25 m。

2）助燃物及用量。助燃物宜采用柴油、木材、柴草等，不应使用汽油、酒精等挥发性强、闪点低的燃料。严禁在焚烧过程中添加物料。

3）点火：优先采用电点火设备或遥控引燃方式，点火前应进行现场检查，确保点火设备连接安装可靠，无其他危险源后，方可点火。

4）焚烧结束后应对场地进行清理、清洁，现场检查和清场应在确定燃烧、爆炸停止 1 h 后进行。

3. 销毁场地及环境要求

（1）户外焚烧法销毁场地宜设在有天然屏障的山沟、盆地、河滩、丘陵地带，地面平坦无裂缝、无树木和杂草等易燃物，且为单独场地。

（2）销毁场地面积应符合下列要求：

1）户外焚烧法场地直径不小于 100 m，燃放法场地直径应不小于 50 m，销毁场地边缘以外应设防火区。

2）户外焚烧法销毁场地边缘与周边建筑物、人员、重要场所的外部安全距离应根据销毁物品的类别和药量，按《烟花爆竹工程设计安全规范》（GB 50161—2009）第 4. 2. 2 条规定距离的 2 倍确定，并应在外部安全距离以外设置警戒线。

3）燃放法销毁场地边缘与周边建筑物、人员、重要场所的外部安全距离应按《烟花爆竹工程设计安全规范》（GB 50161—2009）第 4. 4. 1 条规定距离确定，并应在外部安全距离以外设置警戒线。

（3）销毁场地内应设掩体，距铺设待销毁物品边缘应小于 50 m。

（4）高温、雷雨、大风天气不得从事销毁作业。

（5）销毁场地应有专人负责警戒，防止无关人员进入或靠近。

4. 作业人员要求

（1）销毁作业的人员年龄应满 20 岁，不超过 50 岁，身体健康，且具有销毁作业安全知识和实践经验。户外焚烧法的销毁作业人员，应持有烟花爆竹特种作业资格证，且有 2 年以上烟花爆竹涉药生产作业经验；燃放法的销毁作业人员，应持有大型焰火燃放作业人员资格证，且有 3 次以上大型焰火燃放作业经验。

（2）严格控制销毁现场安全警戒范围内的人员数量。销毁黑火药、烟火药等Ⅰ类烟花爆竹时，安全警戒范围内不得超过 3 人；销毁Ⅱ类烟花爆竹时，安全警戒范围内不得超过 6 人。

第四节 职业病危害及其预防

一、职业病及其分类

1. 职业病的概念

（1）职业病的定义

当职业病危害因素作用于人体的强度与时间超过一定限度时，人体不能代偿其所造成的功能性或器质性病变，从而出现相应的临床征象，影响劳动能力，就会产生职业性相关疾病。《职业病防治法》中对职业病作出了明确的定义：职业病是指企业、事业单位和个体经济组织等用人单位的从业人员在职业活动中，因接触粉尘、放射性物质和其他有毒、有害因素而引起的疾病。这个定义明确了职业病的病因是可能导致从事职业活动的从业人员患职业病的各种职业病危害因素。

职业病发生率或患病率的高低，直接反映疾病预防控制工作水平的高低。世界卫生组织对职业病的定义，除医学的含义外，还赋予立法意义，即由国家所规定的“法定职业病”。

（2）法定职业病的条件

法定职业病必须具备以下 4 个条件：

1）病人主体仅限于企业、事业单位和个体经济组织等用人单位的从业人员。

2）必须是在从事职业活动的过程中产生的。

3）必须是因接触粉尘、放射性物质和其他有毒、有害物质等职业病危害因素引起的。

4）必须是列入国家规定的职业病范围的。

在我国，依据《职业病防治法》，职业病的分类和目录由国务院卫生行政部门会同国务院劳动保障行政部门制定、调整并公布，现行的《职业病分类和目录》中规定的职业病共 10 类 132 种。

根据《工伤保险条例》第十四条第四款的规定，职工患职业病的，应当被认定为工伤。患职业病的工伤职工，在治疗和停工留薪期及在鉴定伤残等级或治疗无效死亡时，均应按有关规定给予相应工伤保险待遇。

2. 职业病的特点

国内外职业病防治医学专家对职业病的特点已取得如下共识：

（1）病因明确

职业病的病因是明确的，即从业人员在职业活动过程中长期受到来自化学的、物理的、生物的职业病危害因素的侵害，或长期受不良的作业方法、恶劣的作业条件的影响。这些因素的侵害及影响对职业病的起因，直接或间接地、个别或共同地发生作用，如职业性苯中毒是从业人员在职业活动中接触苯引起的，尘肺（肺尘埃沉着病的简称）是从业人员在职业活动中吸入相应的粉尘引起的。

（2）与劳动条件密切相关

职业病的发生与生产环境中职业病危害因素的数量或强度、作用时间、从业人员的劳动强度及个人防护等因素密切相关。例如，急性中毒的发生，多由短期内大量吸入毒物引起；慢性职业中毒，则多由长期吸收较小量的毒物引起。

（3）与危害因素浓度或强度有关

职业病的病因大多是可以检测的，而且其浓度或强度需要达到一定的程度，才能使从业人员致病，一般接触职业病危害因素的浓度或强度与病因有直接关系。

（4）缓发性

职业病不同于突发性事故或疾病，其病症要经过一个较长的逐渐形成期或潜伏期后才能显现，属于缓发性伤残。

（5）群体性

职业病具有群体性发病特征，在接触相同职业病危害因素的人群中，多是同时或先后出现一批相同的职业病病人，很少出现仅有个别人发病的情况。

（6）潜在损伤性

由于职业病多表现为体内器官或生理功能的损伤，因而是只见“病症”，不见“伤口”。

（7）可治疗性

大多数职业病如能早期诊断、及时治疗、妥善处理，则预后较好。但有的职业病如尘肺病、金属及其化合物粉尘沉着病属于不可逆性损伤，痊愈的可能性较低，迄今为止所有治疗方法均无明显效果，只能对症处理、减缓进程，故发现越晚，疗效越差。

（8）可预防性

除职业性传染病外，仅治疗个体并不能有效控制人群发病，必须有效“治疗”有害的工作环境。从病因上来说，职业病是完全可以预防的。发现病因，改善劳动条件，控制职业病危害因素，即可减少职业病的发生，故职业病防治工作必须强调“预防为主、防治结合”。

（9）个体差异性

在同一生产环境中从事同一工种的从业人员，发生职业性损伤的概率和程度有差别。

（10）范围日趋扩大

随着经济社会的发展，越来越多新的职业性疾病将被发现，所以职业病分类和目录将被逐步调整。

3. 职业病分类

随着经济的发展和科技的进步，各种新材料、新工艺、新技术不断出现，职业病危害因素的种类越来越多，从而导致职业病的范围越来越广，出现了一些过去未曾见过或很少见过的职业性疾病。因此，国家对法定职业病的范围不断进行修订：1957 年制定的《职业病范围和职业病患者处理办法的规定》规定了 14 种法定职业病，1987 年发布的《关于职业病范围和职业病患者处理办法的规定》将职业病修订为 9 类 99 种，2002 年发布的《职业病诊断与鉴定管理办法》将职业病修订为 10 类 115 种。2013 年 12 月 23 日，国家卫生和计划生育委员会、国家安全生产监督管理总局、人力资源和社会保障部和中华全国总工会联合发布的《职业病分类和目录》将职业病共分为10类132种，具体如下：

（1）职业性尘肺病及其他呼吸系统疾病（19种）

1）尘肺病（13种）：矽肺、煤工尘肺、石墨尘肺、碳黑尘肺、石棉肺、滑石尘肺、水泥尘肺、云母尘肺、陶工尘肺、铝尘肺、电焊工尘肺、铸工尘肺以及根据《尘肺病诊断标准》［GBZ 70—2009，现为《职业性尘肺病的诊断》（GBZ 70—2015）］和《尘肺病理诊断标准》［GBZ 25—2002，现为《职业性尘肺病的病理诊断》（GBZ 25—2014）］可以诊断的其他尘肺病。

2）其他呼吸系统疾病（6种）：过敏性肺炎、棉尘病、哮喘、金属及其化合物粉尘肺沉着病（锡、铁、锑、钡及其化合物等）、刺激性化学物所致慢性阻塞性肺疾病和硬金属肺病。

（2）职业性皮肤病（9种）

职业性皮肤病包括接触性皮炎、光接触性皮炎、电光性皮炎、黑变病、痤疮、溃疡、化学性皮肤灼伤、白斑以及根据《职业性皮肤病的诊断》（GBZ 18—2013）可以诊断的其他职业性皮肤病。

（3）职业性眼病（3种）

职业性眼病包括化学性眼部灼伤、电光性眼炎、白内障（含放射性白内障、三硝基甲苯白内障）。

（4）职业性耳鼻喉口腔疾病（4种）

职业性耳鼻喉口腔疾病包括噪声聋、铬鼻病、牙酸蚀病和爆震聋。

（5）职业性化学中毒（60种）

职业性化学中毒包括铅及其化合物中毒（不包括四乙基铅），汞及其化合物中毒，锰及其化合物中毒，镉及其化合物中毒，铍病，铊及其化合物中毒，钡及其化合物中毒，钒及其化合物中毒，磷及其化合物中毒，砷及其化合物中毒，铀及其化合物中毒，砷化氢中毒，氯气中毒，二氧化硫中毒，光气中毒，氨中毒，偏二甲基肼中毒，氮氧化合物中毒，一氧化碳中毒，二硫化碳中毒，硫化氢中毒，磷化氢、磷化锌、磷化铝中毒，氟及其无机化合物中毒，氰及腈类化合物中毒，四乙基铅中毒，有机锡中毒，羰基镍中毒，苯中毒，甲苯中毒，二甲苯中毒，正己烷中毒，汽油中毒，一甲胺中毒，有机氟聚合物单体及其热裂解物中毒，二氯乙烷中毒，四氯化碳中毒，氯乙烯中毒，三氯乙烯中毒，氯丙烯中毒，氯丁二烯中毒，苯的氨基及硝基化合物（不包括三硝基甲苯）中毒，三硝基甲苯中毒，甲醇中毒，酚中毒，五氯酚（钠）中毒，甲醛中毒，硫酸二甲酯中毒，丙烯酰胺中毒，二甲基甲酰胺中毒，有机磷中毒，氨基甲酸酯类中毒，杀虫脒中毒，溴甲烷中毒，拟除虫菊酯类中毒，铟及其化合物中毒，溴丙烷中毒，碘甲烷中毒，氯乙酸中毒，环氧乙烷中毒，上述条目未提及的与职业病危害因素接触之间存在直接因果联系的其他化学中毒。

（6）物理因素所致职业病（7 种）

物理因素所致职业病包括中暑、减压病、高原病、航空病、手臂振动病、激光所致眼（角膜、晶状体、视网膜）损伤和冻伤。

（7）职业性放射性疾病（11 种）

职业性放射性疾病包括外照射急性放射病、外照射亚急性放射病、外照射慢性放射病、内照射放射病、放射性皮肤疾病、放射性肿瘤（含矿工高氡暴露所致肺癌）、放射性骨损伤、放射性甲状腺疾病、放射性性腺疾病、放射复合伤以及根据《职业性放射性疾病诊断标准（总则）》[GBZ 112—2002，现为《职业性放射性疾病诊断总则》（GBZ 112—2017）]可以诊断的其他放射性损伤。

（8）职业性传染病（5 种）

职业性传染病包括炭疽、森林脑炎、布鲁氏菌病、艾滋病（限于医疗卫生人员及人民警察）和莱姆病。

（9）职业性肿瘤（11 种）

职业性肿瘤包括石棉所致肺癌、间皮瘤，联苯胺所致膀胱癌，苯所致白血病，氯甲醚、双氯甲醚所致肺癌，砷及其化合物所致肺癌、皮肤癌，氯乙烯所致肝血管肉瘤，焦炉逸散物所致肺癌，六价铬化合物所致肺癌，毛沸石所致肺癌、胸膜间皮瘤，煤焦油、煤焦油沥青、石油沥青所致皮肤癌和 β-萘胺所致膀胱癌。

（10）其他职业病（3 种）

其他职业病包括金属烟热，滑囊炎（限于井下工人），股静脉血栓综合征、股动脉闭塞症或淋巴管闭塞症（限于刮研作业人员）。

4. 导致职业病发生的主要条件

职业病的发生常与生产过程和作业环境有关，还受个体特征差异的影响。在相同职业病危害的作业环境中，由于个体特征的差异，每个人所受的影响可能有所不同。这些个体特征包括性别、年龄、健康状态和营养状况等，因此人体受到环境中直接或间接危害因素危害时，不一定都会发生职业病。职业病的发病过程，还取决于下列 3 个主要条件：

（1）危害因素本身的性质

危害因素的理化性质和作用部位与职业病的发生密切相关。例如，电磁辐射透入人体组织的深度和危害性，主要决定于其波长。生产性毒物的理化性质及其对人体组织的亲和性与毒性作用有直接关系，如汽油和二硫化碳具有明显的脂溶性，对神经组织有密切的亲和作用，因此，首先损害神经系统。物理因素常在接触时起作用，脱离接触后体内不存在残留；化学因素在脱离接触后，作用还会持续一段时间或继续存在。

（2）危害因素作用于人体的量

物理和化学因素对人的危害都与量有关（生物因素进入人体的量目前还无法准确估计），多大的量和浓度才能导致职业病的发生，是确诊的重要参考。一般作用剂量（d）是接触浓度/强度（c）与接触时间（t）的乘积，可表达为 $d=ct$。《工作场所有害因素职业接触限值　第 2 部分：物理因素》（GBZ 2.2—2007）和《工作场所有害因素职业接触限值　第 1 部分：化学有害因素》（GBZ 2.1—2019）规定了物理、化学因素在工作场所中的限量。但应该认识到，有些有害物质能在体内蓄积，少量和长期接触也可能引起职业性损害以致职业病发生。认真排查与某种危害因素的接触时间及接触方式，对职业病诊断具有重要价值。

（3）从业人员个体易感性

健康的人体对危害因素的防御能力是多方面的。停止接触某些物理因素后，人体被扰乱的生理功能可以逐步恢复。但是抵抗力和身体条件较差的人员在毒物进入体内后，其解毒和排毒功能较弱，更易受到损害。

二、职业病危害因素的分类 

1. 职业病危害因素的来源

（1）生产工艺过程

职业病危害因素随着生产技术、机器设备、使用材料和工艺流程变化而变化，如与生产过程有关的原材料、工业毒物、粉尘、噪声、振动、高温、辐射及传染性等因素有关。

（2）劳动过程

职业病危害因素与生产工艺的劳动组织情况、生产设备布局、生产制度、作业体位和操作方式以及智能化的程度有关。

（3）作业环境

作业环境主要是指作业场所的环境。例如，室外不良气象条件以及室内厂房狭小、车间位置不合理、照明不良与通风不畅等因素都会对人员产生影响。

2. 职业病危害因素分类

（1）按性质分类

1）与环境有关的因素如下：

①物理因素。不良的物理因素或异常的气象条件，如高温、低温、噪声、振动、高低气压、非电离辐射（可见光、紫外线、红外线、射频辐射、激光等）与电离辐射（如X射线、γ射线）等，都可以对人体产生危害。

②化学因素。生产过程中使用和接触的原料、中间产品、成品及这些物质在生产过程中产生的废气、废水和废渣等会对人体产生危害，也被称为工业毒物。工业毒物以粉尘、烟尘、雾气、蒸气的形态遍布于生产作业场所的不同地点和空间，接触工业毒物可对人体产生刺激性过敏反应，还可能引起中毒。

③生物因素。生产过程中使用的原料、辅料及作业环境中可能存在某些致病微生物和寄生虫，如炭疽杆菌、霉菌、布鲁氏菌、森林脑炎病毒和真菌等。

2）与个体有关的因素。例如，劳动组织和作息制度不合理导致的工作紧张；个人生活习惯不良，如过度饮酒、缺乏锻炼；劳动负荷过重，长时间地单调作业、夜班作业，不合理的操作动作和体位等都会对人体产生不良影响。

3）其他因素。社会经济因素，如国家的经济发展速度、国民的文化教育程度、生态环境、管理水平等因素都会对用人单位的安全、卫生的投入和管理带来影响。职业卫生法制的健全、职业卫生服务和管理系统化，对于控制职业病危害的发生和减少职业伤害也是十分重要的因素。

（2）按国家目录分类

2015 年，国家卫生和计划生育委员会、国家安全生产监督管理总局、人力资源和社会保障部和中华全国总工会联合发布的《职业病危害因素分类目录》将职业病危害因素分为 6 大类，包括粉尘（矽尘等共 52 种）、化学因素（铅及其化合物等共 375 种）、物理因素（噪声等共 15 种）、放射性因素（密封放射源产生的电离辐射等共 8 种）、生物因素（艾滋病病毒等共 6 种）和其他因素类（金属烟、井下不良作业条件、刮研作业共 3 种）。详细分类及种类可查阅该目录。

三、从业人员的职业卫生权利与义务 

1. 从业人员的职业卫生权利

根据《职业病防治法》和相关法律法规的规定，从业人员享有下列职业卫生保护权利：

（1）获得职业卫生教育、培训。

（2）获得职业健康检查、职业病诊疗、康复等职业病防治服务。

（3）了解工作场所产生或者可能产生的职业病危害因素、危害后果和应当采取的职业病防护措施。

（4）要求用人单位提供符合防治职业病要求的职业病防护设施和个人使用的职业病防护用品，改善工作条件。

（5）对违反职业病防治法律法规以及危及生命健康的行为提出批评、检举和控告。

（6）拒绝违章指挥和强令进行没有职业病防护措施的作业。

（7）参与用人单位职业卫生工作的民主管理，对职业病防治工作提出意见和建议。

用人单位应当保障从业人员行使上述权利。因从业人员依法行使正当权利而降低其工资、福利等待遇或者解除、终止与其订立的劳动合同的，其行为无效。

2. 从业人员的职业卫生义务

为了保护自身健康，从业人员在职业病防治中应当履行以下义务：

（1）认真接受用人单位的职业卫生教育培训，努力学习和掌握必要的职业卫生知识。

（2）遵守职业卫生法律法规、制度和操作规程。

（3）正确使用与维护职业病防护设备及个人使用的职业病防护用品。

（4）及时报告事故隐患。

（5）积极配合上岗前、在岗期间和离岗时的职业健康检查。

（6）如实提供职业病诊断、鉴定所需的有关资料等。

四、用人单位职业病预防 

1. 职业病危害因素预防与控制的工作方针与原则

职业病危害因素预防与控制工作的目的是预防、控制和消除职业病危害，防治职业病，保护从业人员健康及相关权益，促进经济发展；利用职业卫生与职业医学和相关学科的基础理论，对工作场所进行职业卫生调查，判断职业病危害因素对职业人群健康的影响，评价工作环境是否符合相关法律法规、标准的要求。

职业病防治工作，必须发挥政府、工会、用人单位、职业卫生技术服务机构、职业病防治机构等各方面的力量，由全社会加以监督，贯彻“预防为主、防治结合”的方针，遵循“三级预防”的原则，实行分类管理、综合治理，不断提高职业病防治管理水平。

（1）第一级预防

第一级预防又称病因预防，是从根本上杜绝职业病危害因素对人的作用，即改进生产工艺和生产设备，合理利用防护设施及劳动防护用品，以减少从业人员接触职业病危害因素的机会，降低职业病危害因素的危害程度。将国家制定的工业企业设计卫生标准、工作场所有害物质职业接触限值等作为共同遵守的防护准则，使其在职业病预防中发挥重要的作用。

根据《职业病防治法》对职业病前期预防的要求，产生职业病危害的用人单位的设立，除应当符合法律法规规定的设立条件外，其工作场所还应当符合以下要求：

1）职业病危害因素的强度或者浓度符合国家职业卫生标准。

2）有与职业病危害防护相适应的设施。

3）生产布局合理，符合有害与无害作业分开的原则。

4）有配套的更衣间、洗浴间、孕妇休息间等卫生设施。

5）设备、工具、用具及设施符合保护从业人员生理、心理健康的要求。

6）法律法规和国务院卫生行政部门关于保护从业人员健康的其他要求。

国家实行职业病危害项目申报制度。新建、扩建、改建建设项目和技术改造、技术引进项目（以下统称建设项目）可能产生职业病危害的，建设单位在可行性论证阶段应当进行职业病危害预评价。医疗机构建设项目可能产生放射性职业病危害的，建设单位应当向卫生行政部门提交放射性职业病危害预评价报告。卫生行政部门应当自收到预评价报告之日起30日内，作出审核决定并书面通知建设单位。未提交预评价报告或者预评价报告未经卫生行政部门审核同意的，不得开工建设。建设项目的职业病防护设施所需费用应当纳入建设项目工程预算，并与主体工程同时设计、同时施工、同时投入生产和使用。建设项目的职业病防护设施设计应当符合国家职业卫生标准和卫生要求；其中，医疗机构放射性职业病危害严重的建设项目的防护设施设计，应当经卫生行政部门审查同意后，方可施工。建设项目在竣工验收前，建设单位应当进行职业病危害控制效果评价。医疗机构可能产生放射性职业病危害的建设项目竣工验收时，其放射性职业病防护设施经卫生行政部门验收合格后，方可投入使用；其他建设项目的职业病防护设施应当由建设单位负责依法组织验收，验收合格后，方可投入生产和使用。卫生行政部门应当加强对建设单位组织的验收活动和验收结果的监督核查。

以上有关规定，均属于第一级预防措施。

（2）第二级预防

第二级预防又称发病预防，是早期检测和发现人体受到职业病危害因素所致的疾病。其主要手段是定期进行环境中职业病危害因素监测，对接触者定期进行体格检查，评价工作场所职业病危害程度，控制职业病危害，加强防毒防尘，防治物理、化学、生物因素等有害因素的危害，使工作场所职业病危害因素的浓度（强度）符合国家职业卫生标准。对从业人员进行职业健康监护，开展职业健康检查，早期发现职业性疾病损害，早期鉴别和诊断。

（3）第三级预防

第三级预防是指在从业人员患职业病以后，对其进行合理康复处理，包括对职业病病人的保障，对疑似职业病病人进行诊断。保障职业病病人享受职业病待遇，安排职业病病人进行治疗、康复和定期检查，对不适宜继续从事原工作的职业病病人，应当调离原岗位并妥善安置。

第一级预防是理想的方法，针对整体的或选择的人群，对人群健康和福利状态均能起根本的作用，一般所需投入比第二级预防和第三级预防要少，且效果更好。

2. 建设项目职业病防护设施“三同时”

建设项目职业病防护设施“三同时”是指建设项目职业病防护设施必须与主体工程同时设计、同时施工、同时投入生产和使用。建设单位应当优先采用有利于保护从业人员健康的新技术、新工艺、新设备和新材料，职业病防护设施所需费用应当纳入建设项目工程预算。

建设单位对可能产生职业病危害的建设项目，应当依法进行职业病危害预评价、职业病防护设施设计、职业病危害控制效果评价及相应的评审，组织职业病防护设施验收，建立健全建设项目职业卫生管理制度与档案。建设项目职业病防护设施“三同时”工作可以与安全设施“三同时”工作一并进行。建设单位可以将建设项目职业病危害预评价和安全预评价、职业病防护设施设计和安全设施设计、职业病危害控制效果评价和安全验收评价合并出具报告或者设计方案，并对职业病防护设施与安全设施一并组织验收。

除国家保密的建设项目外，产生职业病危害的建设单位应当通过公告栏、网站等方式及时公布建设项目职业病危害预评价、职业病防护设施设计、职业病危害控制效果评价的承担单位、评价结论、评审时间及评审意见，以及职业病防护设施验收时间、验收方案和验收意见等信息，供本单位从业人员和卫生行政部门查询。

3. 建设项目职业病危害评价

职业病危害评价是控制职业病危害因素，保障从业人员健康的重要措施，也是对建设项目实施作业场所卫生监督的重要依据。

依照法律法规的规定，对可能产生职业病危害的建设项目，建设单位应当在建设项目可行性论证阶段进行职业病危害预评价，编制预评价报告。建设项目职业病危害预评价报告应当符合职业病防治有关法律、法规、规章和标准的要求，并包括下列主要内容：

（1）建设项目概况，主要包括项目名称、建设地点、建设内容、工作制度、岗位设置及从业人员数量等。

（2）建设项目可能产生的职业病危害因素及其对工作场所、从业人员健康影响与危害程度的分析与评价。

（3）对建设项目拟采取的职业病防护设施和防护措施进行分析、评价，并提出对策与建议。

（4）评价结论，明确建设项目的职业病危害风险类别及拟采取的职业病防护设施和防护措施是否符合职业病防治有关法律、法规、规章和标准的要求。

建设单位进行职业病危害预评价时，对建设项目可能产生的职业病危害因素及其对工作场所、从业人员健康影响与危害程度的分析与评价，可以运用工程分析、类比调查等方法。其中，类比调查数据应当采用获得资质认可的职业卫生技术服务机构出具的、与建设项目规模和工艺类似的用人单位职业病危害因素检测结果。

职业病危害预评价报告编制完成后，属于职业病危害一般或者较重的建设项目，其建设单位主要负责人或其指定的负责人应当组织具有职业卫生相关专业背景的中级及中级以上专业技术职称人员，或者具有职业卫生相关专业背景的注册安全工程师（职业卫生专业技术人员）对职业病危害预评价报告进行评审，并形成是否符合职业病防治有关法律、法规、规章和标准要求的评审意见；属于职业病危害严重的建设项目，其建设单位主要负责人或其指定的负责人应当组织外单位职业卫生专业技术人员参加评审工作，并形成评审意见。

建设单位应当按照评审意见对职业病危害预评价报告进行修改完善，并对最终的职业病危害预评价报告的真实性、客观性和合规性负责。职业病危害预评价工作过程应当形成书面报告以备查。

4. 用人单位职业卫生教育培训

用人单位的主要负责人和职业卫生管理人员应当具备与本单位所从事的生产经营活动相适应的职业卫生知识和管理能力。

用人单位应当对从业人员进行上岗前的职业卫生培训和在岗期间的定期职业卫生培训，普及职业卫生知识，督促从业人员遵守职业病防治的法律、法规、规章、国家职业卫生标准和操作规程。

用人单位应当对职业病危害严重岗位的从业人员，进行专门的职业卫生培训，经培训合格后方可上岗作业。因变更工艺、技术、设备、材料，或者岗位调整导致从业人员接触的职业病危害因素发生变化的，用人单位应当重新对从业人员进行上岗前的职业卫生培训。

5. 用人单位职业卫生管理机构和人员配备

用人单位是职业病防治的责任主体，其主要负责人对本单位作业场所的职业病防治工作全面负责。

职业病危害严重的用人单位，应当设置或者指定职业卫生管理机构或者组织，配备专职职业卫生管理人员。

其他存在职业病危害的用人单位，从业人员超过 100 人的，应当设置或者指定职业卫生管理机构或者组织，配备专职职业卫生管理人员；从业人员在 100 人以下的，应当配备专职或者兼职的职业卫生管理人员，负责本单位的职业病防治工作。

根据《工业企业设计卫生标准》（GBZ 1—2010），工业企业的职业卫生管理机构和职业卫生管理人员设置或配备参考原则见表 2-16。

表 2-16　工业企业的职业卫生管理机构和职业卫生管理人员设置或配备参考原则

职业病危害分类	从业人员人数	职业卫生管理机构及管理人员
严重	>1 000 人	设置职业卫生机构，配备专职人员>2 人
	300~1 000 人	设置职业卫生机构或配备专职人员≥2 人
	<300 人	设置职业卫生机构或配备专职人员
一般	>300 人	配备专职人员
	<300 人	配备专职或兼职人员
轻微	—	可配备兼职人员

用人单位应当对职业病防护设备、应急救援设施进行经常性的维护、检修和保养，定期检测其性能和效果，确保其处于正常状态，不得擅自拆除或者停止使用。存在职业病危害的用人单位，应当实施由专人负责的工作场所职业病危害因素日常监测，确保监测系统处于正常工作状态。

存在职业病危害的用人单位，应当委托具有相应资质的职业卫生技术服务机构每年至少进行一次职业病危害因素检测。职业病危害严重的用人单位，除应遵守上述规定外，还应当委托具有相应资质的职业卫生技术服务机构，每3年至少进行一次职业病危害现状评价。

检测、评价结果应当存入本单位职业卫生档案，并向卫生行政部门报告和从业人员公布。

6. 用人单位职业卫生管理制度和操作规程

存在职业病危害的用人单位应当制订职业病危害防治计划和实施方案，建立健全下列职业卫生管理制度和操作规程：

（1）职业病危害防治责任制度。

（2）职业病危害警示与告知制度。

（3）职业病危害项目申报制度。

（4）职业病防治宣传教育培训制度。

（5）职业病防护设施维护、检修和保养制度。

（6）劳动防护用品管理制度。

（7）职业病危害监测及评价管理制度。

（8）建设项目职业病防护设施“三同时”管理制度。

（9）从业人员职业健康监护及其档案管理制度。

（10）职业病危害事故处置与报告制度。

（11）职业病危害应急救援与管理制度。

（12）岗位职业卫生操作规程。

（13）法律、法规、规章和标准规定的其他职业病防治制度。

产生职业病危害的用人单位，应当在醒目位置设置公告栏，公布有关职业病危害防治的规章制度、操作规程、职业病危害事故应急救援措施和工作场所职业病危害因素检测结果。

存在或者产生职业病危害的工作场所、作业岗位、设备、设施，应当按照《工作场所职业病危害警示标识》（GBZ 158—2003）的规定，在醒目位置设置图形、警示线、警示语句等警示标识和中文警示说明。警示说明应当载明产生职业病危害的种类、后果、预防和应急处置措施等内容。

存在或产生高毒物品的作业岗位，应当按照《高毒物品作业岗位职业病危害告知规范》（GBZ/T 203—2007）的规定，在醒目位置设置高毒物品告知卡，告知卡应当载明高毒物品的名称、理化特性、健康危害、防护措施及应急处理等告知内容与警示标识。

任何单位和个人均有权向卫生行政部门举报用人单位违反规定的行为和职业病危害事故。

7. 职业病危害项目申报

用人单位工作场所存在职业病目录所列职业病的危害因素时，应当按照国家有关法律法规的规定，及时、如实申报职业病危害项目。

（1）职业病危害项目申报的主要内容

职业病危害项目是指存在职业病危害因素的项目。作业场所职业病危害因素应按照《职业病危害因素分类目录》确定。用人单位申报职业病危害项目时，应当提交职业病危害项目申报表和下列有关文件、资料：

1）用人单位的基本情况。

2）工作场所职业病危害因素种类、分布情况以及接触人数。

3）法律法规和规章规定的其他文件、资料。

职业病危害项目申报同时采取电子数据和纸质文本两种方式。

用人单位应当首先通过“职业病危害项目申报系统”进行电子数据申报，同时将职业病危害项目申报表加盖公章并由本单位主要负责人签字后，按照规定，连同有关文件、资料一并上报所在地设区的市级、县级卫生行政部门。

（2）用人单位职业病危害项目申报的职责

职业病危害项目申报工作实行属地分级管理的原则。中央企业、省属企业及其所属用人单位的职业病危害项目，向其所在地设区的市级人民政府卫生行政部门申报。其他用人单位的职业病危害项目，向其所在地县级人民政府卫生行政部门申报。

用人单位有下列情形之一的，应当按照规定向原申报机关申报变更职业病危害项目内容：

1）进行新建、改建、扩建、技术改造或者技术引进建设项目的，自建设项目竣工验收之日起 30 日内进行申报。

2）因技术、工艺、设备或者材料等发生变化导致原申报的职业病危害因素及其相关内容发生重大变化的，自发生变化之日起 15 日内进行申报。

3）用人单位工作场所、名称、法定代表人或者主要负责人发生变化的，自发生变化之日起 15 日内进行申报。

4）经过职业病危害因素检测、评价，发现原申报内容发生变化的，自收到有关检测、评价结果之日起 15 日内进行申报。

用人单位终止生产经营活动的，应当自生产经营活动终止之日起 15 日内向原申报机关报告并办理注销手续。

第三章　烟花爆竹生产安全技术

第一节　烟花爆竹生产过程安全

一、烟花爆竹生产过程名词术语 

1. 烟花爆竹原辅材料及其半成品

（1）烟花爆竹

烟花爆竹是以烟火药为主要原料制成，经过工艺制作，引燃后通过燃烧或爆炸，产生光、声、色、型、烟雾等效果，用于观赏，具有易燃易爆危险的物品。

（2）危险品

与烟花爆竹相关的危险品一般是指有关标准范围内的烟火药、黑火药、引火线、氧化剂等，以及用以上物品制成的烟花、爆竹在制品、半成品、成品。

（3）在制品

在制品是指正在各生产阶段加工的产品。

（4）半成品

半成品是指在某些生产阶段上已完工，尚需进一步加工的产品。

（5）氧化剂

氧化剂是支持和帮助烟火药中可燃物燃烧的物质，主要有高氯酸钾、氯酸钾、高氯酸铵、硝酸钾、硝酸钡、硝酸锶、氧化铜、四氧化三铅、三氧化二铋、四氧化三铁等。

（6）还原剂

还原剂是烟火药中与氧或氧化剂发生剧烈反应的物质，主要有铝粉、铝镁合金粉、钛粉、铁粉、炭粉（含碳素粉）、硫黄、硫化锑等。

（7）黏合剂

黏合剂是使烟火药组成物黏合在一起或使其他物质黏合在一起的物质，主要有酚醛树脂、淀粉、聚乙烯醇、虫胶、胶水等。

（8）效果剂

效果剂是使烟火药燃烧或爆炸后增加特殊效果和作用的物质，主要有火焰着色剂（锶盐、钠盐、钡盐、铜盐等）、焰色增强剂（聚氯乙烯、氯化橡胶等）、笛音剂（苯二甲酸氢钾等）、发烟剂等。

（9）笛音剂

笛音剂是含苯甲酸氢钾或苯二甲酸氢钾等的混合物，能产生笛（哨）音效果。

（10）钝感剂

钝感剂是降低烟火药敏感度的物质，主要有碳酸镁、石蜡等。

（11）防潮剂

防潮剂是防止烟火药吸湿的物质，主要有硝基清漆、含硝化纤维素的溶液等。

（12）烟火药

烟火药是主要由氧化剂与还原剂等组成的，燃烧、爆炸时能产生光、声、色、烟雾、气体等效果的混合物。

（13）烟火药催化剂

烟火药催化剂是调整烟火药氧化还原反应速率的物质。

（14）黑火药

黑火药是用硝酸钾、炭粉和硫黄或用硝酸钾和炭粉为原材料制成的一种烟火药。

（15）效果药

效果药是用于产生光、声、色、型、烟雾等效果的烟火药。

（16）动力药

动力药是用于发（喷）射或推进的烟火药，有粒状、粉状两种。

（17）摩擦药

摩擦药是通过摩擦或撞击引燃（击发）的烟火药，主要成分有氯酸钾、赤磷或雷酸银等。

（18）爆炸药

爆炸药是用于炸开筒体产生声响效果（爆响药），或炸开效果件并引燃效果药（开包药）的烟火药，分为白药（高氯酸钾和金属粉、硝酸盐和金属粉等成分）和黑药（黑火药）。

（19）效果件

效果件是通过工艺制作形成的烟火药或含有烟火药的单个形体（包括药粒、药柱、药块、药包、药球、效果内筒、效果引线等），分为裸药效果件和非裸药效果件。

（20）非裸药效果件

非裸药效果件是用壳体将烟火药紧密包装后的效果件。

（21）裸药效果件

裸药效果件是烟火药裸露的效果件。

（22）辅助材料

辅助材料是生产烟花爆竹的纸张、包装材料、泥土以及固引剂等材料。

（23）烟火药辅助材料

烟火药辅助材料是与烟火药混合或作为烟火药的承载物，起到降低烟火药含量（用量）、附着烟火药或其他作用，如珍珠岩粉、棉籽、稻糠、烟囱灰等。

（24）填充材料

填充材料是烟花爆竹中起隔火、密封、缓冲作用的物质，如木屑、黏土、固引剂、毡布等。

2. 烟花爆竹生产工序

（1）工序

工序是指烟花爆竹生产工艺过程中，加工、制造相对独立的生产作业环节，如混药、造粒、装药等。

（2）单料粉碎

单料粉碎是将单一原材料使用粉碎机等工具进行粉碎加工的过程，使其达到适宜使用的细度。

(3) 称料

称料是将原材料按配方成分和比例称量的过程。

(4) 球磨

球磨是黑火药生产过程中对材料进行磨碎和混合的过程。

(5) 调湿药

调湿药是用水、酒精、面浆等将药物调湿，或调成浆糊状的过程，在黑火药生产中称为“潮药”。

(6) 包片

包片是黑火药潮药（调湿）后，用棉（纱）布包好，以防洒落，放在装药盒内垫上铝板，用油压机压紧的过程。

(7) 拆模

拆模是黑火药生产中将压好的黑火药片从压机模具中取出的过程。

(8) 碎片

碎片是将压制后的黑火药等压片粉碎成小颗粒状的过程。

(9) 抛光

抛光是将碎片后的颗粒状黑火药放入圆桶抛光机内进行去尘、光滑的过程。

(10) 混药

混药是通过一定的方法将氧化剂、还原剂等均匀混合成烟火药的过程。

(11) 造粒

造粒是将烟火药通过造粒机械或手工制作成颗粒状的过程。

(12) 筛选

筛选是按粒度要求用筛子对亮珠或黑火药进行分级的过程。

(13) 干燥

干燥是通过晾晒或干燥设备使纸筒、效果件、半成品、产品等降低水分或溶剂含量的过程。

(14) 散热

散热是将干燥后的纸筒、效果件、半成品、产品进行冷却降温的过程。

(15) 漆引

漆引是引火线生产中在引火线外漆刷一层起防潮作用的硝基清漆的过程。

(16) 切引

切引是按规格尺寸将引火线裁断的过程。

(17) 绕引

绕引是引火线生产过程中，将引火线缠绕在引火线盘的过程。

(18) 捆引

捆引是引火线生产中将一定数量的引火线捆扎固定的过程。

(19) 卷筒

卷筒是用卷筒机或人工将筒子纸卷成一定规格尺寸（长度、内径、外径、厚度等）的纸筒，如组合烟花内筒和外筒、爆竹筒子、喷花筒子、晨光花筒子、锥形筒子等。

(20) 刮底

刮底是将切好的纸筒一头筒口封口闭合的过程。例如，用铁制齿形的刮子（铁扫帚），刮划在浆糊中浸渍过的纸筒口，使筒口纸张破碎粘连，干燥后筒口闭合以便装药。

(21) 筑泥安引

筑泥安引是指在纸筒内定量加入干燥的黏土（打内筒时需在中央插入引火线或笛音筒等），再使用打泥底机械或人工用金属棒和木槌筑紧黏土，使筒口封闭。

(22) 钻孔

钻孔是用钻孔机或手工钻子将纸筒钻出一个孔的过程，可用于安装引火线，或制作旋转类产品喷火口。旋转类产品钻孔有横钻法、直钻法、切线钻孔法 3 种。

(23) 蘸药

蘸药是将湿药黏附在效果件、部件点火端上的过程，包括将调湿的烟火药黏附在效果件传火引火线处的过程（含点药、点尾）。

(24) 组盆串引

组盆串引是用胶等将单个外筒组合，同时将引火线连接的过程。

(25) 安装引火线

安装引火线是在纸筒或模压筒体引火线安装口安装点火引火线或传火引火线等的过程（含插引）。

（26）注引

注引是在爆竹筒内壁注入线状传火药的过程。

（27）挤引

挤引是挤压装好药的单个爆竹封口处纸，将点火引火线固定的过程。

（28）装药

装药是将烟火药、黑火药或裸药效果件装（填）入壳体或模具的过程，包括将混合好的烟火药放入内筒并筑紧的过程。

（29）筑（压）药

筑（压）药是将烟火药、黑火药或裸药效果件筑（压）入壳体或模具的过程（含打尾）。

（30）拌药砂

拌药砂是指在摩擦型（砂炮）产品生产中将细砂石与湿药搅拌混合的过程。

（31）包药砂

包药砂是指在摩擦型（砂炮）产品生产中将裹覆了药物的细砂石装入砂纸、纸筒或塑料筒等外壳内的过程。

（32）装纸片

装纸片是将纸片压入组合烟花发射药或内筒上方的过程，有密封和固定发射药、内筒的作用。

（33）封口

封口是用固引剂、黏土、木屑或纸等将装有烟火药的筒体封闭的过程，如爆竹封口、内筒封口。

（34）加隔火纸板

在产品内安装隔火纸板起到隔火、加固或防止黏土脱落等作用。

（35）插针

插针是指在涂敷式线香产品生产中将铁丝、竹竿或木杆插入专用夹具板内垂直固定的过程。

（36）上底座

上底座是在产品底部安装起稳定作用部件的过程，可加大底面积，降低重心，提高产品平稳性。

（37）糊球

糊球是将已装药的礼花弹弹体，用机械或人工将刷胶的牛皮纸或牛皮胶纸按工艺层次要求包覆的过程，又称敷球。

（38）装发射药盒（包）

装发射药盒（包）是将发射药盒（包）安装在礼花弹弹体上的过程。

（39）装慢速引火线

装慢速引火线是将慢速引火线安装在礼花弹弹壳上的过程。

（40）结鞭

结鞭是将单个爆竹通过人工或机械编连成串的过程。

（41）组装

组装是将非裸药效果件、部件组合在一起的过程。

（42）包装

包装是用包装材料或包装箱及填充物将产品（含黑火药、引火线）按定量充装成销售包装单元或运输包装单元的过程。

3. 场所、设施和工具

（1）工房

工房是指烟花爆竹生产作业的厂房。

（2）中转库

中转库是在生产过程中，在厂区内用于暂存药物、半成品、成品、引火线及有药部件的建（构）筑物。

（3）危险品总仓库区

危险品总仓库区是指储存成品、化工原材料、药物（黑火药、烟火药、亮珠、药柱、药块）、效果内筒、引火线的危险品仓库集中的区域。

（4）临时存药洞

临时存药洞是指在危险性建筑物附近自然山体内镶嵌的临时存放药物的洞室。

（5）危险性建筑物

危险性建筑物是指生产或储存危险品的建（构）筑物，包括危险品生产厂房、储存库房（仓库）、晒场、临时存药洞等。

（6）外部最小允许距离

外部最小允许距离指危险性建筑物与外部各类目标之间，在规定的破坏标准下所允许的最小距离。它是按建筑物的危险等级和计算药量确定的。

（7）内部最小允许距离

内部最小允许距离是指危险品厂房、库房与相邻建筑物之间，在规定的破坏标准下所允许的最小距离。它是按建筑物的危险等级和计算药量确定的。

（8）防护屏障

防护屏障有天然屏障和人工屏障之分，其形式、强度均能按规定方式限制爆炸冲击波、碎片、火焰对附近建筑物及设施的影响。

（9）人均使用面积

厂房内有效使用面积按作业人员平均，每个作业人员所占有的面积即人均使用面积。

（10）轻型泄压屋盖

轻型泄压屋盖是泄压部分（不包括檩条、梁、屋架）由轻质材料构成，当建筑物内部发生事故时，具有泄压效能，使建筑物主体结构尽可能不受到破坏的屋盖。轻型泄压部分的单位面积重量应不大于0.8 kN/m^2。

（11）轻质易碎屋盖

轻质易碎屋盖是由轻质易碎材料构成，当建筑物内部发生事故时，不仅具有泄压效能，且破碎成小块，减轻对外部影响的屋盖。轻质易碎部分的单位面积重量应不大于1.5 kN/m^2。

（12）抗爆间室

抗爆间室是具有承受本室内因发生爆炸而产生破坏作用的间室，对间室外的人员、设备以及危险品起到保护作用。可根据间室内生产或储存的危险品性质、恢复生产的要求，设计可承受一次或多次爆炸破坏作用的间室。

（13）抗爆屏院

抗爆屏院是当抗爆间室内发生爆炸事故时，为阻止爆炸破片和减弱爆炸冲击波向泄爆方向扩散而在抗爆间室轻型窗外设置的屏院。

（14）装甲防护装置

装甲防护装置是装于特定场所或设于单个特定设备或操作岗位的装置，以防止装置外的人员、物资或设备受到可能发生的局部火灾或爆炸侵害的金属防护体。

（15）安全出口

安全出口是建筑物内的作业人员能直接疏散到室外安全地带的门或出口。

（16）生活辅助用室

生活辅助用室是指更衣室、盥洗室、浴室、洗衣房、休息室、厕所等。

（17）电气危险场所

电气危险场所是爆炸或燃烧性物质出现或预期可能出现的数量达到足以要求对电气设备的结构、安装和使用采取预防措施的场所。

（18）可燃性粉尘环境

可燃性粉尘环境是在大气环境条件下，粉尘或纤维状的可燃性物质与空气的混合物点燃后，燃烧传至全部未燃混合物的环境。

（19）爆炸性气体环境

爆炸性气体环境是在大气环境条件下，气体或蒸气可燃性物质与空气的混合物点燃后，燃烧传至全部未燃混合物的环境。

（20）直接接地

直接接地是将金属设备或金属构件与接地系统直接用导体进行可靠连接。

（21）间接接地

间接接地是将人体、金属设备等通过防静电材料或防静电制品与接地系统进行可靠连接。

（22）防静电材料

通过在聚合物内添加导电性物质（炭黑、金属粉等）、抗静电剂等，以降低电阻率，增加电荷泄漏能力的材料统称为防静电材料。

（23）防静电制品

防静电制品是由防静电材料制成，具有固体形状，电阻值在 $5\times10^{4}\sim1\times10^{8}\ \Omega$ 范围内的物品。

（24）静电非导体

静电非导体是体电阻率值大于或等于 $1\times10^{10}\ \Omega\cdot m$ 的物体或表面电阻率大于或等于 $1\times10^{11}\ \Omega$ 的物体。

（25）允许最高表面温度

为了避免粉尘点燃，允许电气设备在运行中达到的最高表面温度即允许最高表面温度。

（26）防静电地面

用防静电材料铺设（制作），并通过金属导体进行接地，能有效地泄漏或消散静电荷，防止静电荷积累的地面即防静电地面。

（27）防静电台面

用防静电材料铺设（制作），并通过金属导体进行接地，能有效地泄漏或消散静电荷，防止静电荷积累的台面即防静电台面。

（28）静电泄漏电阻

静电泄漏电阻是指物体的被测点与大地之间的总电阻。

（29）防火墙

防火墙是指能够截断火焰及火星传播且在一定时间内能起到隔绝温度传播的不燃烧体材料制成的实心砌体，耐火极限不小于 3 h。防火墙上不应开设门、窗和洞口。

（30）销毁场

销毁场是指为销毁生产过程中产生的危险性废弃物（含废药物、材料、半成品、成品等）而设置的场所。

（31）燃放试验场

燃放试验场是为检验烟花爆竹产品质量、药物效果等而设置的燃放试验场所。

（32）防火隔离带

防火隔离带是指生产厂区与山林树木之间用于阻止火势延烧的隔离区域。

（33）沉淀池

沉淀池是生产过程中沉淀废水中固体物质的水池。

（34）防静电接地装置

防静电接地装置是指可靠接地并能有效地泄漏或消散静电荷的特殊装置，如导静电球、导静电门把手、接地装置、含导静电的装置等。

（35）防雷装置

防雷装置是指用来保护厂区内建（构）筑物等避免雷击的装置，是接闪器、引下线、接地装置、电涌保护器及其他连接导体的总合。

(36) 筑药(泥)钎

筑药(泥)钎是指用于生产中筑、压药或泥土的钎子。筑药使用的钎子一般由黄铜、竹、硬木、铍青铜等不发火材料制作，呈圆棒状。筑泥土使用的钎子一般由普通钢材、竹、木等材质制作，如平头筑泥钢钎、吐珠产品压药(泥)棒等。

(37) 喷口模型工具

喷口模型工具由凸模和套钎组成，材质由普通圆钢机械加工而成，用于制作喷花类产品喷口。

(38) 喷枪

喷枪又名喷漆枪，是进行油漆作业时使用的一种喷涂工具，用于亮珠加工时喷射液体黏合剂或溶剂。

(39) 铜丝筛

铜丝筛由框架、压条、铜丝布制成，主要用于原料药物和亮珠筛选。

(40) 铝板筛

铝板筛一般选用厚度为0.5 mm左右的铝板制作，用于筛选规格尺寸要求较高的亮珠。

(41) 打条木槌

打条木槌由干燥坚硬杂木制作，用于筑压花炮泥底和药物。

(42) 装药盘

装药盘是用于盛装和晾晒药物、亮珠等的防静电材料的盘子。

(43) 台布

台布是用于手工混合药物时垫在工作台面上的防静电布。

(44) 装药模具

装药模具是用于将定量的烟火药、亮珠等装入内筒的防静电模具，含活动推模和固定倒模等。

(45) 药匙

用于定量将烟火药(黑火药)填装入筒内的工具即药匙。

(46) 纸筒围圈

纸筒围圈是用防静电材料制成，用于固定六边形爆竹筒饼或内筒筒饼的围圈。

(47) 提板

提板是涂敷型线香产品（电光花）生产中用于夹住插钎箱上铁丝或竹签的工具。

(48) 插钎箱

插钎箱是涂敷型线香产品（电光花）生产中用于将铁丝或竹签均匀相间插入箱内固定，使蘸药时产品间不粘连的工具。

(49) 晾晒板架

晾晒板架是产品、纸筒、药物等干燥时用于起支撑和通风作用的架子。

(50) 厂内运输车

厂内运输车是厂区内部用于物品运输的车辆，含无动力厂内运输车和有动力厂内运输车。

二、烟花爆竹生产工艺与安全布置 

1. 总平面布置

(1) 危险品生产区的总平面布置

1) 同时生产烟花爆竹多个产品类别的企业，应根据生产工艺特性、产品种类分别建立生产线，并应做到分小区布置。

2) 生产线的厂（库）房的总平面布置应符合工艺流程及生产能力的要求，宜避免危险品的往返和交叉运输。

3) 危险性建筑物之间、危险性建筑物与其他建筑物之间的距离应符合内部最小允许距离的要求。

4) 同一危险等级的厂房和库房宜集中布置；计算药量大或危险性大的厂房和库房，宜布置在危险品生产区的边缘或其他有利于安全的地形处；粉尘污染比较大的厂房应布置在厂区的边缘。

5) 危险品生产厂房宜小型、分散。

6) 危险品生产厂房靠山布置时，距山脚不宜太近。当危险品生产厂房布置在山凹中时，应考虑人员的安全疏散和有害气体的扩散。

(2) 危险品总仓库区的总平面布置

1) 应根据仓库的危险等级和计算药量结合地形布置。

2）比较危险或计算药量较大的危险品仓库，不宜布置在库区出入口的附近。

3）危险品运输道路不应在其他防护屏障内穿行通过。

4）不同类别仓库应考虑分区布置，同一危险等级的仓库宜集中布置，计算药量大或危险性大的仓库宜布置在总仓库区的边缘或其他有利于安全的地形处。

（3）危险品生产区和危险品总仓库区的围墙设置

1）危险品生产区和危险品总仓库区应设置高度不低于 2 m 的围墙。

2）围墙与危险性建筑物、构筑物之间的距离宜为 12 m，且不得小于 5 m。

3）围墙应为密砌墙，特殊地形设置密砌围墙有困难时，局部地段可设置刺丝网围墙。

此外，危险品生产区和危险品总仓库区的绿化，宜种植阔叶树。距离危险性建筑物、构筑物外墙四周 5 m 内宜设置防火隔离带。

2. 生产区内部最小允许距离

（1）危险品生产区内各建筑物之间的内部最小允许距离，应分别按照各危险性建筑物的危险等级及其计算药量所确定的距离，取其最大值。内部最小允许距离应自建筑物的外墙算起，晒场自晒场边缘算起。

（2）危险品生产区内 1.1^{-1} 级建筑物与邻近建筑物的内部最小允许距离应符合表 3-1 的规定。

表 3-1　危险品生产区内 1.1^{-1} 级建筑物与邻近建筑物的内部最小允许距离

计算药量/kg	双有屏障/m	单有屏障/m	因屏障开口形成双方无屏障/m
≤5	12（7）	12（7）	14
10	12（7）	12（8）	16
20	12（7）	12（10）	20
30	12（7）	12	24
40	12（8）	14	28
60	12（9）	15	30
80	12（10）	16	32
100	12	18	36
200	14	22	44
300	16	25	50
400	18	28	55
500	20	30	60
800	23	35	70
1 000	25	38	76

注：当两座相邻厂房相对的外墙均为防火墙时，可采用括号内数字。

（3）危险品生产区内 1.1^{-2} 级建筑物与邻近建筑物的内部最小允许距离，应符合表 3-1 中的数字乘以 0.8，但不得小于表中相应列的最小值。

（4）1.1 级建筑物有敞开面时，该敞开面方向的内部最小允许距离应按表 3-1 的要求计算后再增加 20%。

（5）在一条山沟中，当 1.1 级建筑物镶嵌在山坡陡峻的山体中时，与其正前方建筑物的内部最小允许距离应按上述要求计算后再增加 50%。

（6）危险品生产区内布置有迸射危险产品的生产线时，该生产线的建筑物与其他生产线建筑物的内部最小允许距离应分别按各自的危险等级和计算药量计算后再增加 50%。

（7）危险品生产区内 1.1 级建筑物与公用建筑物、构筑物的内部最小允许距离应符合下列规定：

1）与锅炉房、独立变电所、水塔、高位水池（包括地上、地下或半地下）及消防蓄水池、有明火或散发火星的建筑物的内部最小允许距离，应按表 3-1 的要求计算后再增加 50%，并应不小于 50 m。

2）与厂区内办公室、食堂、汽车库的内部最小允许距离，应按表 3-1 的要求计算后再增加 50%，并应不小于 65 m。

（8）危险品生产区内 1.3 级建筑物与邻近建筑物的内部最小允许距离应符合表 3-2 的规定。

表 3-2　　危险品生产区内 1.3 级建筑物与邻近建筑物的内部最小允许距离

计算药量/kg	内部最小允许距离/m
≤50	12
100	14
200	16
400	18
600	20
800	22
1 000	25

注：当两座相邻厂房相对的外墙均为防火墙时，表中距离可乘以 0.8，但不得小于 12 m。

（9）危险品生产区内 1.3 级建筑物与公用建筑物、构筑物的内部最小允许距离应符合下列规定：

1）与锅炉房、有明火或散发火星的建筑物的内部最小允许距离应不小于 50 m。

2）与独立变电所、水塔、高位水池（包括地上、地下或半地下）及消防蓄水池的内部最小允许距离应不小于 35 m。

3）与厂区内办公室、食堂、汽车库的内部最小允许距离应不小于 50 m。

3. 工艺生产线

（1）烟花爆竹的生产工艺宜采用机械化、自动化、自动监控等可靠的先进技术。对有燃烧、爆炸危险的作业宜采取隔离操作，并应坚持减少厂房内存药量和作业人员的原则，做到小型、分散。

（2）烟花爆竹生产应按产品类型设置生产线，生产工序的设置应符合产品生产工艺流程要求，各危险性建筑物或各生产工序的生产能力应相互匹配。

（3）有燃烧、爆炸危险的作业场所使用的设备、仪器、工器具应满足使用环境的安全要求。

（4）有易燃易爆粉尘散落的工作场所应设置清洗设施，并应有充足的清洗用水。

4. 生产工艺布置

（1）在危险品生产区内，危险品生产厂房允许最大存药量应符合现行国家标准《烟花爆竹作业安全技术规程》（GB 11652—2012）的有关规定；临时存药间或临时存药洞的最大存药量应不超过单人半天的生产需要量，且应不超过 10 kg。危险品中转库最大存药量应不超过两天生产需要量，且单库应不超过以下规定：

1）危险品生产区内，1.1 级中转库单库存药量应不超过 500 kg，1.3 级中转库单库存药量应不超过 1 000 kg。

2）危险品总仓库区内，1.1 级成品仓库单库存药量不宜超过 10 000 kg，1.3 级成品仓库单库存药量不宜超过 20 000 kg，烟火药、黑火药、引火线仓库单库存药量不宜超过 5 000 kg。

3）危险品总仓库区内，1.1 级成品仓库单栋建筑面积不宜超过 500 m^2，1.3 级成品仓库单栋建筑面积不宜超过 1 000 m^2，每个防火分区面积不超过 500 m^2，烟火药、黑火药、引火线仓库单栋建筑面积不宜超过 100 m^2。

（2）1.1 级、1.3 级厂房和库房（仓库）应为单层建筑，其平面宜为矩形。

（3）1.1 级厂房应单机单栋或单人单栋独立设置，当采取抗爆间室、隔离操作时可以联建。引火线制造厂房应单间单机布置，每栋厂房联建间数不超过 4 间。

（4）1.3 级厂房设置应符合下列规定：

1）工作间联建时应采用密实砌体墙隔开，且联建间数应不超过 6 间，当厂房建筑耐火等级为三级时，联建间数应不超过 4 间。

2）机械插引厂房工作间联建间数应不超过 4 间，且每个工作间应为单人、单机布置。

3）原料称量、氧化剂的粉碎和筛选、可燃物的粉碎和筛选，应独立设置厂房。

（5）不同危险等级的中转库应独立设置，且不得和生产厂房联建。

（6）有固定作业人员的非危险品生产厂房不得和危险品生产厂房联建。

（7）1.1 级厂房内不应设置除更衣室外的辅助用室，1.3 级厂房内可设置生产辅助用室（如工器具室等）。

（8）危险品生产厂房内的工艺布置应便于操作、维修以及发生事故时迅速疏散。

（9）对危险品进行直接加工的岗位宜设置防护装甲、防护板或采取人机隔离、远距离操作。对于作业人员与药物直接接触的混药、造粒、装药等工序应设置防护隔离罩、隔离板或其他个体防护装置。对有升空迸射危险的生产岗位宜设置防迸射措施。

（10）1.1 级厂房的人均使用面积不宜少于 9.0 m^2，1.3 级厂房的人均使用面积不宜少于 4.5 m^2。

（11）有升空迸射危险的生产厂房与相邻厂房的门、窗不宜正对设置。若正对设置时，在门、窗前不大于 3.0 m 处应设置拦截装置，拦截装置的宽度应大于门窗宽度 0.5 m（每侧），高度应超出门窗高度 1.5 m，高出的 1.5 m 应斜向本建筑物，倾斜角度为 30°～45°。

5. 临时存药洞设置

危险品生产厂房内设置临时存药间或在厂房附近设置临时存药洞时，临时存药间与操作间应采用钢筋混凝土墙或不小于 370 mm 的密实砌体墙隔开。

（1）在山区建厂利用山体设置临时存药洞时，临时存药洞洞口相对位置不应布置建筑物，临时存药洞外壁与相邻建筑物之间的内部最小允许距离应符合表 3-3 的规定。

表 3-3　　临时存药洞外壁与相邻建筑物之间的内部最小允许距离

计算药量/kg	内部最小允许距离/m
≤5	4
10	5

（2）在危险品生产区内，当在两个危险性建筑物之间设置临时存药洞时，应符合下列规定：

1）临时存药洞应镶嵌在天然山体内。存药洞门应离山体前坡脚不小于 800 mm。

2）临时存药洞的净空尺寸宽不大于 800 mm，高不大于 1 000 mm，存药洞净深不大于 600 mm，存药洞底宜高出存药洞外人行地面 600 mm。

3）临时存药洞前面宜设置平开木门。

4）临时存药洞墙体可采用不小于 240 mm 的密实砌体或钢筋混凝土墙体。

5）临时存药洞上部覆土厚度应不小于 500 mm，两侧墙顶覆土宽度应不小于 1 500 mm。

6）临时存药洞内应用水泥砂浆抹面，四周有土处应采取防水及隔潮措施。存药洞上部应有良好的排水措施。

6. 产品设施布置

（1）烟花爆竹成品、有药半成品和药剂的干燥，宜采用热水、低压蒸汽或利用日光干燥，严禁采用明火烘干。干燥场所应符合下列规定：

1）干燥厂房内应设置排湿装置、感温报警装置及通风晾药设施。

2）热水、低压蒸汽干燥厂房内的温度应符合现行国家标准《烟花爆竹作业安全技术规程》（GB 11652—2012）的有关规定。

3）热风干燥厂房可对没有裸露药剂的成品、半成品及无药半成品进行干燥；当对药剂和带裸露药剂的半成品采用热风干燥时，应有防止药物产生扬尘的措施。烘干温度应符合现行国家标准有关规定。

4）日光干燥应在专门的晒场进行，晒场场地要求平整。危险品晒场周围应设置防护堤，防护堤顶面应高出产品面 1 m。

（2）晒场宜设置晾药间或晾药厂房。当有可靠的防雨和防溅措施时，可不设晾药厂房。

（3）运输危险品的廊道应采用敞开式或半敞开式，不宜与危险品生产厂房直接相连。

（4）产品陈列室应陈列产品模型，不应陈列危险品。陈列实物时应单独建设陈列场所，并应满足相关规定。

三、烟火药制造安全 

1. 生产工艺流程

烟火药制造的生产工艺流程（粉状黑火药、粒状发射药、升空动力药）如图 3-1 所示。

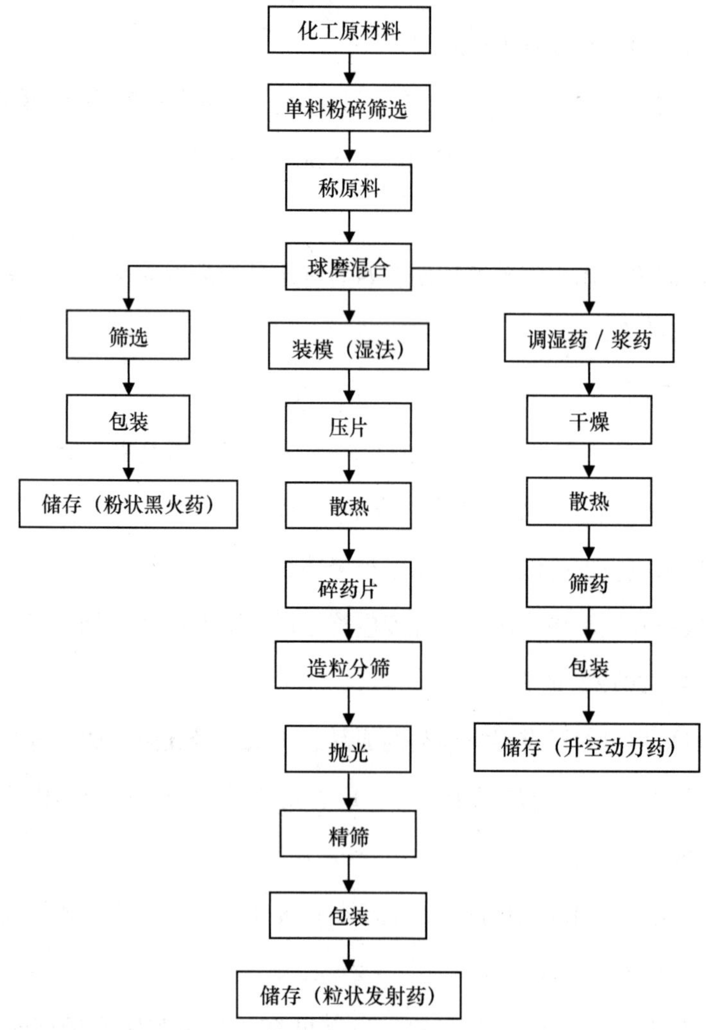

图 3-1　烟火药制造的生产工艺流程（粉状黑火药、粒状发射药、升空动力药）

2. 基本要求

（1）烟火药制造的各工序应分别在单独工房内进行。

（2）除造粒和制开包（球）药外，电动机械制造（作）烟火药，在机械运转时人与机械间应有防护设施隔离。

3. 原材料准备

（1）烟火药的原材料应符合有关原材料质量标准要求，具有产品合格证；进厂应经过检验合格后方可使用。

（2）原材料（药种）的使用应符合《烟花爆竹　安全与质量》（GB 10631—2013）的规定。

（3）在开启原材料的包装时，应检查包装是否完整；包装打开后，应检查包装内物质与有关标识是否相符；发现包装内物质与标识不符及物质受潮、变质等现象应停止使用。

4. 原材料粉碎筛选

（1）原材料筛选粉碎，每栋工房定员 2 人。

（2）粉碎前应对设备和工具进行全面检查，并认真清除粉尘；粉碎前后应筛选除去杂质。

（3）粉碎氧化剂、还原剂应分别在单独专用工房内进行，每栋工房定员 2 人；严禁将氧化剂和还原剂混合粉碎筛选；粉碎筛选过一种原材料后的机械、工具、工房应经清扫（洗）、擦拭干净才能粉碎筛选另一种原材料；高感度的材料应专机粉碎；不应用粉碎氧化剂的设备粉碎还原剂，或用粉碎还原剂的设备粉碎氧化剂。

（4）原材料粉碎时应保持通风并防止粉尘浓度过高。

（5）用湿法粉碎时，不应有原材料外溢。

（6）粉碎的原材料包装后，应标明品种、规格、数量和日期。

5. 原材料称量

（1）原材料称量，每栋工房定员 1 人，定量 200 kg。

（2）称量应符合下列要求：

1）称量前应检查各种原材料的标志标签、色质以及计量器具的准确性。

2）称量应准确，其每份总量应与每次药物混合工序定量相一致。

3）称量氧化剂、还原剂，应分别使用取料工具和计量器具，称好的氧化剂应与还原剂及其他原材料分别盛装，装入容器后应立即标识。

4）不应在称原材料工房进行药物混合。

6. 药物混合

（1）烟火药各成分混合宜采用转鼓等机械设备，每栋工房定机 1 台，定员 1 人；手工混药，每栋工房定员 1 人。

（2）黑火药制造宜采用球磨、振动筛混合，三元黑火药制造应先将炭和硫进行二元混合。

（3）含氯酸盐等高感度药物的混合，应有专用工房，并使用专用工具。

（4）机械混药应符合下列要求：

1）药物混合前对设备进行全面检查，并检查粉尘清理情况。

2）应远距离操作，人员未离开机房，不应开机。

3）人工进出料时，应停机断电、散热后进行。

（5）每栋工房药物混合定量应符合表 3-4 的规定。

表 3-4　药物混合定量

序号	烟火药类别	烟火药种别	定量/kg	
			手工	机械
1	硝酸盐烟火药	黑火药	8	200
		含金属粉烟火药	5	20（干法） 100（湿法）
2	高氯酸盐烟火药	含铝渣、钛粉、笛音剂的烟火药、爆炸药	3	10
		光色药、引燃药	5	10
3	氯酸盐烟火药	烟雾药、过火药	8	20
		引火线药	3	10（干法） 100（湿法）
		摩擦药	0.5（湿法）	
4	其他烟火药	响珠烟火药等	5	10

注：表中未注明湿法的均为干法混合。

（6）多种烟火药混合，每次限量按表 3-4 取该若干种烟火药限量的平均值。

（7）不应使用石磨、石臼混合药物，不应使用球磨机混合氯酸盐烟火药等高感度药物。

（8）摩擦药的混合，应将氧化剂、还原剂分别用水润湿后进行，混合后的烟火药应保持湿度，不应使用干法和机械法混合摩擦药。

（9）每次药物混合后，宜采用竹、木、纸等不易产生静电的材质容器盛装，及时送入下道工序或药物中转库存放，并立即标识。

（10）混合药（除黑火药外）应及时用于制作产品或效果件，湿药应即混即用，保持湿度，防止发热；干药在中转库的停滞时间不大于 24 h。

（11）采用湿法配制含铝、铝镁合金等活性金属粉末的烟火药时，应及时做好通风散热处理。

（12）混药结束后应及时清理粉尘和现场。

（13）不应在混药工房进行装药。

7. 烟火药调湿

（1）每栋工房定员 1 人，每栋工房的定量：使用水溶剂调湿硝酸盐烟火药 100 kg，含氯酸盐或使用易燃有机溶剂（如二硫化碳、酒精、丙酮、油漆）作黏合剂的药物（如擦火头药、擦地炮药）3 kg，其他药物 15 kg。

（2）调湿时如发现温度异常，应迅速摊开散热；搅拌工具应避免与容器摩擦撞击。

（3）调制湿药使用的溶剂和黏合剂 pH 值应为 5~8。

8. 粒状黑火药制作安全

（1）潮药装模、人工碎（药）片、包装，每栋工房定员 1 人；机械压（药）片、机械碎（药）片、造粒分筛、抛光、精筛，每栋工房定机 1 台，定员 1 人。

（2）各工序工房定量分别为：潮药装模 120 kg，压（药）片 120 kg，散热 800 kg，人工碎（药）片 15 kg，机械碎（药）片 80 kg，造粒分筛 80 kg，抛光 250 kg，精筛 80 kg，包装 80 kg。

（3）添加药和出药操作时，应在停机 10 min 后进行；装模时宜包片，压药应同时均匀加热，温度≤110 ℃；压药片时应预加压，并缓慢升压，最大压力≤20 MPa。

（4）定量大的工序到定量小的工序之间应设置中转库。

9. 其他烟火药（雷酸银）制造安全

（1）雷酸银制作应在单独专用工房内进行，每栋工房定员 1 人，每次制作时使用的硝酸银量≤15 g，制作好的雷酸银应保持湿度并迅速混砂。

（2）雷酸银混砂要求如下：

1）将湿雷酸银倒入计量的砂堆上，用竹或木片拌匀，不应使用金属棒或用手直接拌混。

2）每次混砂砂量≤10 kg。

3）雷酸银砂混好后，应保持湿度，拌混工具应放入硫代硫酸钠等还原性水中浸泡并清洗干净。

四、裸药效果件制作安全 

1. 生产工艺流程

裸药效果件制作的生产工艺流程［爆炸药、开包药、引线药、光色药、过火药、笛音药、药粒、药柱（块、片）］如图 3-2 所示。

2. 基本要求

（1）裸药效果件制作的各工序应分别在单独工房内进行。

（2）除造粒和制开包（球）药外，电动机械制造（作）裸药效果件，在机械运转时人与机械间应有防护设施隔离。

3. 药粒、开包炸药制作

（1）电动机械造粒或制药，每栋工房定机 1 台，定员 1 人，干法定量 5 kg，湿法定量 20 kg；手工造粒或制药，每栋工房定员 1 人，定量 5 kg。

（2）造粒或制药前应用相应溶剂湿润药罐内壁，造粒或制药后应用相应溶剂清洗药罐内壁。

（3）机械运转过程中，药物温度急剧上升时应及时停机处理。

（4）药粒的筛选分级应在药粒未干之前进行，每栋工房定员 1 人，干法定量 5 kg，湿法定量 20 kg。

4. 药柱（块、片）制作

（1）制作药柱应采用湿药筑压，定量按表 3-4 限量的 1/2 计算。

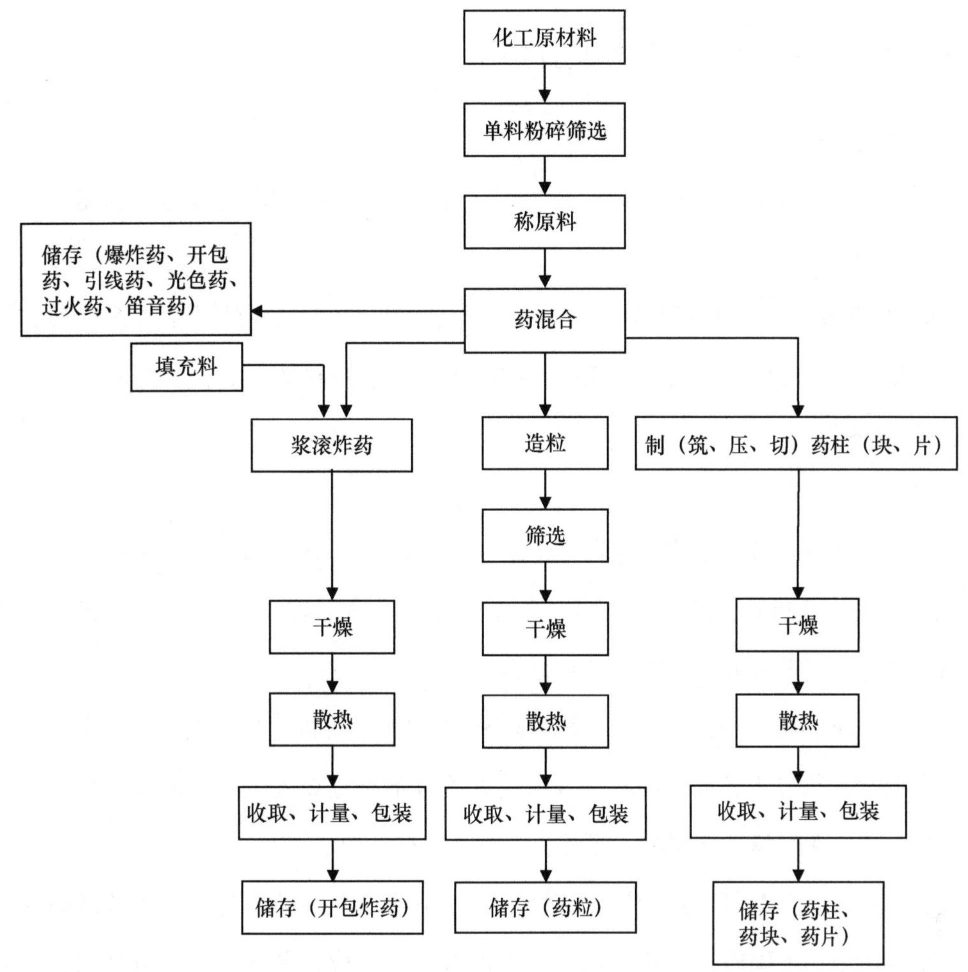

图 3-2　裸药效果件制作的生产工艺流程
［爆炸药、开包药、引线药、光色药、过火药、笛音药、药粒、药柱（块、片）］

（2）机械压药，每栋工房定机 1 台，定员 2 人，人机隔离操作；手工模具压药，每栋工房定员 1 人。

（3）褙药柱、药柱蘸（装）药，每栋工房定员 2 人，定量 5 kg。

（4）制药块（片）应采用湿药切割，每栋工房定员 1 人，定量 2 kg。

（5）制成的湿效果件应摊开放置，摊开厚度≤1.5 cm（效果件直径大于 0.75 cm 时，其摊开厚度≤效果件直径的 2 倍）。

五、药物干燥散热、收取包装安全 

1. 基本要求

（1）药物干燥应采用日光、热水（溶液）、低压热蒸汽、热风干燥或自然晾干，不应用明火直接烘烤药物。

（2）被干燥的药物应摊开放置在药盘中，药层厚度≤1.5 cm（效果件直径大于0.75 cm时，其摊开厚度≤效果件直径的2倍），药盘直径或边长应≤60 cm。

2. 日光干燥

日光干燥应符合下列要求：

（1）日光干燥应在专用晒场进行，定量应≤1 000 kg，晒坪应硬化、平整、光洁。

（2）晒场应设晒架，晒架应稳固，高度宜在25～35 cm，晒架间应留搬运、疏散通道，通道应与主干道垂直，通道宽度≥80 cm。

（3）严禁将药物直晒在地面上，气温高于37 ℃时不宜进行日光直晒。

（4）晒场应由专人管理，同时进入场内人员应不超过2人，非管理和操作人员不应进入晒场；不应在晒场进行浆药、筛药、包装等操作。

（5）应时刻关注晒场气象情况，在大风、下雨前应将晒场内药物收入散热间或及时采取防雨淋措施；下雨时不应抢收药物，被淋湿的药物应摊开放置，不应堆放，不应放置在封闭室内。

3. 烘房干燥

烘房干燥应符合下列要求：

（1）水暖干燥时，每栋烘房定量应≤1 000 kg，烘房温度应≤60 ℃；热风干燥时，每栋烘房定量应≤500 kg，烘房温度应≤50 ℃，同时应有防止药物产生扬尘的措施，风速应≤0.5 m/s。

（2）烘房应设置温度感应报警装置，保持均匀供热，烘房升温速度应≤30 ℃/h。

（3）烘房应有排湿装置并及时排湿。

（4）烘房内药物应用药盘盛装，分层平稳地放置在烘架上。

（5）烘房内药物堆码应符合表3-5的规定。

表 3-5　　烘房内药物堆码要求　　单位：cm

名称	烘架高度	距离地面高度	层间隔	与热源距离
药物	≤120	≥25	≥15	≥30

（6）烘架间应留搬运、疏散通道，宽度≥100 cm。

（7）烘房应由专人管理，加温干燥药物时任何人不应进入；烘干前后烘房内药物进出操作，每栋定员 2 人。

（8）烘房应保持清洁，散热器上不应留有任何药物。

4. 干燥散热

（1）药物在干燥散热时，不应翻动和收取，应冷却至室温时收取，如另设散热间，其定员、定量、药架设置应与烘房一致并配套；散热间内不应进行收取和计量包装操作，不应堆放成箱药物；湿药和未经摊晾、散热的药物不应堆放和入库。

（2）不应在干燥散热场所检测药物。

（3）干燥后的药物，水分含量应符合烟火药含水量相应标准的规定。

5. 收取包装

（1）药物计量包装应在专用工房进行，每栋工房定员 1 人，定量 30 kg。

（2）药物进出晒场、烘房、散热、收取和计量包装间，应单件搬运。

六、引火线（含效果引线）制作安全

1. 引火线制作

（1）引火线应机械制作，并在专用工房操作；机械动力装置应与制引机隔离。

（2）干法生产，每栋定机 4 台，单机单间；水溶剂湿法生产，每栋定机 16 台，每间定机 4 台；其他溶剂湿法生产，每栋定机 2 台，单机单间。

（3）机械运转时，人机应分离；接引、添药、取引锭时，应停机。

（4）工房地面应保持湿润，墙体和地面应定时清洗。

（5）引火线制作定员、定量应符合表 3-6 的规定。

（6）纸引火线上浆、绕引每栋工房定员 2 人，定量 15 kg，单人单间，引锭与人应分离，隔墙应密封。

（7）安全引火线上漆每栋工房定员 2 人，定量 25 kg，应用调速电动机控制发引端引

表 3-6　　引火线制作定员、定量

引火线种类		定员（人/栋）		定量（千克/台）	
		干法	湿法	干法	湿法
硝酸盐引火线	纸引火线	1	4	3	6
	安全引火线（含效果引火线）	1	4	6	12
	快速引火线	—	2（有机溶剂）	3	6
高氯酸盐引火线	纸引火线	1	4	3	6
	安全引火线（含效果引火线）	1	4	6	12
	快速引火线	—	2（有机溶剂）	3	6
氯酸盐引火线	纸引火线	1	4	1	2

卷转速，出引卷转速≤40 r/min。

（8）引火线干燥应在专用晒场或烘房进行；干燥后，应在散热后方可收取，晒场内通道应与主干道垂直，宽度≥100 cm。

（9）采用烘房干燥的技术要求，按有药半成品干燥的规定执行。

2. 割引、捆引、切引

（1）切、割引宜采用机械操作。当采用机械操作时，每栋工房定员 1 人，硝酸盐引线定量 1 kg，其他引线定量 0.6 kg。

（2）作业人员应戴披肩帽、手套、防护面罩进行操作。

（3）割、捆、切引应分别单独进行，不应在晒场、散热间进行；手工操作每栋工房定员 1 人，定量应符合表 3-7 的规定。

表 3-7　　割、捆、切引定量

操作名称		药量/kg
		手工
割引	硝酸盐引火线	6
	高氯酸盐引火线	3
	氯酸盐引火线、效果引火线	1.5
捆引	硝酸盐引火线	6
	高氯酸盐引火线	3
	氯酸盐引火线、效果引火线	1.5
切引	硝酸盐引火线	2
	高氯酸盐引火线	1
	氯酸盐引火线、效果引火线	0.5

（4）切、割引的刀刃要锋利，应及时涂油、蜡；严禁在切引间磨（刮）刀具。

（5）切、割引时用力应均匀，严禁来回拉扯。

（6）引头、引尾应及时放至水中，及时销毁。

（7）包装每栋工房定员 1 人，定量 30 kg。

第二节　烟花爆竹岗位安全操作规程

一、基本操作要求 

（1）各工序应分别在单独专用工房进行；烟火药、黑火药、引火线、效果件及有药半成品应设专人管理，各工序应按定量领取并登记。

（2）使用的烟火药为多种时，定量按表 3-4 限量的平均值确定；产品制作如定量小于等于单发（枚）产品药量时，定量为单发（枚）的含药量。

（3）使用含氯酸盐、黄磷、赤磷、雷酸银、笛音剂等高感度烟火药的工房，不应改做其他产品制作工房。

（4）每次限量药物、半成品用完后，应及时将半成品送入中转库或指定地点。

（5）剩余的烟火药，应退还保管人，不应留置工房或临时存药洞过夜。

（6）装、压纸片及安装点火引定员、定量、定机应按其前一道工序执行。

二、装、筑（压）药（裸药效果件）和蘸（点）药 

1. 装、筑（压）药（裸药效果件）

（1）装药前应筛除效果件中的药尘（灰），除药尘（灰）应在单独工房操作，定员、定量按下道工序执行。

（2）1.1 级工房每栋工房定员 1 人；当隔离操作时，每栋工房定员 2 人，单人单间。

（3）装药每栋工房定量按表 3-4 确定。

1）砂炮手工包（装）药砂每栋工房定员 24 人，每人定量 0.5 kg；砂炮机械包（装）药砂每栋工房定机 4 台，每台机 2 人，每机定量 5 kg。

2）筑（压）药定量按表 3-4 限量的 1/2 确定；笛音药筑（压）药每栋工房定量：手工 0.5 kg，机械 2 kg。

（4）礼花弹装球时，只能轻轻按压，合球不应猛烈碰合。合球后，不应进行强烈敲击。

（5）当筒体变形、筒体内壁不洁净或效果件变形时，按废弃物处理，不应将药物（效果件）强行装入。

（6）摩擦药（含赤磷、雷酸银）应保持湿润。

（7）筑（压）药的过程中，当模具与药物难以分离时，不应强行分离，采用酒精清洗。

（8）含有较大颗粒的铝、钛、铁粉的烟火药，不应筑压。

（9）礼花弹安装外导火索和发射药盒时，不应有药粉外泄。

2. 蘸（点）药

（1）效果内筒蘸药每栋工房定员 2 人，单人单间，效果内筒应单层摆放，每人定量 15 kg。

（2）擦炮蘸药每栋工房定员 4 人，单人单间，含药半成品应单层摆放，每人定量 5 kg。

（3）摩擦类产品手工蘸药每栋工房定员 4 人，每人定量 25 g；机械蘸药每栋工房定机 2 台，单人单间，每人定量 50 g。

（4）线香类蘸药（提板）每栋工房定员 8 人，每人定量（湿药）25 kg。

（5）电点火头手工蘸药每栋工房定员 8 人，每人定量 25 g；机械蘸药每栋工房定员 4 人，定机 4 台，每人定量 0.1 kg。

（6）蘸（点）药时，不应将湿药黏附在内筒外壁、摩擦类产品的非效果处。

（7）用于蘸（点）药的各类药物干涸后不应对其刮、铲、撞击，应用相应的溶剂，充分溶解后清洗。

三、钻孔、插引、安（串）引和封口（底）

1. 钻孔

（1）有药半成品机械钻孔每栋工房定机 1 台，定员 1 人；当隔离操作时，每栋工房定机 2 台，单人单间。

（2）有药半成品手工钻孔每栋工房定员 1 人；当隔离操作时，每栋工房定员 4 人，单人单间。

（3）每栋工房定量按表 3-4 规定执行。

（4）钻孔工具刃口应锋利，使用时应涂蜡擦油并交替使用，工具不符合要求时不应强行操作。

（5）裸药效果件或单个药量大于 20 g 的半成品，不应钻孔；单个含药量大于 5 g 或不含黑火药、光色药的半成品不应手工钻孔。

（6）有药半成品的机械钻孔，转速≤90 r/min。

2. 插引、安（串）引

（1）手工插引，每间定员 4 人，每栋工房定员 16 人；当单间只有 1 个疏散出口时，每间定员 2 人；每人定量 0. 5 kg。

（2）机械插引每栋工房定员 4 人，单人单间，每人定量 3 kg。

（3）无药部件插、串、安引每栋工房定员 24 人，每人定量 0. 5 kg。

（4）切割刀片应锋利，引锭与插引机应隔离，含药半成品应用有盖的箱子盛装。

3. 封口（底）

（1）每栋工房定员 2 人。

（2）爆音药半成品封口（底）每人定量 3 kg，其余每人定量 5 kg。

（3）爆竹直接挤压封口，不应猛力敲打。

（4）含爆炸药、笛音药的半成品，不应采用筑（压）方法封口。

（5）半成品的封口应密实，防止药物外泄、受潮。

四、结鞭和糊球 

1. 结鞭

（1）手工（人力机械）结鞭，每人定量 3 kg。每栋工房定员 24 人，每间定员 4 人；当单间只有 1 个疏散出口时，每间定员 2 人。动力机械结鞭，每栋工房定机 6 台，单机单间，每机定量 6 kg，每间定员 2 人，带包装的机械结鞭每间定员 3 人。

（2）结鞭时，应除去半成品上黏附的药尘。

（3）结鞭爆竹分割工具应锋利，宜用单刃刀片。

2. 礼花弹、小礼花类糊球

（1）手工糊球每间工房定员 4 人，每栋工房定员 16 人，每人定量 15 kg，含全爆炸药的每人定量 10 kg。

（2）机械糊球每栋工房定机 8 台，每间定机 2 台，每机 2 人，每机定量 30 kg，含全爆炸药的每机定量 20 kg。

（3）盛装工具应有围框，围框高度应超过弹（球）体直径（高度）的 1/2，5 号以上（含 5 号）弹（球）体应单层放置。

（4）敷弹（球）后应及时进行干燥。

五、组装和包装

1. 组装

（1）升空类、吐珠类、小礼花类、组合烟花类直径≥3. 8 cm 或单发药量≥25 g 的效果内筒（或球）等非裸药效果件的组装、礼花弹组装（含安引、装发射药包、串球），每栋工房定员 1 人，定量 10 kg（含全爆炸药的定量 4 kg）；当工房采用抗爆间室结构时，每栋定员 2 人，单人单间，每间定量 10 kg（含全爆炸药的定量 4 kg）。

（2）升空类、吐珠类、小礼花类、组合烟花类直径小于 3. 8 cm 或单发药量小于 25 g 的效果内筒（或球）等非裸药效果件的组装每栋定员 12 人，每间定员 2 人，每人定量 12 kg（含全爆炸药的定量 7 kg）。操作时，效果内筒（或球）应单层摆放，不应堆积存放。

（3）喷花类、架子烟花类、造型玩具类、旋转类、烟雾类、旋转升空类等产品组装每栋工房定员 24 人，每人定量 15 kg。

（4）礼花弹安装定时引线时，应使用竹、铜钎轻轻刺破中心管的砂纸。

（5）组装前，应除去半成品、效果件、无药部件上黏附的药尘。

2. 包装（褙皮、封装、装箱）

用于包装的每栋工房定员 24 人，每人定量按表 3-4 规定的 3.5 倍执行。

六、成品、有药半成品的干燥 

（1）应在专用场所（晒场、烘房）进行。

（2）每栋工房定员、定量、热能选择、干燥方式等要求按前述的规定执行。

（3）晒礼花弹的抬架，应有围框，围框高度应超过礼花弹直径的 1/2，弹体（球）宜单层放置。

（4）产品干燥不应与药物干燥在同一晒场（烘房）进行，摩擦类产品不应与其他类产品在同一晒场（烘房）干燥。

（5）蒸汽干燥的烘房温度≤75 ℃，升温速度≤30 ℃/h，不宜采用肋形散热器。

（6）热风干燥成品，有药半成品室温≤60 ℃，风速≤1 m/s；循环风干燥应有除尘设备，除尘设备要定期清扫。

（7）烘房内产品堆码高度等按表 3-8 的规定执行。

表 3-8　烘房内产品堆码要求　单位：cm

名称	架码高度	距离地面高度	与热源距离
成品、半成品	≤150	≥25	≥20

（8）烘房应设置温度报警装置，烘房看管人员应严格控制温度的升降，发现异常情况应及时处理并报告安全管理负责人。

（9）干燥后的成品、有药半成品应通风散热。在干燥散热时，不应翻动和收取，应冷却至室温时收取。

七、燃放试验 

（1）燃放试验应在规定场所进行，燃放试验场地与生产区及非生产区的距离应符合《烟花爆竹工程设计安全规范》（GB 50161—2009）的规定。

(2) 燃放试验时，应设专人警戒；现场作业人员应不超过 2 人，其余人员应在安全区域观看；操作时应戴头盔，点火时身体应偏离产品燃放轨迹，并及时撤离至安全区域内。

(3) 燃放试验时，产品及导向筒应牢固固定，严防倒筒、散筒。

(4) 待燃放产品应妥善存放，并采取防火隔离措施。

(5) 燃放试验时应注意风向和风速，对熄引的试验物应妥善处理。

(6) 燃放试验后的残留物应进行清扫和妥善处理。

第三节　烟花爆竹生产设备安全

一、烟花爆竹生产机械及其分类 

1. 基本概念

(1) 烟花爆竹机械

把烟花爆竹（含黑火药、引火线）原材料制造成烟花爆竹产品（或半成品）过程中所应用的工具装置。

(2) 裸药型机械

用于加工制造烟火药、黑火药、易燃物品、可爆炸物品，或机械运行某个部位直接接触裸药的烟花爆竹机械。

(3) 涉药型机械

用于加工制造涉及非裸露烟火药、黑火药、易燃物品、可爆炸物品的烟花爆竹产品（或半成品）的烟花爆竹机械。

(4) 无药型机械

用于加工制造无烟火药、黑火药、易燃物品、可爆炸物品的烟花爆竹半成品的烟花爆竹机械。

(5) 通用机械

可用于多个烟花爆竹产品类别生产的烟花爆竹机械。

(6) 专用机械

仅用于单个烟花爆竹产品类别生产的烟花爆竹机械。

(7) 成套机械

为完成烟花爆竹产品或部件的生产，实现特定的工序及功能所必需的整套机械。

(8) 机械化生产线

为完成烟花爆竹产品或部件的生产，实现多个工序及功能的成套机械组合。

2. 分类

烟花爆竹机械按照涉药程度分为 3 种类型，分别是裸药型机械（1 类）、涉药型机械（2 类）和无药型机械（3 类）。

烟花爆竹机械按照适用生产的烟花爆竹产品类别分为 2 种类型，分别是通用机械和专用机械。

3. 分类名录

烟花爆竹机械分类名录详见表 3-9。

表 3-9　烟花爆竹机械分类名录

制作工序		机械大类名称	描述	机械类型		危险区域等级	备注
				通用/专用	1 类裸药/2 类涉药/3 类无药		
无药部件制作	纸张加工	裁纸机	将纸张裁剪成一定规格的烟花爆竹机械	通用机械	3 类无药	无	—
	筒体制作	送纸机	将需要裁切卷筒的纸张按一定速度传送的烟花爆竹机械	通用机械	3 类无药	无	—
	筒体制作	卷筒机	将纸张卷成一定规格大小纸筒的烟花爆竹机械	通用机械	3 类无药	无	—
	筒体制作	切筒机	将长条纸筒按设定规格裁切的烟花爆竹机械	通用机械	3 类无药	无	—

续表

<table>
<tr><th colspan="2" rowspan="2">制作工序</th><th rowspan="2">机械大类名称</th><th rowspan="2">描述</th><th colspan="2">机械类型</th><th rowspan="2">危险区域等级</th><th rowspan="2">备注</th></tr>
<tr><th>通用/专用</th><th>1类裸药/2类涉药/3类无药</th></tr>
<tr><td rowspan="7">无药部件制作</td><td>筒体制作</td><td>洗筒机</td><td>将零散的纸筒通过振动等方式整理规整的烟花爆竹机械</td><td>通用机械</td><td>3类无药</td><td>无</td><td>—</td></tr>
<tr><td>筒体制作</td><td>封口机</td><td>用于将筒体筒口闭合密闭的烟花爆竹机械。无药类型有压泥底机、外筒封底机、纸筒叼底机等。涉药类型有爆竹封口机、内筒泥底机、挤引机等</td><td>通用机械</td><td>2类涉药
3类无药</td><td>无（无药）
1.3（涉药）</td><td>分为无药、涉药两种类型</td></tr>
<tr><td>筒体制作</td><td>模压机</td><td>使用模具压制组合烟花内筒（外筒）的烟花爆竹机械</td><td>组合烟花专用机械</td><td>3类无药</td><td>无</td><td>—</td></tr>
<tr><td>球壳制作</td><td>球壳机</td><td>压制半圆形礼花弹外壳的烟花爆竹机械</td><td>通用机械</td><td>3类无药</td><td>无</td><td>—</td></tr>
<tr><td>筒体制作</td><td>注塑机</td><td>通过注塑制作塑料筒体和部件的烟花爆竹机械</td><td>通用机械</td><td>3类无药</td><td>无</td><td>—</td></tr>
<tr><td>钻孔</td><td>钻孔机</td><td>在无药纸筒或含有药物的药筒上钻孔的烟花爆竹机械</td><td>通用机械</td><td>2类涉药
3类无药</td><td>无（无药）
1.1^{-1}（涉药）</td><td>无药纸筒钻孔为无药，药筒钻孔为涉药</td></tr>
<tr><td>干燥</td><td>干燥设备</td><td>将药物、半成品或产品烘干的烟花爆竹机械</td><td>通用机械或专用机械</td><td>1类裸药
2类涉药
3类无药</td><td>无（无药）
1.3（涉药）
1.1^{-1}（裸药）
1.1^{-2}（引火线）</td><td>分为无药、涉药、裸药三类通用机械。另有引火线干燥专用机械（裸药）</td></tr>
</table>

续表

制作工序		机械大类名称	描述	机械类型		危险区域等级	备注
				通用/专用	1类裸药/2类涉药/3类无药		
烟火药制造及裸药效果件制作	粉碎	粉碎机	将单一原材料粉碎的烟花爆竹机械	通用机械	3类无药	1.3	—
	筛选	筛料机	将单一原材料筛选的烟花爆竹机械	通用机械	3类无药	1.3	—
	药物混合	混药机	将氧化剂、还原剂等均匀混合成烟火药的烟花爆竹机械，有干法、湿法及筛混、搅拌等不同的运行方式	通用机械	1类裸药	1.3（湿药） 1.1^{-1}（裸药）	—
	裸药效果件制作	造粒机	将烟火药制作成颗粒状的烟花爆竹机械，有滚筒式、挤压式、模压式等不同加工方式	通用机械	1类裸药	1.1^{-1}	—
	裸药效果件制作	压药机	将烟火药（黑火药）压密实的烟花爆竹机械	通用机械	1类裸药	1.1^{-1}	—
	粒状黑火药制作	抛光机	将黑火药颗粒抛光的烟花爆竹机械	黑火药专用机械	1类裸药	1.1^{-2}	—
	引火线制作	引线机	用于生产引火线的机械，有制引机、绕引机、纸引线机、安全引线机、快速引线机等	引火线专用机械	1类裸药	1.1^{-2}	—
	引火线制作	切引机	裁切引火线的烟花爆竹机械	引火线专用机械	1类裸药	1.1^{-2}	—
产品制作	装药	装药机	将烟火药（黑火药）装入筒体（内筒、外筒）的烟花爆竹机械	通用机械	1类裸药	1.3（湿药） 1.1^{-1}（裸药）	—
	蘸（点）药	蘸药机（点尾机）	将湿药黏附在效果件，部件点火端上的烟花爆竹机械，部分机型附带撒黏黑火药的功能	通用机械	1类裸药	1.3	—
	插引、安（串）引	插引机	将引火线安装于半成品上的烟花爆竹机械	通用机械	2类涉药	1.3	—

续表

制作工序		机械大类名称	描述	机械类型		危险区域等级	备注
				通用/专用	1类裸药/2类涉药/3类无药		
产品制作	封口（底）	固引剂储存输送设备	储存固引剂并输送到封口机的烟花爆竹机械	通用机械	3类无药	无	—
	结鞭	结鞭机	由电动机驱动，经皮带、齿轮、连杆传动机器运转，能自动完成爆竹的下料、分料、织线、结鞭或粘连的机械	爆竹专用机械	2类涉药	1.3	—
	糊球	敷球机	在已装药的礼花弹弹体上按工艺要求包覆上一层牛皮纸的烟花爆竹机械	礼花类专用机械	2类涉药	1.3	—
	组装	外筒组装机	将多个半成品筒体组装在一起的烟花爆竹机械，组装时含药或使用引火线连接	组合烟花专用机械	2类涉药	1.3	—
	组装	内筒填装机	将效果件自动填装入外筒的烟花爆竹机械	组合烟花专用机械	2类涉药	1.3（单筒药量<25 g非裸药件），1.1^{-2}（单筒药量≥25 g非裸药件或裸药效果件）	—
	组装	装纸片机	在填装了黑火药或内筒的外筒内压入纸片的烟花爆竹机械	组合烟花专用机械	2类涉药	1.1^{-2}	—
	包装	包装机	按一定数量将产品包装成一个整体单元的烟花爆竹机械，包括褙皮包装机、分装包装机、贴标包装机、覆膜包装机等	通用机械	2类涉药	1.3	—

注：成套机械和机械化生产线各部分危险区域等级按该部分的最高危险区域等级确定。

二、机械设备通用安全技术 

1. 机械设备安全技术要求

（1）机械设备的外形结构应平整光滑，避免尖角和锐边。

（2）机械设备的构造应坚固耐用，在运行过程中不断裂、不散架。

（3）对运动部件（如皮带、运动齿轮等），应有安全防护装置，并设置安全警示标志，防止人员或其他物体接触，避免对人员和设备产生危害。

（4）机械设备应设有自动安全保护装置，运转不正常或温度上升太高时能自动停止运转。

（5）机械设备应设紧急停止开关，出现紧急情况时能迅速切断设备的电源，停止运转。

（6）须手工送料时，机械设备应有防护装置，避免作业人员的手受到伤害。

（7）对接触烟火药或烟火药制品的运动部件（刀、钻、针等锋利部件除外），不应直接使用易产生火花的硬质材料制造，应采用导电塑料、导电橡胶、铜、铝等材料制造，避免在运动中撞击、摩擦产生火花而发生事故，且设备应有防静电装置和接地保护。

（8）对刀、钻、针等锋利部件，直接接触烟火药和烟火药制品时应有必要措施，减小摩擦，降低温度。在1.1级场所，机械设备上使用的电机应采用防尘防爆型电机。

（9）在使用中易产生粉尘的机械设备，应设防尘或除尘装置。

2. 电气设备安全技术要求

（1）电气设备的电机

1.1^{-1}级场所除监控仪表外，一般不应装设电气设备。特殊情况下应选择适用于烟火药、黑火药等危险场所的本质安全型电气设备，并且设备应有断电保护装置，防止因断电后恢复供电造成事故。1.1级场所电气设备的电机应采用防尘防爆型电机，宜采取隔墙传动，并有可靠的接地保护装置。接地电阻应不大于10 Ω。

（2）电气设备的开关和闸盒

1.1级场所内电气设备的开关和闸盒应装于外墙安全位置，且选择防水防尘型。插座的选择应满足在断电后插头才能插入和拔出的要求。

3. 电气设备的线路

1.1^{-1} 级场所除仪表线路外，不应敷设电力和照明线路。1.1^{-2} 级场所应采用铜芯电线或电缆。1.3 级场所可采用铝线。1.1^{-2} 级和 1.3 级场所的移动电缆应采用铜芯电缆。1.1 级、1.3 级场所电气线路上应设可靠的过负荷保护装置。

4. 室内电气线路

（1）危险场所电气线路相关规定

1）危险性建筑物低压配电线路的保护应符合现行国家标准《低压配电设计规范》（GB 50054—2011）的有关规定。

2）电气线路严禁采用绝缘电线明敷或穿塑料管敷设。

3）电气线路应采用铜芯阻燃绝缘电线或铜芯阻燃电缆。

4）电气线路的电线和电缆的额定电压不得低于 450 V/750 V。保护线的额定电压应与相线相同，并应在同一钢管或护套内敷设。电话线路电线的额定电压应不低于 300 V/500 V。

5）插座回路应设置额定动作电流不大于 30 mA、瞬时切断电路的剩余电流保护器。

6）检测仪表线路可采用线芯截面不小于 1.0 mm^2 的铜芯聚氯乙烯护套内钢带铠装控制电缆，也可采用线芯截面不小于 1.5 mm^2 的铜芯阻燃绝缘电线穿镀锌焊接钢管敷设。

7）危险场所电气线路绝缘电线或电缆线芯的材质和最小截面应符合表 3-10 的规定。

表 3-10　　危险场所电气线路绝缘电线或电缆线芯的材质和最小截面

危险场所类别	绝缘电线或电缆线芯最小截面/mm^2		
	电力	照明	控制按钮
F0	—	—	铜芯，1.5
F1	铜芯，2.5	铜芯，2.5	铜芯，1.5
F2	铜芯，1.5	铜芯，1.5	铜芯，1.5

8）保护线（PE 线）截面的确定应符合现行国家标准的有关规定。

（2）危险场所电气线路穿钢管敷设规定

1）穿电线的钢管应采用公称直径不小于 15 mm 的镀锌焊接钢管，钢管间应采用螺纹连接，且连接螺纹应不少于 6 扣。在有剧烈振动的场所应设防松装置。

2）电气线路与防爆电气设备连接处必须作隔离密封。

3）电气线路宜采用明敷。

（3）危险场所电气线路电缆敷设规定

1）电缆明敷时，应采用金属铠装电缆。

2）电缆沿桥架敷设时，宜采用绝缘护套电缆，桥架应采用金属槽式结构。

3）电缆不宜敷设在电缆沟内。当必须敷设在电缆沟内时，应设置防止水及危险物质进入沟内的措施，电缆沟在过墙处应设隔板，并对孔洞严密封堵。

4）电力电缆不应有分支或中间接头。照明线路的分支接头应设在接线盒内。

5）在有机械损伤可能的部位应穿钢管保护。

（4）F0 类危险场所电气线路相关规定

1）危险场所不应敷设电力和照明线路，可敷设本工作间的控制按钮及检测仪表线路。灯具安装在固定窗外的电气线路应采用线芯截面不小于 2.5 mm^2 的铜芯绝缘电线穿镀锌焊接钢管敷设，亦可采用线芯截面不小于 2.5 mm^2 的铜芯金属铠装电缆明敷。

2）当采用穿钢管敷设时，接线盒的选型应与防爆电气设备的等级相一致。当采用铠装电缆时，与设备连接处应采用铠装电缆密封接头。

3）控制按钮线路线芯截面选择应符合表 3-10 的规定。

（5）F1 类危险场所电气线路相关规定

1）电线或电缆线芯截面选择应符合表 3-10 的规定。

2）引至 1 kV 以下的单台鼠笼型感应电动机供电回路，电线或电缆线芯截面长期允许载流量应不小于电动机额定电流的 1.25 倍。

3）移动电缆应采用线芯截面不小于 2.5 mm^2 的重型橡套电缆。

（6）F2 类危险场所电气线路相关规定

1）电气线路采用的绝缘电线或电缆的线芯截面选择应符合表 3-10 的规定。

2）引至 1 kV 以下的单台鼠笼型感应电动机供电回路，绝缘电线或电缆线芯截面长期允许载流量应不小于电动机的额定电流。当电动机经常接近满载运行时，线芯的载流量应留有适当裕量。

3）移动电缆应采用线芯截面不小于 1.5 mm^2 的中型橡套电缆。

5. 设备布置

（1）安装机械电气设备作业场所的建筑物，应满足《烟花爆竹工程设计安全规范》（GB 50161—2009）的要求。

（2）作业场所内机械电气设备应合理分开布置，留有不小于 1.5 m 宽的通道，保证人流、物流畅通，同时满足紧急情况下人员疏散的要求。

（3）存在危险的机械电气设备应设置警示标志，避免无关人员接近。

6. 使用及维修

（1）机械电气设备应在其设计范围内使用，禁止超负荷生产，禁止随意对机械电气设备进行改装和变更。

（2）机械电气设备操作人员应有与该工种相适应的劳动防护用品。作业场所内机械设备产生的噪声应小于 85 dB。

（3）制定相应机械设备的操作规程，1.1 级和 1.3 级场所使用的机械电气设备操作规程中应有防止火灾爆炸及发生火灾爆炸事故的控制措施和自救措施。1.1 级和 1.3 级场所应配备必要的消防器材。

（4）机械电气设备应定期检查，发现问题应及时维修，严禁设备带“病”运行。

（5）1.1 级和 1.3 级场所机械电气设备的维修：小型可移动的机械电气设备应该搬离作业场所进行维修；如需现场维修的，应切断设备电源，清除设备上的药尘，清理设备现场环境，确保无可燃和爆炸危险后进行。

（6）1.1 级和 1.3 级场所的机械电气设备安装和维修，应由专业人员来进行。

7. 安全标志及使用说明

（1）机械电气设备应配有相应的技术文件，其内容应包含该设备的使用说明书、设备的安全性能、安全注意事项、安装装配说明以及检修的安全要求等内容。

（2）机械电气设备易发生危险的部位，必须有安全标志或涂有安全警告色。

（3）所有机械电气设备应在主体部分的明显部位设置标牌，标牌上应有制造厂名称、注册商标、产品型号、产品序列号、生产日期、安全使用等主要参数。

三、常见机械电气设备安全技术

1. 滚筒造粒机

（1）外观质量要求

1）产品外观应整体平整，无毛刺。

2）滚筒造粒机焊接应符合《重型机械通用技术条件 第 3 部分：焊接件》（JB/T 5000.3—2007）的要求。

3）滚筒造粒机油漆应符合《金属覆盖层 锌镍合金电镀层》（JB/T 12855—2016）的要求。

（2）安全性能要求

1）支架轴承与转鼓座安装应牢固，无间隙、无振动。

2）转鼓直径不大于 80 cm。

3）转鼓材料应采用铝质、铜质或铝合金铸造件，其表面要光滑。

4）应采用防爆型电机及防爆型开关，基本技术要求应符合《旋转电机 定额和性能》（GB/T 755—2019）的规定。

5）最大转速不超过 35 r/min，转速和转鼓的角度宜能够调节。

6）运转时不应有不正常声响，单台噪声声级值不超过 85 dB。

7）支架轴承在运行过程中不能有异常升温现象。

8）造粒机电气设备必须有防护装置。

9）支架轴承必须有防护装置。

10）易损件应采用有效耐磨措施，易损件材质符合相关技术文件规定。

（3）加工装配质量

1）机器各种零件和材料必须符合本机装配和性能要求。

2）机架拼接宽度误差要小于 0.5 mm，对称穿轴孔应保证轴能轻巧运转。

3）所有轴的轴向窜动间隙应不大于 0.5 mm。

4）焊接部位应牢固，无振动脱落现象。

5）易生锈的零件要有防锈镀层。

（4）使用维护要求

1）造粒机安装应符合《烟花爆竹作业场所机械电器安全规范》（AQ 4111—2008）的要求。

2）机械设备应在其设计范围内使用，禁止超负荷生产，禁止随意对设备进行改造。

3）机械设备操作人员应使用与该工种相适应的劳动防护用品。

4）机械设备应制定与该设备相适用的操作规程，并能够使作业场所作业人员熟知和遵守。

2. 引线机

（1）外观质量要求

1）整机外观要求平整光滑，无明显划痕、毛刺和其他损伤性缺陷。

2）引线机焊接应符合《重型机械通用技术条件　第 3 部分：焊接件》（JB/T 5000.3—2007）的要求。

3）引线机应符合《金属覆盖层　锌镍合金电镀层》（JB/T 12855—2016）的要求。

（2）安全性能要求

1）引线机易影响人身安全的旋转运动部位应有安全防护装置。

2）产品运转时不应有不正常的响声，用声级计测试单台产品噪声不超过 85 dB。

3）引线机的电气设备必须有接地装置，设备安装后接地电阻不得大于 10 Ω。

（3）配套件及原材料要求

1）药斗、药杯、舀药杯应采用不产生静电和火花的材料制作。

2）线枧宜采用锡质或合金材料制成。

3）药杯中搅拌棒不得触碰药盘，搅拌棒下端应安装铝片。

4）过引芯应采用瓷质或硬质合金材料。

5）药盘应采用铝质材料制成。

6）电动机应为密封防水防尘型，基本技术要求应符合《旋转电机　定额和性能》（GB/T 755—2019）的要求。

7）所选用轴承应采用全封闭轴承，并符合《滚动轴承　通用技术规则》（GB/T 307—2017）标准要求。

（4）加工和装配要求

1）各皮带盘应平行，且对应两盘中心连线应与轴垂直，防止三角皮带偏向自行掉出。

2）对称轴穿孔要保证轴能运转灵活。

3）各传动部位应协调，速度应保持在设计范围内。

4）各关节部位能够在运动幅度内灵活运转。

5）轴承在正常运转时，不得有异常发热升温现象。

（5）安装维修要求

1）引线机安装应符合《烟花爆竹作业场所机械电器安全规范》（AQ 4111—2008）的要求。

2）引线机应单机单间安装，且应平稳牢固。

3）电动机应隔墙安装，过墙轴应套上塑料管或其他非金属材料管套，防止轴与墙摩擦。

4）引线机维修时应撤去引火线和烟火药，并将引线机和场所内清扫干净后才能进行。

3. 爆竹插引机

（1）防护装置

插引机应有防护装置，应能保护作业人员在发生意外时面部和手不被烧伤。

（2）误插率

在爆竹药饼六角分明、横竖成行的情况下，误插率应不大于1%。

（3）部件

1）裁引刀片。裁引刀片应采用锰钢材料，其表面应光滑，刀口锋利。

2）乳胶轴。乳胶轴之间应无间隙，输送的引线应不变形。

3）导引铝模。导引铝模钻孔大小应一致，并且间距相等，平面光滑，无凹凸。

4）引线调节器。引线调节器应能调整连杆与塑料齿轮盘的距离，使被切引线长短符合爆竹药饼的要求。

5）挡引板与导引槽板。挡引板与导引槽板在插引时应无间隙。

6）穿引板。穿引板应采用导静电塑料板或其他导静电材料钻孔而成。

7）机架。机架高度距离地面700~850 mm。

（4）安装与维修

1）插引机与引线应隔墙安装。

2）插引机应安装在固定位置，维修时应拆除引线。

4. 结鞭机

（1）原材料和配件要求

1）料斗应采用镀锌板、不锈钢、铝皮板等表面平整光滑的金属材料。

2）编织式结鞭机编针应采用不易升温的材质，编针在正常运转条件下，温度不超过 60 ℃。

3）编织式结鞭机的编针可能接触的部分应用不易产生火花的材料。

4）黏结式结鞭机的压材板应用不易产生火花的材料。

5）鸭嘴应用防锈、耐磨、易成型的不锈钢材料。

6）锁线头的材质应用塑料和铝质等不易发热和耐磨损材料。

7）黏结结鞭的履带齿轮间距应满足所结鞭爆竹的规格，间距不超过 2.0 cm。

8）电动机应为密封防尘型，基本技术要求应符合《旋转电机　定额和性能》（GB/T 755—2019）的规定。

9）计数器应读数清晰、准确，计数允许误差为±2%。

10）各种结鞭机的电磁铁等应能设置留空范围。

（2）加工和装配质量要求

1）机器的拼装误差要小于 0.5 mm，对称轴穿孔要保证轴能轻巧运转。

2）所有轴的轴向窜动间隙不大于 0.5 mm。

3）编织式结鞭机编针与鸭嘴的间距不小于 1.5 mm，与料槽板的间距为 1.0~2.0 mm。

4）输送带调速机构要在设计范围内调节，在每一速度都能稳定。

5）料槽调节机构要在使用的爆竹规格范围内实现自由调整。

6）料斗能在滑槽内灵活调动，摆动误差小于 1 mm。

7）部件的防锈处理应符合涂装标准要求。

8）结鞭机整机运转轻快、流畅，结鞭效率应符合设计要求。

9）结鞭机械的安装、使用和维护应遵守《烟花爆竹作业场所机械电器安全规范》（AQ 4111—2008）的要求。

（3）安全性能

1）结鞭机内部电线布局合理，且必须接地，接地电阻不大于 10 Ω。

2）机械运转部位的齿轮皮带等运动部件应设置安全防护装置，避免人员受到伤害。

3）机械运转时不应有不正常噪声，单机结鞭时机械噪声最大声级值不大于 85 dB。

4）机械安装后应满足《烟花爆竹工程设计安全规范》（GB 50161—2009）的要求。

5）机械应配置除尘装置。

6）电机电源线随机配置，且不得小于 3 m。

5. 企业内部运输车辆

（1）基本要求

1）定义和分类。烟花爆竹企业内部运输车辆是指有 4 个车轮行驶的车辆，包括驾驶人员独立座位，使用动力电池作为唯一能量来源，专用于烟花爆竹企业内部载物运输，一般设定最高车速为 20 km/h。烟花爆竹企业内部运输车辆分为防爆运输电动车辆和非防爆运输电动车辆：防爆运输电动车辆是指用于烟花爆竹生产经营区域内，运输（涉药）成品、半成品或原材料的转运车辆；非防爆运输电动车辆是指用于烟花爆竹生产经营区域内，运输无药材料的转运车辆。

2）防爆运输电动车辆基本要求如下：

①防爆运输电动车辆外观宜喷深橘黄色外漆，应设有防爆标识字样。

②货箱长度≤2 000 mm，宽度≤1 200 mm，高度≤1 200 mm。

③防爆运输电动车辆货厢关闭后应密封防水。

④货厢两侧应设有装卸外开门，货厢顶部及四周应采用双层金属板设隔热夹层，底板应铺设防静电橡胶垫（厚度≥5 mm）。

⑤整车金属材质应进行抛光除锈，货厢厢体内应喷塑烤漆处理，再刷导电层，预防静电堆聚。

⑥车体应设计有静电释放专用部件，宜采用免漆金属端子板（铜材、不锈钢材、铝材等），便于人工操作释放静电。

⑦防爆运输电动车辆专用于承载运输 1. 3 级成品与半成品时，其货厢的形式和规格可与非防爆运输电动车辆同等。

3）非防爆运输电动车辆基本要求：货箱长度≤3 000 mm，宽度≤1 500 mm，车箱护栏高度为 400 mm，可加高 1 000 mm 护栏。

（2）车棚选址

1）烟花爆竹企业内部防爆运输电动车辆、非防爆运输电动车辆停放棚应符合下列要求：

①车棚应设置在生产区域以外地面相对平坦的区域。

②不应设置在弱电或架空线下方。

③不宜与生活区、办公场所设置在同一建筑物内，不应设置在地下及半地下室内。

2）设计车棚停放车辆，各车之间宜设置高于 1 800 mm 隔墙。

3）车棚内应设置人工静电释放装置，其接地电阻≤100 Ω。

4）车棚内应配备灭火器和相应消防器材。

（3）车辆使用管理

1）运输电动车辆应以专线、专车、专用、专人驾驶的管理方式实施。驾驶人员应具有搬运、保管特种作业证，上岗前应进行驾驶培训。

2）企业区域内所有运输电动车辆，应进行统一编号，建立台账管理。

3）防爆运输电动车辆限载量应≤200 kg。

4）区域内行驶车速宜≤5 km/h。

5）运输电动车辆不应搭载人员。

6）防爆运输电动车辆可承载运输 1. 1 级成品或半成品及盛装的裸药。

7）防爆运输电动车辆承载运输 1. 3 级成品或半成品时，可采用 1. 3 级防爆专用运输电动车辆。

8）非防爆运输电动车辆不应承载涉药物料，可承载运输原辅材料、无药材料。

9）运输电动车辆严禁载物进驻车棚。进驻车棚之前应清除残渣余药。

10）运输电动车辆不应在企业以外区域行驶。

（4）维修、维护

1）运输电动车辆应在生产区域以外专设维修维护专属区域，便于日常维护与动火维修。

2）运输电动车辆半年应做一次保养，一年应做一次常规维护，并记录存档。

3）保养与维修应由专业技术人员按相关技术要求实施。

（5）车辆报废期限

1）防爆运输电动车辆报废期限为 4 年。

2）非防爆运输电动车辆报废期限为 5 年。

3）运输电动车辆因事故或其他原因造成损伤，经维修仍达不到检测安全性能要求的，应提前报废。所有报废车辆均应送至专业车辆报废回收公司处理。

第四节　烟花爆竹安全设施与器材

一、消防设备 

1. 建筑物火灾危险性分类

（1）生产的火灾危险性分类

生产的火灾危险性应根据生产中使用或产生的物质性质及其数量等因素划分，可分为甲、乙、丙、丁、戊类，具体分类见表 3-11。

表 3-11　生产的火灾危险性分类

生产的火灾危险性类别	使用或产生的物质及生产的火灾危险性特征
甲	①闪点小于 28 ℃的液体 ②爆炸下限小于 10%的气体 ③常温下能自行分解或在空气中氧化能导致迅速自燃或爆炸的物质 ④常温下受到水或空气中水蒸气的作用，能产生可燃气体并引起燃烧或爆炸的物质 ⑤遇酸、受热、撞击、摩擦、催化以及遇有机物或硫黄等易燃的无机物，极易引起燃烧或爆炸的强氧化剂 ⑥受撞击、摩擦或与氧化剂、有机物接触时能引起燃烧或爆炸的物质 ⑦在密闭设备内操作温度不小于物质本身自燃点的生产
乙	①闪点不小于 28 ℃，但小于 60 ℃的液体 ②爆炸下限不小于 10%的气体 ③不属于甲类的氧化剂 ④不属于甲类的易燃固体 ⑤助燃气体 ⑥能与空气形成爆炸性混合物的浮游状态的粉尘、纤维、闪点不小于 60 ℃的液体雾滴
丙	①闪点不小于 60 ℃的液体 ②可燃固体
丁	①对不燃烧物质进行加工，并在高温或熔化状态下经常产生强辐射热、火花或火焰的生产 ②利用气体、液体、固体作为燃料或将气体、液体进行燃烧作其他用的各种生产 ③常温下使用或加工难燃烧物质的生产
戊	常温下使用或加工不燃烧物质的生产

同一座厂房或厂房的任一防火分区内有不同火灾危险性生产时，厂房或防火分区内的生产火灾危险性类别应按火灾危险性较大的部分确定；当生产过程中使用或产生易燃、可燃物的量较少，不足以构成爆炸或火灾危险时，可按实际情况确定；当符合下述条件之一时，可按火灾危险性较小的部分确定：

1）火灾危险性较大的生产部分占本层或本防火分区建筑面积的比例小于5%或丁、戊类厂房内的油漆工段小于10%，且发生火灾事故时不足以蔓延至其他部位或火灾危险性较大的生产部分采取了有效的防火措施。

2）丁、戊类厂房内的油漆工段采用封闭喷漆工艺，封闭喷漆空间内保持负压，油漆工段设置可燃气体探测报警系统或自动抑爆系统，且油漆工段占所在防火分区建筑面积的比例不大于20%。

（2）储存物品的火灾危险性分类

储存物品的火灾危险性应根据储存物品的性质和储存物品中的可燃物数量等因素划分，可分为甲、乙、丙、丁、戊类，具体分类见表3-12。

表3-12　储存物品的火灾危险性分类

储存物品的火灾危险性类别	储存物品的火灾危险性特征
甲	①闪点小于28 ℃的液体 ②爆炸下限小于10%的气体，受到水或空气中水蒸气的作用能产生爆炸下限小于10%气体的固体物质 ③常温下能自行分解或在空气中氧化能导致迅速自燃或爆炸的物质 ④常温下受到水或空气中水蒸气的作用，能产生可燃气体并引起燃烧或爆炸的物质 ⑤遇酸、受热、撞击、摩擦以及遇有机物或硫黄等易燃的无机物，极易引起燃烧或爆炸的强氧化剂 ⑥受撞击、摩擦或与氧化剂、有机物接触时能引起燃烧或爆炸的物质
乙	①闪点不小于28 ℃，但小于60 ℃的液体 ②爆炸下限不小于10%的气体 ③不属于甲类的氧化剂 ④不属于甲类的易燃固体 ⑤助燃气体 ⑥常温下与空气接触能缓慢氧化，积热不散引起自燃的物品
丙	①闪点不小于60 ℃的液体 ②可燃固体
丁	难燃烧物品
戊	不燃烧物品

1）同一座仓库或仓库的任一防火分区内储存不同火灾危险性物品时，仓库或防火分区的火灾危险性应按火灾危险性最大的物品确定。

2）对于丁、戊类储存物品仓库的火灾危险性，当可燃包装质量大于物品本身质量的1/4或可燃包装体积大于物品本身体积的1/2时，应按丙类确定。

2. 烟花爆竹生产经营消防要求

（1）烟花爆竹生产项目和经营批发仓库必须设置消防给水设施。消防给水可采用消火栓、手抬机动消防泵等不同形式的给水系统。

（2）消防给水的水源必须充足可靠。当利用天然水源时，在枯水期应有可靠的取水设施；当水源来自市政给水管网而厂区内无消防蓄水设施时，消防给水管网应设计成环状，并有两条输水干管接自市政给水管网；当采用自备水源井时，应设置消防蓄水设施。

（3）当厂区内设置蓄水池或有天然河、湖、池塘可利用时，应设有固定式消防泵或手抬机动消防泵。消防泵宜设有备用泵。

（4）危险品生产厂房和中转库的室外消防用水量，应按甲类建筑物的规定执行。

当单个建筑物的体积均不超过300 m^3 时，室外消防用水量可按10 L/s计算，消防延续时间可按2 h计算。

（5）1.3级厂房宜设室内消火栓系统，室内消火栓系统的设置应符合现行国家标准对甲类建筑物的规定。

（6）易发生燃烧事故的工作间宜设置雨淋灭火系统，并应符合下列规定：

1）存药量大于1 kg且为单人作业的工作间内，宜在工作台上方设置手动控制的雨淋灭火系统或翻斗水箱等相应灭火设施。翻斗水箱容积应根据工作台面积，按16 L/m^2 计算确定。

2）作业人员少于6人，建筑面积大于9 m^2 且小于60 m^2 的工作间内，宜设置手动控制的雨淋灭火系统，消防延续时间按30 min计算。

3）雨淋灭火系统的喷水强度不宜低于16 L/（min·m^2），最不利点的喷头压力不宜低于0.05 MPa。

（7）对产品或原料与水接触能引起燃烧、爆炸或助长火势蔓延的厂房，不应设置以水为灭火剂的消防设施，应根据产品和原料的特性选择灭火剂和消防设施。

（8）根据当地消防供水条件，危险品总仓库区可设消防蓄水池、高位水池、室外消火栓或利用天然河、塘。室外消防用水量应按现行国家标准中甲类仓库的规定执行，消防延续时间按 3 h 计算。供消防车或手抬机动消防泵取水的消防蓄水池的保护半径应不大于 150 m。

（9）消防储备水应有平时不被动用的措施。使用后的补给恢复时间不宜超过 48 h。

（10）烟花爆竹生产项目和经营批发仓库宜按现行国家标准《建筑灭火器配置设计规范》（GB 50140—2005）的有关规定配置灭火器。

二、防护屏障

1. 防护屏障及其防护范围

（1）防护屏障的形式应根据总平面布置、运输方式、地形条件、建筑物内计算药量等因素确定。防护屏障可采用防护土堤、钢筋混凝土防护屏障或夯土防护墙等形式。防护屏障的设置，应能对本建筑物及邻近建筑物起到防护作用。

（2）防护屏障的防护范围应按如图 3-3 所示确定。

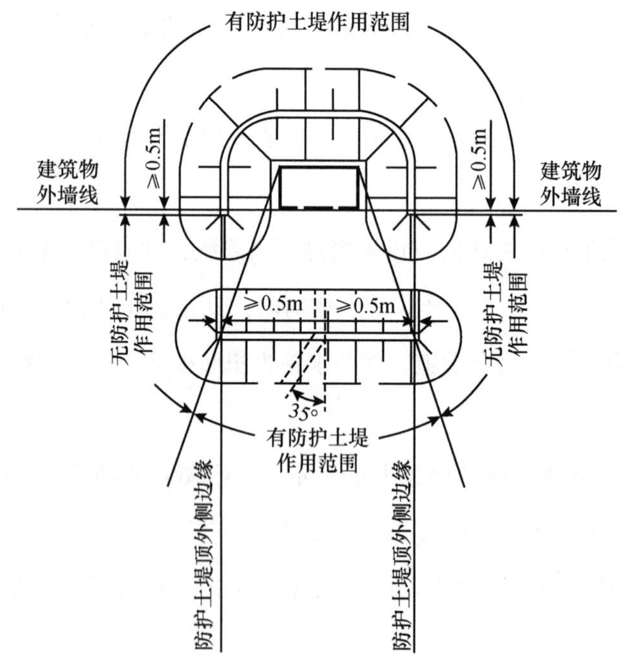

图 3-3　防护屏障的防护范围

（3）“一字防护土挡墙”防护屏障的防护要求如图 3-4 所示。

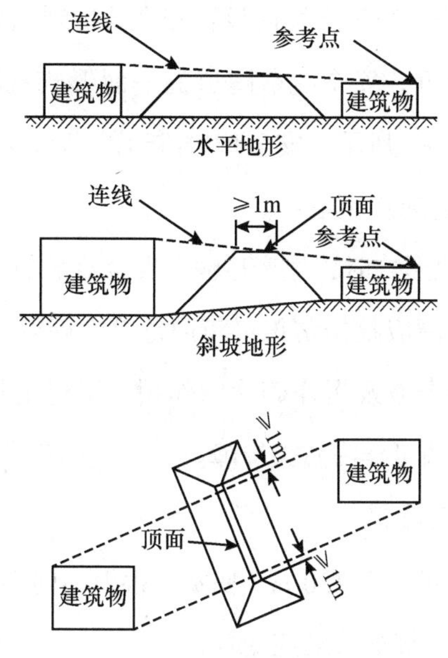

图 3-4　“一字防护土挡墙”防护屏障的防护要求

2. 防护屏障的设置

（1）危险品生产区和危险品总仓库区防护屏障的设置应符合下列规定：

1）1.1 级建筑物应设置防护屏障。

2）1.1 级建筑物内计算药量小于 100 kg 时，可采用夯土防护墙。

3）1.3 级建筑物可不设置防护屏障。

（2）防护屏障内坡脚与建筑物外墙之间的水平距离应符合下列规定：

1）有运输或特殊要求的地段，其距离应按最小使用要求确定，但应不大于 9 m，并适当增加防护屏障高度。

2）无运输或特殊要求时，其距离应不大于 3 m，且不宜小于 1.5 m。

（3）防护屏障的高度应不低于防护屏障内危险性建筑物侧墙顶部与被保护建筑物屋檐或道路中心线上 3.7 m 处之间连线的高度，并应符合图 3-3 和图 3-4 的规定。

（4）防护屏障的设置应满足生产运输及安全疏散的要求，并应符合下列规定：

1）当防护屏障采用防护土堤时，应设置运输通道或运输隧道。运输通道和运输隧道应满足运输要求，并应使防护土堤的无防护作用区最小。汽车运输通道净宽度不宜大于 5 m。汽车运输隧道净宽度宜为 3.5 m，净高度不宜小于 3.0 m，应采用钢筋混凝土结构。运输中有可能撒落药粉的隧道地面，应采用不发生火花地面，且不应设置台阶。

2）当在危险品生产厂房的防护土堤内设置安全疏散隧道时，安全疏散隧道应设置在危险品生产厂房安全出口附近。安全疏散隧道的平面形式宜将内端的一半与土堤垂直，外端的一半成35°角，如图3-3所示。安全疏散隧道的净高度不宜小于2.2 m，净宽度宜为1.5 m。安全疏散隧道不得兼作运输用。

3）当防护屏障采用其他形式时，生产运输及安全疏散的要求由抗爆设计确定。

（5）钢筋混凝土防护屏障应根据防护屏障内危险性建筑物的计算药量由抗爆设计确定，并应满足抗爆炸空气冲击波及爆炸碎片的作用。当建筑物外墙为钢筋混凝土墙，且满足抗爆设计要求时，该外墙可作为防护屏障。

3. 防护土堤的构造及其设置

（1）防护土堤的顶宽应不小于1.0 m，底宽应根据不同土质材料确定，但应不小于防护土堤高度的1.5倍。防护土堤的边坡应稳定。

（2）在取土困难地区，可在防护土堤内坡脚处砌筑高度不大于1.0 m的挡土墙，外坡脚处砌筑高度不大于2.0 m的挡土墙；在特殊困难情况下，允许在防护土堤底部距建筑物地面标高1.0 m范围内填筑块状材料。

（3）夯土防护墙的顶宽应不小于0.7 m，墙高应不大于4.5 m，边坡度宜为1∶（0.2~0.25），应采用灰土为填料，地面至地面以上0.5 m范围内墙体应采用砌体或石块砌护墙。

三、抗爆间室和抗爆屏院

1. 墙厚和屋盖要求

抗爆间室墙厚及屋盖应根据设计药量计算后确定，并应符合下列规定：

（1）当设计药量大于1 kg时，抗爆间室的墙及屋盖应采用现浇钢筋混凝土结构，墙厚不宜小于300 mm。

（2）当设计药量不大于1 kg时，抗爆间室的墙及屋盖宜采用现浇钢筋混凝土结构，墙厚应不小于200 mm。

（3）当设计药量不大于1 kg时，抗爆间室的墙及屋盖可采用钢板或组合钢板结构。

2. 墙厚和屋盖计算

抗爆间室的墙（不包括轻型窗所在墙）和屋盖计算应符合下列规定：

（1）在设计药量爆炸空气冲击波和破片的局部作用下，不应产生震塌、飞散和穿透。

（2）在设计药量爆炸空气冲击波的整体作用下，允许产生一定的残余变形。按使用要求，抗爆间室的墙和屋盖按弹性或弹塑性理论设计。

（3）抗爆间室朝室外的一面应设置轻型窗。窗台的高度不应高于室内地面 0.4 m。

3. 抗爆屏院安全要求

在抗爆间室轻型窗的外面应设置现浇钢筋混凝土抗爆屏院，并应符合下列规定：

（1）抗爆屏院的平面形式和最小进深应符合表 3-13 的规定。

表 3-13　　抗爆屏院的平面形式和最小进深

设计药量/kg	<3	≥3 且<15	≥15 且<30	≥30 且<50
平面形式	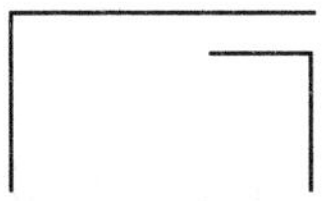		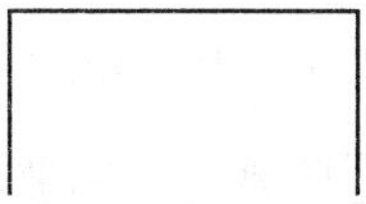	
最小进深/m	3	4	5	6

（2）抗爆屏院的高度应不低于抗爆间室的檐口高度。当抗爆屏院的进深超过 4 m 时，抗爆屏院中墙高度应增高，增加的高度应不小于进深超过量的 1/2，抗爆屏院边墙由抗爆间室的檐口高度逐渐增加至屏院中墙高度。

（3）当采用平面形式为“　　”的抗爆屏院时，在轻型窗处宜设置进出抗爆屏院的出入口。

4. 危险品生产厂房抗爆间室安全要求

危险品生产厂房中，采用抗爆间室时应符合下列规定：

（1）抗爆间室之间或抗爆间室与相邻工作间之间不应设地沟相通。

（2）输送有燃烧爆炸危险物料的管道，在未设隔火隔爆措施的条件下，不应通过或进出抗爆间室。

（3）当输送没有燃烧爆炸危险物料的管道必须通过或进出抗爆间室时，应在穿墙处采取密封措施。

（4）抗爆间室的门、操作口、观察孔和传递窗的结构应能满足抗爆及不传爆的要求。

（5）抗爆间室门的开启应与室内设备动力系统的启停进行联锁。

（6）抗爆间室的墙高出厂房相邻屋面应不少于 0.5 m。

（7）当危险品仓库均采用抗爆间室时，可不设置抗爆屏院，结构可按不殉爆设计。

四、通风与空气调节

1. 采暖

（1）当危险性建筑物需采暖时，宜采用散热器采暖，严禁使用火炉或其他明火采暖，并应符合下列规定：

1）黑火药生产的 1.1^{-2} 级厂房、烟火药生产的 1.1^{-1} 级厂房及其他危险品生产中危险品呈干燥松散和裸露状态的厂房，采暖热媒应采用不高于 90 ℃的热水。

2）黑火药制品和烟火药制品加工的生产厂房，采暖热媒宜采用不高于 110 ℃的热水或压力不大于 0.05 MPa 的低压蒸汽。

（2）危险性建筑物散热器采暖系统的设计应符合下列规定：

1）散发燃烧爆炸危险性粉尘的厂房，散热器应采用光面管或其他易于擦洗的散热器，不应采用带肋片或柱形散热器。散热器和采暖管道外表面油漆颜色与燃烧爆炸危险性粉尘的颜色应有所区别。

2）散热器外表面距墙内表面应不小于 60 mm，距地面不宜小于 100 mm，散热器不应设在壁龛内。

3）抗爆间室的散热器不应设在轻型面。采暖干管不应穿过抗爆间室的墙，抗爆间室内散热器支管上的阀门应设在操作走廊内。

4）采暖管道不应设在地沟内。当必须设在过门地沟内时，应对地沟采取密闭措施。

5）蒸汽或高温水管道的入口装置和换热装置不应设在危险工作间内。

（3）当危险性建筑物采用热风采暖时，送风温度宜大于 35 ℃并小于 70 ℃。热风采暖系统的设置应符合通风有关规定。

2. 通风和空气调节

（1）在危险品生产厂房内，对散发燃烧爆炸危险性粉尘或气体的设备和操作岗位宜设局部排风，并宜分别设置。

（2）危险品生产厂房的通风和空气调节系统设计应符合下列规定：

1）散发燃烧爆炸危险性粉尘或气体厂房的通风和空气调节系统应采用直流式，其送风机的出口应装止回阀。

2）散发燃烧爆炸危险性粉尘或气体的厂房内，通风和空气调节系统风管上的调节阀应采用防爆型。

（3）黑火药生产厂房内不得设计机械通风。

（4）空气中含有燃烧爆炸危险性粉尘或气体的厂房中，机械排风系统的设计应符合下列要求：

1）排出燃烧爆炸危险性粉尘或气体的风机及其电机应采用防爆型，且电机和风机应直联。

2）含有燃烧爆炸危险性粉尘的空气应经过除尘处理后再排入大气，除尘处理宜采用湿法方式。当粉尘与水接触能引起爆炸或燃烧时，不应采用湿法除尘。除尘装置应置于排风系统的负压段上，且排风机应采用防爆型。

3）水平风管内的风速应按燃烧爆炸危险性粉尘不在风管内沉积的原则确定。水平风管应设有不小于1%的坡度。

4）排风管道不宜穿过与本排风系统无关的房间。

（5）危险品生产厂房的通风和空气调节机室应单独设置，不应与危险性工作间相通，且应设置单独的外门。

（6）各抗爆间室之间、抗爆间室与其他工作间及操作走廊之间不应有风管、风口相连通。

（7）散发燃烧爆炸危险性粉尘厂房内的通风、空气调节系统的风管不宜暗设。

（8）危险性建筑物中，送、排风管道宜采用圆形截面风管，风管上应设置检查孔，并架空敷设；风管应采用不燃烧材料制作，且风管和设备的保温材料也应采用不燃烧材料。风管涂漆颜色与燃烧爆炸危险性粉尘的颜色应易于分辨。

五、防雷

1. 危险性建筑物防雷类别

危险场所划分为F0、F1、F2三类，并应符合下列规定：

（1）F0类：经常或长期存在能形成爆炸危险的黑火药、烟火药及其粉尘的危险场所。

（2）F1类：在正常运行时可能形成爆炸危险的黑火药、烟火药及其粉尘的危险场所。

（3）F2类：在正常运行时能形成火灾危险，而爆炸危险性极小的危险品及粉尘的危险场所。

（4）各类危险场所均以工作间（或建筑物）为单位。

（5）生产、加工、研制危险品的工作间（或建筑物）危险场所分类和防雷类别应符合表3-14的规定。储存危险品的场所、中转库和仓库危险场所分类和防雷类别应符合表3-15的规定。

表3-14　生产、加工、研制危险品的工作间（或建筑物）危险场所分类和防雷类别

序号	危险品名称	工作间（或建筑物）名称	危险场所分类	防雷类别
1	黑火药	药物混合（硝酸钾与碳、硫球磨）、潮药装模（或潮药包片）、压药、拆模（撕片）、碎片、造粒、抛光、浆药、干燥、散热、筛选、计量包装	F0	一
		单料粉碎，筛选，干燥，称料，硫、碳二成分混合	F2	二
2	烟火药	药物混合、造粒、筛选、制开球药、压药、浆药、干燥、散热、计量包装、褙药柱（药块）、湿药调制、烟雾剂干燥、散热、包装	F0	一
		氧化剂、可燃物的粉碎与筛选，称料（单料）	F2	二
3	引火线	制引、浆引、漆引、干燥、散热、绕引、定型截割、捆扎、切引、包装	F1	一
4	爆竹类	装药	F0	一
		插引（含机械插引、手工插引和空筒插引）、挤引、封口、点药、结鞭	F1	二
		包装	F2	二
5	组合烟花类、内筒型小礼花类	装药、筑（压）药、内筒封口（压纸片、装封口剂）	F0	一
		已装药部件钻孔，装单个裸药件，单发药量≥25 g非裸药件组装，外筒封口（压纸片）	F1	一
		蘸药、安引、组盆串引（空筒）、单筒药量<25 g非裸药件组装、包装	F2	二
6	礼花弹类	装球、包药	F0	一
		组装（含安引、装发射药包、串球）、剖引（引线钻孔）、球干燥、散热、包装	F1	一
		空壳安引、糊球	F2	二

续表

序号	危险品名称	工作间（或建筑物）名称	危险场所分类	防雷类别
7	吐珠类	装（筑）药	F0	一
		安引（空筒）、组装、包装	F2	二
8	升空类（含双响炮）	装药、筑（压）药	F0	一
		包药、装裸药效果件（含效果药包）、单个药量≥30 g非裸药件组装	F1	一
		安引、单个药量<30 g非裸药效果件组装（含安稳定杆）、包装	F2	二
9	旋转类（旋转升空类）	装药、筑（压）药	F0	一
		已装药部件钻孔	F1	一
		安引、组装（含引线、配件、旋转轴、架）、包装	F2	二
10	喷花类和架子烟花	装药、筑（压）药	F0	一
		已装药部件的钻孔	F1	一
		安引、组装、包装	F2	二
11	线香类	装药	F0	一
		干燥、散热	F1	二
		粘药、包装	F2	二
12	摩擦类	雷酸银药物配制、拌药砂、发令纸干燥	F0	一
		机械蘸药	F1	一
		包药砂、手工蘸药、分装、包装	F2	二
13	烟雾类	装药、筑（压）药	F0	一
		球干燥、散热	F1	二
		糊球、安引、组装、包装	F2	二
14	造型玩具类	装药、筑（压）药	F0	一
		已装药部件钻孔	F1	一
		安引、组装、包装	F2	二
15	电点火头	蘸药、干燥（晾干）、检测、包装	F2	二

注：①表中装药、筑（压）药包括烟火药、黑火药的装药、筑（压）药。

②当生产工序危险等级分类为1.1级建筑物同时满足总存药量小于10 kg、单人操作、建筑面积小于12 m^2时，其防雷类别可划为二类。

③表中未列品种、加工工序，其危险场所分类和防雷类别划分可参照本表确定。

表 3-15　　储存危险品的场所、中转库和仓库危险场所的分类和防雷类别

场所（或建筑物）名称	危险场所分类	防雷类别
烟火药（包括裸药效果件），开球药，黑火药，引火线，未封口含药半成品，单个装药量在 40 g 及以上已封口的烟花半成品及含爆炸音剂、笛音剂的半成品，已封口的 B 级爆竹半成品，A、B 级成品（喷花类除外），单筒药量在 25 g 及以上的 C 级组合烟花类成品	F0	一
电点火头，单个装药量在 40 g 以下已封口的烟花半成品（不含爆炸音剂、笛音剂），已封口的 C 级爆竹半成品，C、D 级成品（其中，组合烟花类成品单筒药量在 25 g 以下），喷花类产品	F1	二

2. 建筑物防雷基本规定

（1）各类防雷建筑物应设防直击雷的外部防雷装置，并应采取防闪电电涌侵入的措施。

（2）各类防雷建筑物应设内部防雷装置，并应符合下列规定：

1）在建筑物的地下室或地面层处，下列物体应与防雷装置做防雷等电位连接：

①建筑物金属体。

②金属装置。

③建筑物内系统。

④进出建筑物的金属管线。

2）除上述措施外，外部防雷装置与建筑物金属体、金属装置、建筑物内系统之间，应满足间隔距离的要求。

（3）《建筑物的防雷设计规范》（GB 50057—2010）所规定的第二类防雷建筑物应采取防雷击电磁脉冲的措施。其他各类防雷建筑物，当其建筑物内系统所接设备的重要性高，以及所处雷击磁场环境和加于设备的闪电电涌无法满足要求时，也应采取防雷击电磁脉冲的措施。

（4）在工程设计阶段不知道电子系统的规模和具体位置时，若预计将来会有需要防雷击电磁脉冲的电气和电子系统，应在设计时将建筑物的金属支撑物、金属框架或钢筋混凝土的钢筋等自然构件、金属管道、配电的保护接地系统等与防雷装置组成一个接地系统，并应在需要之处预埋等电位连接板。

（5）当电源采用 TN 系统[①]时，从建筑物总配电箱起供电给本建筑物内的配电线路和分支线路必须采用 TN-S 系统[②]。

3. 危险性建筑物防雷安全要求

（1）变电所引至危险性建筑物的低压供电系统宜采用 TN-C-S[③] 接地形式，从建筑物内总配电箱开始引出的配电线路和分支线路必须采用 TN-S 系统。

（2）危险性建筑物内电气设备的工作接地、保护接地、防雷电感应等接地、防静电接地、信息系统接地等应共用接地装置，接地电阻值应取其中最小值。

（3）危险性建筑物内穿电线的钢管、电缆的金属外皮、除输送危险物质外的金属管道、建筑物钢筋等设施均应等电位联结。

（4）危险性建筑物总配电箱内应设置电涌保护器。

（5）当危险场所设有多台需要接地的设备且位置分散时，工作间内应设置构成闭合回路的接地干线。接地体宜沿建筑物墙外埋地敷设，并应构成闭合回路，且每隔 18~24 m 室内与室外连接一次，每个建筑物的连接应不少于两处。

（6）架空敷设的金属管道应在进出建筑物处与防雷电感应的接地装置相连接。距离建筑物 100 m 内的金属管道应每隔 25 m 左右接地一次，其冲击接地电阻应不大于 20 Ω。埋地或地沟内敷设的金属管道在进出建筑物处亦应与防雷电感应的接地装置相连。

（7）平行敷设的金属管道，当其净距小于 100 mm 时，应每隔 25 m 左右用金属线跨接一次；当交叉净距小于 100 mm 时，其交叉处亦应跨接。

六、防静电

在烟花爆竹生产、搬运、装卸等作业过程中，药物或操作人员都可能产生静电电荷聚积。当聚积的电荷引发静电放电，产生的电火花能量大于烟火药或黑火药的最小点燃能量时，将会引起燃烧或爆炸。

① TN 系统即电源中性点直接接地，设备外露可导电部分与电源中性点直接电气连接的系统。

② TN-S 系统是把工作零线 N 和专用保护线 PE 严格分开的供电系统。

③ TN-C-S 系统是指 PE 线与 N 线前段共用、后段分开的保护接零系统。

1. 预防静电危害的基本方法

（1）接地法

1）直接静电接地。在易燃易爆场所严禁存在孤立导体，生产设备或器具上的所有非带电金属体应通过金属导体进行直接静电接地，使其在生产过程中不易积累静电。

2）间接静电接地。在易燃易爆场所中的作业人员及非金属物品，应采用防静电材料或不易产生静电的材料进行间接静电接地。例如，在工作台和作业场所地面上铺设防静电材料，这样可防止生产过程中的静电积累。

（2）增湿法

空气相对湿度高可使带电体表面吸附一定量的水分，降低其表面电阻率，静电更易于泄漏进入大地或相互中和，达到有效消除静电的目的。采用增湿法来消除静电时，应尽量采用局部增湿法，如在易产生静电的工房利用增湿法增加相对湿度，这样可大大降低可能产生的静电电压。

2. 预防静电危害的技术措施

（1）静电接地

1）对易燃易爆场所设备设施中的非带电金属体，如球磨机、筛药机、造粒机等设备上的金属部件，应进行直接静电接地，接地电阻值应小于 100 Ω。在山区等土壤电阻率较高的地区，接地电阻值应不大于 1 000 Ω。

2）直接静电接地线可使用三相五线制供电系统中的 PE 线，但严禁使用三相四线制供电系统中的零线。

3）直接静电接地线可使用设备的接地线或防感应雷的接地线，但严禁使用防直击雷的接地线。

4）在易燃易爆场所中，工作台和作业场所地面上应铺设防静电材料，防静电材料的接地电阻值应为 $5\times10^{4}\sim1\times10^{9}$ Ω。

5）工作台上的防静电材料宜通过金属导体进行接地，当防静电材料与接地导体连接时，其紧密接触面积应不小于 20 cm^2。

（2）增加空气的湿度

1）在易产生静电的工艺过程或作业场所，如粉碎、筛分、混药和装药等工房，在工艺条件允许前提下，宜采用保持地面潮湿或增湿机等方式，增加空气湿度到60%及以上。

2）在清扫工房、车间时，宜采用湿法清洁，如用水冲洗。

（3）减少和预防人体静电

1）在易燃易爆场所，作业人员严禁穿化纤、丝绸、毛料等材质的服装，应穿防静电工作服或纯棉工作服。

2）在易燃易爆场所，作业人员严禁穿绝缘鞋，严禁戴绝缘手套和帽子，应穿防静电工作鞋，戴棉制品手套和棉制品工作帽。

3）在易燃易爆场所，作业人员动作应平缓，严禁跑、跳等剧烈运动，严禁做穿脱衣帽、梳头及类似动作。

4）作业人员进入易燃易爆场所前，应进行必要的人体静电检测。检测参数包括人体对地电阻、人体静电电位及人体静电能。作业人员的人体对地电阻应为$1\times10^{5}\sim1\times10^{9}$ Ω，静电电位应小于1 000 V，静电能应低于0.2 mJ。如果作业人员的静电参数不在规定范围内，应禁止其进入易燃易爆场所。在更换着装后应重新进行测量，符合要求后方能进入厂房。

3. 作业场所的防静电措施

（1）危险场所中可导电的金属设备、金属管道、金属支架及金属导体均应进行直接静电接地。

（2）静电接地系统应与电气设备的保护接地共用同一接地装置。

（3）危险场所中不能或不宜直接接地的金属设备、装置等，应通过防静电材料间接接地。

（4）当危险场所采用防静电地面及工作台面时，其静电泄漏电阻值应控制在$5\times10^{4}\sim1\times10^{6}$ Ω。

（5）危险场所需要采用空气增湿方法泄漏静电时，其室内空气相对湿度宜为60%。黑火药生产的危险场所空气相对湿度应为65%。当工艺有特殊要求时可按工艺要求确定。

（6）危险场所不应使用静电非导体材料制作的工装器具。当必须使用静电非导体材料制作的工装器具时，应对其进行导静电处理，使其静电泄漏电阻值符合要求。

（7）黑火药、烟火药生产危险场所入口处的外墙外侧应设置人体综合电阻监测仪和人体静电指示及释放仪，在其附近宜设置备用接地端子。

4. 工艺操作中的防静电措施

（1）在烟花爆竹的生产过程中，除严格按照《烟花爆竹作业安全技术规程》（GB 11652—2012）的规定进行操作外，在某些因摩擦而极易产生静电的工序，如粉碎、筛分、混药和装药等工序中，操作速度不能过快，操作完成后，须静置 2~3 min，方能进入下一步工序。

（2）在极易产生静电的工序中，所使用的设备和器具应严格采用防静电或不易产生静电的材质。例如，在烟火药各成分的干法混合工序中，宜采用木转鼓、纸转鼓、导电橡胶转鼓等设备。

（3）装药、筑药工具应采用木、铜、铝或其他不发火材料，严禁使用易产生撞击火花的黑色金属等。

（4）生产工序中的接料小车、运输小车、接料箱、检药盘、装药箱等器具，应选用防静电材料制作，并应可靠接地。

（5）在各道工序中严禁拖、拉等极易产生静电的动作。

5. 预防静电危害的管理措施

（1）制定防静电危害实施方案

在易燃易爆场所，应制定静电危害控制方案，并将其作为单位内部管理规范性文件的一部分，具体内容如下：

1）可能产生的静电危害。

2）静电危害的表现形式。

3）静电危害的产生原因。

4）静电危害的控制措施。

5）人员的培训计划。

6）防静电措施的验证。

（2）人员培训

在易燃易爆场所工作的人员，应定期进行防静电危害培训，培训应同本单位的实际工作相结合，培训的内容应包括法律法规知识、防静电措施的执行方法、必要的演练及知识的补充。

（3）防静电检测

烟花爆竹作业场所需定期进行相应的防静电检测，检测的主要项目包括直接和间接接地装置的接地电阻、防静电工作服带电电荷量、防静电鞋电阻及人体综合电阻。

（4）防静电设施的检查和维护

对所有防静电设施（包括设备、装置及防护用品等），应进行定期检查和维护，建立相应的档案。凡不符合技术要求的，应对其静电安全性和危害程度进行分析，及时采取防范措施。

第四章　生产安全事故预防

第一节　生产安全事故概述

一、事故的概念

事故是指在人们的生产或者生活活动中，突然发生的、违背人们意愿的，迫使活动暂时或者永久停止，可能造成人员伤亡、财产损失或者环境污染的意外事件。生产安全事故是指生产经营活动（包括与生产经营有关的活动）中，突然发生的伤害从业人员人身安全和健康或者损坏设备、设施造成经济损失，导致原活动暂时或永久停止的意外事件。《生产安全事故报告和调查处理条例》（国务院令第 493 号）中，将生产安全事故定义为生产经营活动中发生的造成人身伤亡或直接经济损失的事件。

事故是一种发生在生产、生活活动中的特殊事件，并且随时都有可能发生。因此，人们若想把活动按照自己的意图进行下去，就必须认识事故，努力采取措施来预防事故的发生。

二、与事故相关的常用名词及其定义

1. 危险物品

危险物品是指易燃易爆物品、危险化学品、放射性物品等能够危及人身安全和财产安全的物品。

2. 危险源

对于危险源的定义，目前有两种不同的观点。一种观点认为，危险源是指可能造成人身伤害、职业病、经济损失、作业环境破坏或其他损失的根源或状态。另一种观点则认为，危险源是指在一个系统中具有潜在能量和物质释放危险的，或者是在一定的触发因素作用下可转化为事故的部位、区域、场所、空间、岗位和设备。危险源的实质是具有潜在危险的源点及其部位，是爆发事故的源头，是能量、危险物质集中的核心，是能量传出来或爆发的地方。

因此，一个确定的系统中，不同的系统范围，危险源也不同。例如，从全国范围来说，可能危险行业（如石油、化工等）中的某个企业（如炼油厂）就是危险源；从一个企业范围来说，可能某个车间、仓库就是危险源；从一个车间范围来说，可能某台设备就是危险源。因此，应按系统的不同层次来进行危险源分析。危险源包含 3 个构成要素，即潜在危险性、存在条件和触发因素。

3. 重大危险源

《安全生产法》规定，重大危险源是指长期地或者临时地生产、搬运、使用或者储存危险物品，且危险物品的数量等于或者超过临界量的单元（包括场所和设施）。

《危险化学品重大危险源辨识》（GB 18218—2018）中将危险化学品重大危险源定义为长期地或临时地生产、储存、使用和经营危险化学品，且危险化学品的数量等于或超过临界量的单元。

4. 事故隐患

事故隐患是指作业场所、设备或设施的不安全状态，人的不安全行为和管理上的缺陷。

5. 重大事故隐患

重大事故隐患是可能导致重大人身伤亡或者重大经济损失的事故隐患。根据作业场所、设备或设施的不安全状态，人的不安全行为和管理上的缺陷，以及可能导致事故损失的程度，将事故隐患分为两级，即特别重大事故隐患和重大事故隐患。

（1）特别重大事故隐患是指可能造成死亡 50 人以上或直接经济损失 1 000 万元以上的事故隐患。

（2）重大事故隐患是指可能造成死亡 10 人以上或直接经济损失 500 万元以上的事故隐患。

6. 危险、有害因素

危险因素是指能对人造成伤亡或对物造成突发性损坏的因素。

有害因素是指能影响人的身体健康、导致疾病或对物造成慢性损坏的因素。

危险、有害因素主要指客观存在的危险、有害物质或能量超过一定限值的设备、设施和场所等。

7. 危险性

危险性是指某种危险源导致事故、造成人员伤亡或经济损失的可能性。一般来说，危险性包括危险源导致事故的可能性和一旦发生事故造成人员伤亡或经济损失的严重程度两个方面的问题。

8. 事故

事故是指系统运行过程中发生意外的、突发的事件的统称，通常会使系统的正常运行中断，造成人员伤亡或经济损失，甚至使环境遭到破坏。

9. 重大事故

重大事故是指工业活动中发生的重大火灾、爆炸或毒物泄漏，并给现场人员或公众带来严重危害，或对经济造成重大损失，对环境造成严重污染的事故。

10. 危险化学品事故

危险化学品事故是指由一种或数种化学品或其反应造成能量意外释放导致的人员伤亡、经济损失或环境污染事故。

11. 危险源辨识

危险源辨识是指识别危险源的存在并确定其性质的过程。

12. 危险源控制

危险源控制是指利用工程技术和管理手段消除、控制危险源，防止危险源导致事故、造成人员伤亡和经济损失的工作。

13. 应急预案

应急预案又称应急计划，是指针对可能发生的重大事故（件）或灾害，为保障迅速、有序、有效地开展应急与救援行动，降低事故损失而预先制订的有关计划或方案。它是在辨识和评估潜在的重大事故的类型、发生可能性、发生过程、后果及严重程度的基础上，对应急机构的职责、人员、技术、装备、设施（备）、物资、救援行动及其指挥与协调等方面预先作出的具体安排。它明确了在突发事故发生之前、发生过程中以及刚刚结束之后，谁负责、做什么、何时做，以及相应的策略和资源准备等。

突发公共事件应急预案体系由总体应急预案、专项应急预案、部门应急预案、地方应急预案、企事业单位应急预案、重大活动应急预案六大类构成。

14. 应急救援

应急救援是指事故发生时，应急救援机构及其人员所采取的消除、减少事故危害和防止事故恶化，最大限度地降低事故损失的措施和行动。

15. 应急救援体系

应急救援体系是指为保障应急救援预案的具体落实所需的组织、人力、物力等各种要素及其调配关系的总和，是应急预案能够落实的基础配置。

16. 应急管理

应急管理是指政府及其他公共机构在突发公共事件的事前预防、事发应对、事中处置和善后管理过程中，建立必要的应急机制，采取一系列必要的措施，保障公众生命和财产安全，促进社会和谐健康发展的有关活动。应急管理是对突发公共事件的全过程管理，根据突发公共事件的预警、发生、缓解和善后4个发展阶段，可分为预测预警、识别控制、紧急处置和善后管理4个过程。应急管理是一种动态管理，包括预防、准备、响应和恢复4个阶段，均体现在管理突发公共事件的各个阶段。应急管理是一个完整的系统工程，可以概括为“一案三制”，即突发公共事件应急预案和应急机制、应急体制和应急法制。

17. 职业病

《职业病防治法》规定，职业病是指企业、事业单位和个体经济组织等用人单位的劳动者在职业活动中，因接触粉尘、放射性物质和其他有毒有害物质等因素而引起的疾病。例如，在职业活动中，接触铍可引起铍病，接触氟可引起氟及其无机化合物中毒，接触氯乙烯可引起氯乙烯中毒，接触苯可引起白血病等。

三、造成事故的主要原因 

1. 生产安全事故的发生原因

事故之所以发生，是多种原因、各种因素综合作用的结果，既不是单个因素造成的，也不是个人偶然失误或单纯设备故障所形成的。比如，一起煤矿瓦斯爆炸事故，经过调查分析能够得出很多不安全因素，这些不安全因素包括：事发矿山整体安全生产管理混乱，如违法违章开采等；机械设备存在各种不安全的状态，如通风设备设置不合理、防爆电气设备失爆等；工人违章操作，如没有按操作规程作业、不正确佩戴劳动防护用品等。这些不安全因素共同作用，当工作面瓦斯超标，达到爆炸极限而没有及时采取措施时，最终导致瓦斯爆炸事故发生。如果在事故发生后，应急救援系统不完善，不能及时有序地进行事故应急救援，那么必然会造成极大的人员伤亡事故，给企业和国家带来难以弥补的经济损失。

事故的发生有着深刻的原因，一般来说，事故的原因包括直接原因和间接原因。

（1）直接原因

直接原因与事故的发生有着最直接的因果关系，是在时间上最接近事故发生的原因，又称为一次原因。直接原因可分为以下 3 类：

1）物的原因。物的原因是指事故是由于设备不良所引起的。物的原因也称为物的不安全状态，是使事故能发生的不安全的物体条件或物质条件。

2）环境原因。环境原因是指事故是由于环境不良所引起的。

3）人的原因。人的原因是指事故是由于人的不安全行为而引起的。人的不安全行为是指违反安全法规和安全操作规程，使事故有可能或有机会发生的行为。

（2）间接原因

间接原因指引起事故发生的相关方面原因。间接原因主要如下：

1）技术的原因。例如，主要装置、机械、建筑的设计，建筑物竣工后的检查保养等技术方面不完善；机械装备的布置，工厂地面、室内照明以及通风、机械工具的设计和保养，危险场所的防护设备及警报设备、劳动防护用品的维护和配备等存在技术缺陷。

2）教育的原因。例如，相关人员与安全有关的知识和经验不足，对作业过程中的危险性及设备安全运行方法无知、轻视、不理解、训练不足，养成了坏习惯及没有经验等。

3）身体的原因。例如，作业人员身体有缺陷或由于睡眠不足而疲劳，酩酊大醉等。

4）精神的原因。例如，作业人员怠慢、逆反、不满等不良态度，焦躁、紧张、恐惧等精神状况，褊狭、固执等性格缺陷。

5）管理原因。例如，企业主要负责人对安全的责任心不强，企业作业标准不明确，缺乏检查保养制度，劳动组织不合理等。

2. 生产安全事故中人的不安全行为

一般来说，凡是能够或可能导致事故发生的人为失误都属于人的不安全行为。《企业职工伤亡事故分类》（GB 6441—1986）中规定的 13 大类人的不安全行为如下：

（1）操作错误，忽视安全，忽视警告：未经许可开动、关停、移动机器；开动、关停机器时未给信号；开关未锁紧，造成意外转动、通电或泄漏等；忘记关闭设备；忽视警告标志、警告信号；操作（指按钮、阀门、扳手、把柄等的操作）错误；奔跑作业；供料或送料速度过快；机械超速运转；违章驾驶机动车；酒后作业；客货混载；冲压机作业时，手伸进冲压模；工件紧固不牢；用压缩空气吹铁屑。

（2）造成安全装置失效：拆除安全装置；安全装置堵塞，失去作用；调整错误造成安全装置失效。

（3）使用不安全设备：临时使用不牢固的设施，使用无安全装置的设备。

（4）用手代替工具操作：用手代替手动工具；用手清除切屑；不用夹具固定，用手拿工件进行机加工。

（5）物体（指成品、半成品、材料、工具、切屑和生产用品等）存放不当。

（6）冒险进入危险场所：冒险进入涵洞；接近漏料处（无安全设施）；采伐、集材、运材、装车时，未离开危险区；未经安全管理人员允许进入油罐或井中；未“敲帮问顶”就开始作业；冒进信号；调车场超速上下车；在易燃易爆场所使用明火；私自搭乘矿车；在绞车道行走；未及时瞭望。

（7）攀、坐不安全位置（如平台护栏、汽车挡板、吊车吊钩）。

（8）在起吊物下作业、停留。

（9）机器运转时进行加油、修理、检查、调整、焊接、清扫等工作。

（10）有分散注意力的行为。

（11）在必须使用劳动防护用品、用具的作业场所，忽视其使用：未戴护目镜或面罩，未戴防护手套，未穿安全鞋，未戴安全帽，未佩戴呼吸护具，未佩戴安全带，未戴工作帽。

（12）不安全装束：在有旋转零部件的设备旁作业，穿着过于肥大服装；操纵带有旋转零部件的设备时戴手套。

（13）对易燃、易爆等危险物品的错误处理。

3. 人的不安全心理

在日常工作中，常常能看到由于人的不安全心理状态导致生产过程中出现“三违”（违章指挥、违章作业、违反劳动纪律）行为，而“三违”极其容易造成事故。常见的人的不安全心理主要举例如下：

（1）自我表现心理——“虽然我进厂时间短，但是我年轻、聪明，干这活儿不在话下……”

（2）经验心理——“多少年一直这样干，干了多少遍了，能有什么问题……”

（3）侥幸心理——“完全照操作规程做太麻烦了，变通一下也不一定会出事吧……”

（4）从众心理——“他们都没戴安全帽，我也不戴了……”

（5）逆反心理——“凭什么听班长的呀，今儿我还就这么干，我就不信会出事……”

（6）反常心理——“孩子住院了，也不知道现在怎么样，真担心……”

4. 生产安全事故中物的不安全状态

《企业职工伤亡事故分类》（GB 6441—1986）中规定的物的不安全状态如下：

（1）防护、保险、信号等装置缺乏或有缺陷：无防护，如无防护罩、无安全保险装置、无报警装置、无安全标志、无护栏或护栏损坏等；防护不当，如防护罩未在适当位置、防护装置调整不当、防爆装置不当、电气装置带电部分裸露等。

（2）设备、设施、工具、附件有缺陷：设计不当，结构不符合安全要求，如通道门遮挡视线、制动装置有缺陷、安全间距不够等；强度不够，如机械强度不够、绝缘强度不够、起吊重物的绳索不符合安全要求等；设备在非正常状态下运行，如设备带“病”运转、超负荷运转等；维修、调整不良，如设备失修、地面不平、保养不当、设备失灵等。

（3）劳动防护用品缺少或有缺陷，如无劳动防护用品，所用的防护用品不符合安全要求等。

（4）生产（施工）场地环境不良，如照明光线不良、通风不良、瓦斯超限、作业场所狭窄、交通线路的配置不安全等。

5. 生产安全事故中管理上的缺陷

经过总结各种重大生产安全事故的调查报告可以看出，大部分事故是管理上的失误导致的，不是天灾，而是人祸，是一起起人为引起的、完全可以避免的事故。

管理完善体现在安全生产法律、法规的落实，安全生产管理体系、安全生产管理工作的有效性和可靠性，预防事故发生的组织措施的完善性（教育和管理措施等），人员安全素质及对不安全行为的控制等方面。

管理缺陷具体表现为没有按规定进行安全教育和技术培训，或未经工种考试合格就上岗操作；安全操作规程缺失或不健全；安全措施、安全信号、安全标志、安全用具、劳动防护用品缺乏或有缺陷；对现场工作缺乏检查或指导错误；违章指挥、违反安全生产责任制、违反劳动纪律、玩忽职守。

四、事故的特征

了解事故的特征，对于认识事故、预防事故具有重要的指导意义。

1. 事故的系统性

事故是在系统运行过程中发生的。每个系统都有一定的功能，当系统发生事故时，通常会使系统的运行中断或影响其功能。例如，钉钉子的工人不小心锤到自己的手上，会造成手部受伤，暂停钉钉子工作；2002 年某航空公司“4・15”空难和某航空公司“5・7”空难，机毁人亡，造成这两家航空公司的整个飞行系统阶段性中断；某变电站出现故障，会引发停电事故，造成一定范围内的工业生产停止；2008 年 2 月下旬，我国南方出现的大范围雪灾，造成一定范围内的电力、通信系统中断。

2. 事故的意外性

事故是意外的突发事件，属于随机事件。虽然随机事件很难预测，但它也有规律可循，通常遵循“大数定律”。通过大量事故数据统计分析，可以得出很多有参考价值的规律性结论，如三角形规律、设备故障的浴盆曲线、事故的多发时间、事故的多发作业等。

3. 事故的动态性

事故是一个动态过程，有萌发阶段、发展阶段、突发阶段共 3 个阶段。在事故的萌发阶段，往往会出现许多征兆，如果此时能被仪表显示或为人所感知，就有可能将其控制住。所以，萌发阶段是预防和消除事故的最关键时期。然而，有30%～40%的事故是由于在萌发阶段没有被发现（没有被显示或没有被感知）而导致的。事故的发展阶段是防止事故继续恶化的重要时机，如果能及时采取措施，也能够将其消除。

4. 事故的必然性

事故发生的根本原因是系统内存在各种不安全因素，因此只要不安全因素存在，且未予消除或控制，该系统就迟早会发生事故。

不安全因素包括硬件的缺陷（如没有被发现的设计缺陷、材质缺陷、老化、磨损等），操作规程的缺陷，以及常常被忽视而又十分重要的人员知识、技能、安全素养方面的缺陷。上述种种不安全因素只要存在，就会在特定条件下导致事故，这体现了事故的必然性。

5. 事故的规律性

（1）事故多发时间

1）节假日及其前后。在节假日及其前后，生产作业人员思想易受干扰，工作时注意力容易分散。

2）交接班前后。交接班前后的一个邻近时间段属于“注意力低峰”时段。交班者注意力放松，接班者还未完全进入“角色”。有时在交班前，作业人员为了赶在下班前完成某项任务，草草收尾，因而遗漏某个操作或有意违规，结果导致事故发生。在交接班前后，不但容易出现事故，而且一旦发生事故，由于不易做到指挥统一、协调一致，还可能使事故扩大。

3）凌晨4时至6时。例如，核电厂异常事件（包括事故）按时间分布的统计结果表明：异常事件的发生率在凌晨4时至6时出现峰值。这是因为，通常人们在这个时间段是最易犯困的时候，注意力较难集中。

（2）事故多发季节

例如，触电事故多发生在夏季，雷击事故多发生在春夏之交的雷雨季节，火灾事故多发生在秋冬季节。

（3）事故多发作业

1）高处作业，如高层建筑、架桥、大型设备吊装作业等。

2）地下作业，如煤矿井下、地下隧道作业等。

3）带电作业，如违规带电作业等。

4）高速转动作业，如高速车床作业等。

5）有污染的作业，如在高噪声或存在有毒物质、放射性物质的环境下作业等。

6）交通事故，如在交叉路口、陡坡、急转弯、闹市区行车，雾天行车或飞机航行等。

7）复杂操作，如飞机起飞、着陆过程等。

8）单调的监控作业。随着工业自动化程度日益提高，许多手工操作能由机器完成，人们只是起监控作用。在绝大多数情况下，机器是正常运行的，人的工作负荷很小，但人又不能离开作业区域或做其他的事情，此时非常容易产生心理疲劳，对突然发生的异常工况失去感知能力而导致事故。

五、事故等级及分类 

1. 事故等级划分

根据生产安全事故造成的人员伤亡或者直接经济损失，事故一般分为以下等级：

（1）特别重大事故，是指造成 30 人以上（“以上”包括本数，“以下”不包括本数，下同）死亡，或者 100 人以上重伤（包括急性工业中毒，下同），或者 1 亿元以上直接经济损失的事故。

（2）重大事故，是指造成 10 人以上 30 人以下死亡，或者 50 人以上 100 人以下重伤，或者 5 000 万元以上 1 亿元以下直接经济损失的事故。

（3）较大事故，是指造成 3 人以上 10 人以下死亡，或者 10 人以上 50 人以下重伤，或者 1 000 万元以上 5 000 万元以下直接经济损失的事故。

（4）一般事故，是指造成 3 人以下死亡，或者 10 人以下重伤，或者 1 000 万元以下直接经济损失的事故。

2. 事故分类

为了评价企业安全状况，研究发生事故的原因和有关规律，在对伤亡事故进行调查取证的过程中，需要对事故进行科学的分类。

(1) 按对人员造成的伤害程度分类

1) 人身险肇事故。人身险肇事故是指险些造成重伤、死亡或多人伤亡的事故，包括以下几种情况：

①非生产区域、非生产性质的险肇事故。

②虽发生了生产中断或设备损害，但不至于造成人身伤亡的事故。

③一般违章行为。

2) 轻伤。人员受伤后歇工满一个工作日以上，但未达到重伤程度的伤害。

3) 重伤。凡有下列情况之一者，均列为重伤：

①经医生诊断为残疾或可能成为残疾者。

②伤势严重，需要进行较大手术才有可能康复的。

③人体部位严重烧伤、烫伤，或虽非要害部位，但烧伤部位占体表面积达 1/3 以上的。

④严重骨折、脑震荡的。

⑤眼部受伤较重，有失明可能的。

⑥手部伤害，拇指被轧断一节的；其他四指中任何一指被轧断两节或任何两指都被轧断一节的；局部肌肉受伤严重，引起功能性障碍，有不能自由伸屈的残疾可能的。

⑦脚部伤害，脚趾被轧断三节以上；局部肌肉受伤严重，引起功能性障碍，有不能行走自如的残疾可能的。

⑧内脏伤害，指内出血或伤及腹膜等。

⑨不在上述范围内的伤害，经医生诊断后，认为受伤较重，可参照上述各点由企业提出初步意见，报相关部门审查确定。

4) 死亡或永久性全部丧失劳动能力。

(2) 按致伤原因分类

《企业职工伤亡事故分类》(GB 6441—1986) 按职工受伤的原因，将事故分为 20 类：

1) 物体打击。

2) 车辆伤害。

3) 机械伤害。

4) 起重伤害。

5）触电。

6）淹溺。

7）灼烫。

8）火灾。

9）高处坠落。

10）坍塌。

11）冒顶片帮。

12）透水。

13）放炮。

14）火药爆炸。

15）瓦斯爆炸。

16）锅炉爆炸。

17）容器爆炸。

18）其他爆炸。

19）中毒和窒息。

20）其他伤害。

（3）按管理因素分类

1）设备、工具、附件有缺陷。

2）防护、安全联锁、信号等装备缺失或有缺陷。

3）劳动防护用品缺失或有缺陷。

4）作业场所光线不足或通风情况不良。

5）没有操作规程或安全管理制度不健全。

6）劳动组织不合理。

7）对现场工作缺乏指导或指导有错误。

8）设计有缺陷。

9）不懂操作技术。

10）违章指挥、违规操作、违反劳动纪律（“三违”）。

11）其他。

事故分类的方法和管理取决于对伤亡事故进行统计的目的和范围。上级管理部门为综合掌握全局伤亡事故的情况，事故类别的划分可以相对较宏观；一个部门或一个企业为追究事故的根源和探索整改方案，事故类别的划分可以详细一些。样本数一定的情况下，分类越细，数据越分散。为了保障在较细分类的情况下数据不至于过于分散，就需要扩大统计范围，如将歇工不足一个工作日的伤害事故或非伤害事故也统计在内。

第二节　危险源辨识管理和隐患排查治理

一、危险源辨识

1. 危险源辨识方法

危险源辨识是发现、识别系统中危险源的过程。危险源辨识非常重要，是危险源控制的基础，只有辨识了危险源，才能有的放矢地考虑如何采取措施控制危险源。

以前，人们主要根据以往的事故经验进行危险源辨识工作。例如，通过与作业人员交谈或到现场进行检查，查阅以往的事故记录等方式辨识危险源。危险源是潜在的危险因素，比较隐蔽，所以危险源辨识是件非常困难的工作。在系统比较复杂的场合，危险源辨识工作更加困难，不仅需要许多知识和经验，还需要利用专门的方法。

危险源辨识方法主要分为对照法和系统安全分析法。

（1）对照法

对照法是与有关的标准、规范、规程或经验进行对照，通过对照来辨识危险源的方法。有关的标准、规范、规程及常用的安全检查表，都是在大量实践经验的基础上编制而成的，因此，对照法是一种基于经验的方法，适用于有以往经验可供借鉴的情况。

（2）系统安全分析法

系统安全分析法主要是从安全的角度进行系统分析，通过揭示系统中可能导致故障或事故的各种因素及其相互关联，来辨识系统中危险源的方法。系统安全分析法经常被用来辨识可能带来严重事故后果的危险源，也可以用于辨识没有事故经验的系统的危险源。

2. 危险源控制

危险源控制是利用工程技术和管理手段消除、控制危险源，防止危险源导致事故、造成人员伤亡和财产损失的工作。危险源控制的基本理论依据是能量意外释放论。控制危险源主要通过工程技术手段来实现。危险源控制技术包括防止事故发生的安全技术和减少或避免事故损失的安全技术。前者在于约束、限制系统中的能量，防止发生意外的能量释放；后者在于避免或减轻意外释放的能量对人或物的作用。显然，在采取危险源控制措施时，应该着眼于前者，做到防患于未然。针对后者，也应做好充分准备，以便发生事故时防止事故扩大或引起其他事故（二次事故），把事故造成的损失限制在尽可能小的范围内。

管理手段也是危险源控制的重要手段。管理的基本功能是计划、组织、指挥、协调、控制。通过一系列有计划、有组织的系统安全管理活动，控制系统中人的因素、物的因素和环境因素，以有效地控制危险源。

3. 危险性评价

危险性评价是辨识危险源的基础。一般地，危险性包括危险源导致事故的可能性和一旦发生事故造成人员伤亡或财物损失的严重程度两个方面。

系统危险性评价是对系统中危险源危险性的综合评价。危险源的危险性评价包括对危险源自身危险性的评价和对危险源控制措施效果的评价。

系统中危险源的存在是绝对的，任何工业生产系统中都存在着若干危险源。实际生产中，受人力、物力等因素的限制，不可能完全消除或控制所有的危险源，只能集中有限的人力、物力资源消除、控制危险性较大的危险源。在危险性评价的基础上，按危险性的大小把危险源分类、排序，可以为确定采取控制措施的优先次序提供依据。

采取了危险源控制措施后进行的危险性评价，可以判断危险源控制措施的效果是否达到了预期要求。如果采取控制措施后危险性仍然很高，则需要进一步研究对策，采取更有效的措施使危险性降低到预期标准。当危险源的危险性很小、可以被忽略时，则不必采取控制措施。危险性评价方法有相对的评价法和概率的评价法两大类。

4. 危险源辨识、评价与控制的实施

按一般意义上的理解，危险源的危险性评价应该在危险源辨识的基础上进行，根据危险性评价的结果，采取危险源控制措施。但是在实际工作中，危险源的辨识、评价与控制这三项工作并非严格地按照程序分阶段独立进行，而是相互交叉、相互重叠进行的。

例如，某一个系统中存在着大量的危险因素，按定义都可被看作危险源，实际上受人力、物力等因素的制约，只能把其中一部分具有较高危险性的危险因素当作危险源来处理，忽略危险性较小的危险因素。因此，在辨识危险源的过程中，也需要进行危险性评价。在选择控制措施控制危险源时，也同样如此，需要对控制效果进行相应的评价，通过评价结果选择最有效的控制措施。这种评价通常是通过对比控制前和控制后危险源的危险性进行的。在采取危险源控制措施时，虽然可以控制原有的危险源，但危险源控制措施本身又可能带来新的危险源和危险性，因此，在进行危险源控制时仍然需要进行危险源辨识和评价工作。

5. 危险源辨识技术

危险源辨识的目的，就是通过对系统的调查与分析，界定出系统中的哪些部分、哪些区域是危险源，其危险的性质、危害程度、存在状况、危险源能量，以及物质转化为事故的转化规律、转化的条件、触发因素等，以便有效地控制能量和物质的转化，防止危险源转化为事故。危险源辨识利用科学方法对生产过程中能量和物质的性质、类型、构成要素、触发因素或条件以及后果进行分析与研究，作出科学判断，为控制事故发生提供必要的、可靠的依据。危险源辨识的理论方法主要有系统危险分析、危险评价等方法与技术。

在对危险源辨识的方法、步骤和程序上，涉及危险源区域调查、危险源区域的划分原则、危险源辨识的组织程序、危险源辨识的技术程序等。通常来讲，一般的工业生产企业，在危险源辨识方面，主要涉及危险源辨识的组织程序和技术程序。

（1）危险源辨识的组织程序

在企业实际生产管理中，对危险源的辨识与监控，可以采取以下组织程序：

1）对管理人员和技术人员进行专项培训。

2）确认本企业危险源和危险源区域。

3）组织生产班组的作业人员发现危险，进行危险辨识。

4）组织进行专项设备设施检查，参考有关事故案例和规程、标准，确认主要危险源。

5）安全管理人员对危险源进行调查汇总，对所发现的危险源进行审查确认。

6）对危险源进行分级。

7）对危险源提出有针对性的安全措施，并不断进行补充完善。

8）填写危险源登记表，进行危险源分级监控管理。

（2）危险源辨识的技术程序

危险源辨识的技术程序，按照危险源的调查、危险源区域的界定、存在条件及触发因素的分析、潜在危险性分析、危险源等级划分等内容进行。

1）危险源的调查。在进行危险源调查之前，需要确定所要分析的系统，如整个企业、某个车间、某个生产工艺过程。对所分析的系统进行调查，调查的主要内容包括生产工艺设备及材料情况、作业环境情况、人员操作情况、事故发生情况、设备与作业安全防护情况等。

2）危险源区域的界定，即划定危险源的范围。应对系统进行划分，可按设备、生产装置及设施划分子系统，也可按作业单元划分子系统。分析每个子系统中所存在的危险源，一般将产生能量或具有能量的物质，作业人员作业空间，危险物质产生或积聚的设备、容器作为危险源。再以危险源为核心，规划出防护范围，这个范围内为危险区域，即危险源区域。

3）存在条件及触发因素的分析。一定数量的危险物质或一定强度的能量，由于存在条件不同，所显现的危险性也不同，被触发转换为事故的可能性也不同。因此，存在条件及触发因素的分析是危险源辨识的重要环节。存在条件包括储存条件（如堆放方式、其他物品情况、通风等）、物理状态参数（如温度、压力等）、设备状况（如设备完好程度、设备缺陷、维修保养情况等）、防护条件（如防护措施、故障处理措施、安全标志等）、操作条件（如操作技术水平、操作失误率等）、管理条件等。

触发因素可分为人为因素和自然因素。人为因素包括个人因素（如操作失误、不正确操作等操作因素，以及粗心大意、漫不经心等心理因素）和管理因素（如不正确的管理、不正确的训练、指挥失误、判断决策失误、错误安排等）。自然因素是指引起危险源转化为事故的各种自然条件及其变化，如气候条件参数（气温、气压、湿度、大气风速）变化、雷电、雨雪、地震等。

4）潜在危险性分析。危险源转化为事故，其表现是能量和危险物质的释放，因此危险源的潜在危险性可用能量的强度和危险物质的量来衡量。能量包括电能、机械能、化学能、核能等，危险源的能量强度越大，表明其潜在危险性越大。危险物质主要包括燃烧爆炸危险物质和有毒有害危险物质两大类。前者泛指能够引起火灾或爆炸的物质，如可燃气体、可燃液体、易燃固体、可燃粉尘、易爆化合物、自燃物质、混合危险物质等。后者是指直接加害于人体，造成人员中毒、致病、致畸、致癌等的化学物质。可根据使用的危险物质的量来描述危险源的危险性。

5）危险源等级划分。危险源等级一般按危险源在触发因素作用下转化为事故的可能性与发生事故的后果严重程度划分。危险源等级划分实质上是对危险源的评价。按发生事故的可能性大小，可将危险源分为非常容易发生、容易发生、较容易发生、不容易发生、难以发生和极难发生。根据事故后果严重程度，可将危险源分为可忽略的、临界的、危险的和破坏性的。此外，也可按单项指标划分等级。例如，高处作业根据作业高度分为2~5 m、5~15 m、15~30 m及30 m以上4个区段，按压力容器的设计压力可将压力容器划分为低压容器、中压容器、高压容器、超高压容器。从控制管理角度，通常根据危险源的潜在危险性、控制难易程度、事故可能造成的损失情况进行综合分级。

（3）危险因素的分类

危险因素是指能够造成人员伤亡、影响人的身体健康、对物造成急性或慢性损坏的因素。严格地说，可分为危险因素（强调突发性和短时性）和危害因素（长时间的累积效应），但在此统称为危险因素。

根据生产过程和伤亡事故相关的国家标准不同，危险因素的分类方法有以下3种：

1）根据危害性质分类。根据《生产过程危险和危害因素分类与代码》（GB/T 13861—2009）的规定，将生产过程的危险因素分为人的因素、物的因素、环境因素、管理因素4类。

2）根据伤亡事故类别分类。参照《企业职工伤亡事故分类》（GB 6441—1986），综合考虑起因物、引起事故发生的诱导性原因、致害物、伤害方式等，将危险因素分为20类。

3）参照职业病致病因素分类。参照职业病致病因素，可将危险因素分为毒物、粉尘、噪声与振动、高温、低温、致病微生物、辐射（电离辐射、非电离辐射）、其他有害因素8类。

（4）危险源的分类

危险源是指一个系统中具有潜在能量和物质释放危险的、在一定的触发因素作用下可转化为事故的部位、区域、场所、空间、岗位、设备。危险源由3个要素构成：潜在危险性、存在条件和触发因素。危险源的潜在危险性是指一旦发生事故可能带来的危害程度或损失大小，或者说危险源可能释放的能量强度或危险物质的量。危险源的存在条件是指危险源所处的物理、化学状态和约束条件状态，如压力、温度、化学稳定性、盛装容器的坚固性、周围环境障碍物等情况。触发因素虽然不属于危险源的固有属性，但它是危险源转化为事故的外因，而且每一类危险源都有相应的敏感触发因素。例如，对于易燃易爆物质，热能是其敏感触发因素；对于压力容器，压力是其敏感触发因素。因此，危险源总是与相应的触发因素相关联。在触发因素的作用下，危险源转化为危险状态，继而转化为事故。

危险源是可能导致事故发生的、潜在的危险因素。实际上，生产过程中的危险源即危险因素种类繁多、非常复杂，它们在导致事故发生、造成人员伤亡和财产损失方面所起的作用不相同。相应地，控制它们的原则、方法也不相同。根据危险源在事故发生、发展中的作用，把危险源划分为两大类，即第一类危险源和第二类危险源。

1）第一类危险源分析。根据能量意外释放论，事故是能量或危险物质的意外释放，作用于人体的过量能量或干扰人体与外界进行能量交换的危险物质是造成人员伤害的直接原因。系统中存在的、可能意外释放的能量或危险物质是第一类危险源。一般地，能量被解释为物体做功的本领。做功的本领是无形的，只有在做功时才显现出来。因此，实际工作中往往把产生能量的能量源或拥有能量的能量载体看作第一类危险源，如带电的导体、飞驰的车辆等。

在工业企业生产过程中，比较常见的第一类危险源如下：

①产生、供给能量的装置、设备。产生、供给人们生产、生活活动能量的装置、设备是典型的能量源。例如，变电所、供热锅炉等，它们运转时供给或产生很高的能量。

②使人体或物体具有较高势能的装置、设备、场所。这些装置、设备、场所相当于

能量源，如起重、提升机械，高差较大的场所等。

③能量载体。能量载体是指拥有能量的人或物。例如，运动中的车辆、机械的运动部件、带电的导体等，本身带有较大能量。

④一旦失控可能产生巨大能量的装置、设备、场所。一些正常情况下按人们的意图进行能量转换和做功，在意外情况下可能产生巨大能量的装置、设备、场所，如发生强烈放热反应的化工装置充满爆炸性气体的空间等。

⑤一旦失控可能发生能量蓄积或突然释放的装置、设备、场所。正常情况下多余的能量被泄放而处于安全状态，但失控时会发生能量的大量蓄积，可能导致大量能量意外释放的装置、设备、场所，如各种压力容器、受压设备及容易发生静电蓄积的装置、场所等。

⑥危险物质。危险物质除了包括干扰人体与外界能量交换的有害物质外，也包括具有化学能的危险物质。具有化学能的危险物质分为燃烧爆炸危险物质和有毒有害危险物质两类。前者是指能够引起火灾、爆炸的物质，按其物理化学性质分为可燃气体、可燃液体、易燃固体、可燃粉尘、易爆化合物、自燃物质、忌水性物质和混合危险物质；后者是指直接加害于人体，造成人员中毒、致病、致畸、致癌等的化学物质。

⑦生产、加工、储存危险物质的装置、设备、场所。这些装置、设备、场所中的危险物质在意外情况下可能引起起火、爆炸或泄漏，如炸药的生产、加工、储存设施，化工、石油化工生产装置等。

⑧能导致人体能量意外释放的物体。物体的棱角、工件的毛刺、锋利的刃等，一旦与运动的人体接触，会导致人体的动能意外释放而使人体遭受伤害。

2）第二类危险源分析。在企业生产过程中，为了利用能量，使能量按照人们的意图在生产过程中流动、转换和做功，就必须采取屏蔽措施约束、限制能量，即必须控制危险源。约束、限制能量的屏蔽应可靠，能够防止能量意外地释放。然而，实际生产过程中，绝对可靠的屏蔽措施并不存在。在许多因素的复杂作用下，约束、限制能量的屏蔽措施可能失效，甚至可能被破坏而发生事故。导致约束、限制能量的屏蔽措施失效或被破坏的各种危险因素称作第二类危险源，它包括人、物、环境 3 个方面。

人的因素主要是人的不安全行为和人为失误。不安全行为一般是指明显违反安全操作规程的行为，这种行为往往直接导致事故发生。例如，不断开电源就带电修理电气线路而发生触电等。人为失误是指人的行为的结果偏离了预定的计划。例如，合错了开关使检修中的线路没有断电，误开阀门使有害气体泄放等。人的不安全行为、人为失误可能直接破坏对第一类危险源的控制，造成能量或危险物质的意外释放；可能造成物的因素出现问题，进而导致事故。

物的因素可以概括为物的不安全状态和物的故障（或失效）。物的不安全状态是指机械设备、物质等明显不符合安全要求的状态，如没有防护装置的传动齿轮、裸露的带电体等。在我国的安全管理实践中，往往把物的不安全状态称作隐患。物的故障（或失效）是指机械设备、零部件等由于性能低下而不能实现预定功能的现象。物的不安全状态和物的故障（或失效）可能直接使约束、限制能量或危险物质的措施失效而发生事故。例如，电线绝缘损坏发生漏电，管路破裂使其中的有毒有害介质泄漏等。有时一种物的故障可能导致另一种物的故障，最终造成能量或危险物质的意外释放。例如，压力容器的泄压装置发生故障，使容器内部介质压力上升，最终导致容器破裂。物的因素有时会诱发人的因素，人的因素有时会造成物的因素，实际情况比较复杂。

环境因素主要是指系统运行的环境，包括温度、湿度、照明、粉尘、通风换气、噪声和振动等物理环境，以及企业和社会的软环境。不良的物理环境会引起物的因素或人的因素出现问题。例如，潮湿的环境会加速金属腐蚀而降低结构或容器的强度；工作场所强烈的噪声会影响人的情绪，分散人的注意力而发生人为失误。企业的管理制度、人际关系或社会环境也会影响人的心理，可能造成人的不安全行为或人为失误。

第二类危险源往往是一些围绕第一类危险源随机发生的现象，它们出现的情况决定事故发生的可能性。第二类危险源出现得越频繁，发生事故的可能性越大。

（5）危险源与事故发生的关联性

一起事故的发生是两类危险源共同起作用的结果。一方面，第一类危险源的存在是事故发生的前提，没有第一类危险源，就不会有能量或危险物质的意外释放，也就无所谓事故。另一方面，如果没有第二类危险源破坏对第一类危险源的控制，也不会发生能量或危险物质的意外释放。第二类危险源的出现是第一类危险源导致事故的必要条件。

在事故的发生、发展过程中，两类危险源相互依存、相辅相成。第一类危险源在发生事故时释放出的能量是导致人员伤亡或财物损坏的能量主体，决定事故后果的严重程度；第二类危险源出现的难易决定事故发生的可能性。两类危险源共同决定危险源的危险性。第二类危险源的控制应该在第一类危险源控制的基础上进行。与第一类危险源的控制相比，对第二类危险源的控制更困难。

二、危险源的控制管理 

1. 危险源控制途径

危险源的控制可从 3 个方面进行，即技术控制、人的行为控制和管理控制。

（1）技术控制

技术控制即采用技术措施对固有危险源进行控制，主要技术有消除、控制、防护、隔离、监控、保留和转移等。

（2）人的行为控制

人的行为控制即控制人为失误，减少人的不正确行为对危险源的触发作用。人为失误的主要表现形式：操作失误，指挥错误，不正确的判断或缺乏判断，粗心大意，厌烦，懒散，疲劳，紧张，疾病或生理缺陷，错误使用劳动防护用品和防护装置等。人的行为控制首先是加强教育培训，做到人的安全化；其次应做到操作安全化。

（3）管理控制

可采取以下管理措施，对危险源实行控制：

1）建立、健全危险源管理的规章制度。危险源确定后，在对危险源进行系统危险性分析的基础上，建立、健全各项规章制度，包括岗位安全生产责任制、危险源重点控制实施细则、安全操作规程、培训考核制度、日常管理制度、交接班制度、检查制度、信息反馈制度、危险作业审批制度、异常情况应急措施、考核奖惩制度等。

2）明确责任、定期检查。应根据各危险源的等级分别确定负责人，并明确他们应负的具体责任，特别是要明确各级危险源的定期检查责任。除了作业人员必须每天自查外，还要规定各级领导定期参加检查。对于重点危险源，应做到公司总经理（厂长、所长等）每半年一查，分厂厂长每月查，车间主任（室主任）每周查，工段段长、班组长每日查。对于低级别的危险源，也应制订出详细的检查计划。

对危险源的检查，要对照检查表逐条逐项，按规定的方法和标准进行，并做好记录。如果发现隐患，则应按信息反馈制度及时反馈，以及时消除隐患。凡未按要求履行检查职责而导致事故者，要依法追究其责任。各级领导参加定期检查，有助于增强他们的安全责任感，体现“管生产经营必须管安全”的原则，也有助于及时发现和消除重大事故隐患。

专职安全管理人员要对各级人员实行检查的情况进行定期检查、监督和考评，以实现闭环管理。

3）加强危险源的日常管理。要严格要求作业人员贯彻执行有关危险源日常管理的规章制度。搞好安全值班、交接班，按安全操作规程进行操作；按安全检查表进行日常安全检查；按规定流程对危险作业进行审批等。所有活动均应按要求认真做好记录。领导和安全管理机构定期严格进行检查考核，发现问题及时指导教育，根据检查考核情况进行奖惩。

4）抓好信息反馈，及时整改隐患。要建立、健全危险源信息反馈系统，制定信息反馈制度并严格贯彻实施。对检查发现的事故隐患，应根据其性质和严重程度，按照规定分级实行信息反馈和整改，做好记录，发现重大事故隐患应立即向安全管理机构和主要负责人报告。信息反馈和整改的责任应落实到人。对信息反馈和隐患整改的情况，各级领导和安全管理机构要进行定期考核和奖惩。安全管理机构要定期收集、处理信息，及时提供给各级领导研究决策，不断改进危险源的控制管理工作。

5）搞好危险源控制管理的基础建设工作。危险源控制管理的基础建设工作除建立、健全各项规章制度外，还应建立、健全危险源的安全档案和设置安全标志牌。应按安全档案管理的有关要求建立危险源的档案，并指定专人保管，定期整理。应在危险源的显著位置悬挂安全标志牌，标明危险等级，注明负责人员，按照国家标准的要求标明主要危险，并扼要注明防范措施。

6）搞好危险源控制管理的考核评价和奖惩。应对危险源控制管理的各方面工作制定考核标准，并力求量化，划分等级。定期严格考核评价，给予奖惩，并与班组评级和评先进结合起来。逐年提高要求，促使危险源控制管理水平不断提高。

2. 危险源点的分级管理

目前，许多企业推行危险源点分级管理制度，取得了良好的效果，增强了各级领导的安全责任感，提高了作业人员的安全意识、安全知识水平和预防事故的能力，加强了企业安全管理的基础工作，提高了危险源点的整体控制水平。

危险源点是指包含第一类危险源的生产设备设施、生产岗位、作业单元等。在安全管理方面，危险源点分级管理注重对这些危险源“点”的管理。

危险源点分级管理是系统安全工程中危险辨识、控制与评价在生产现场安全管理中的具体应用，体现了现代安全管理的特征。与传统的安全管理相比较，危险源点分级管理有以下特点：

（1）体现“预防为主”

危险源点分级管理的基础是危险源辨识和评价，它以系统安全分析和危险性评价作为基本手段，对隐含在危险源点中的潜在危险因素进行识别、分析、评价，找出危险源控制方面需要特别加强的地方，提前采取措施把危险因素消灭在萌芽阶段，从而大大提高安全管理的主动性、科学性和有效性。

（2）全面系统的管理

危险源点分级管理是把整个危险源点作为一个完整的系统，通过对有关人员、设备、环境、信息等诸多要素的综合管理，取得危险源点控制的最佳效果。对系统整体安全的追求，势必导致对各管理要素提出更高的要求，从而有助于实现安全管理的标准化、规范化和科学化。

（3）突出重点的管理

企业中存在着大量的危险源点，每个危险源点都有发生事故的可能性。但是，不同的危险源点发生事故的危险性是不同的，安全管理工作应该把管理、控制重点放到发生事故频率高、事故后果严重的危险源点上。

根据危险源点危险性大小对危险源点进行分级管理，可以突出安全管理的重点，把有限的人力、财力、物力集中起来，解决关键性的安全问题。抓住了“重点”也可以带动“一般”，推动企业安全管理水平的普遍提高。

3. 危险源控制基本原则

危险源控制基本原则主要有消除优先原则、降低风险原则、个体防护原则。

（1）消除优先原则

通过合理的设计和科学的管理，尽可能从根本上消除危险源，实现本质安全，如采用无害工艺技术（如生产中以无害物质代替有害物质），实现自动化，采用遥控技术等。

（2）降低风险原则

若无法从根本上消除危险源，可考虑降低其风险。采取技术和管理措施，尽可能降低伤害或损坏发生的概率或潜在的严重程度。

（3）个体防护原则

在采取消除和降低风险措施后，还不能完全保障作业人员的安全健康时，可考虑使用个体防护设备作为补充对策，如穿戴特种劳动防护用品等。

三、隐患排查 

1. 隐患的概念

生产安全事故隐患是指企业违反安全生产法律、法规、规章、标准、规程和安全管理制度的规定，或者因其他因素在生产经营活动中存在可能导致事故发生的物的不安全状态、人的不安全行为和管理上的缺陷。

生产安全事故隐患的分级是以隐患的整改、治理和排除的难度及其影响范围为标准的，分为一般事故隐患和重大事故隐患。一般事故隐患是指危害和整改难度较小，发现后能够立即整改排除的隐患。重大事故隐患是指危害和整改难度较大，应当全部或者局部停产停业，并经过一定时间整改治理方能排除的隐患，或者因外部因素影响致使企业自身难以排除的隐患。

企业是隐患排查治理工作的主体，是隐患排查治理工作的直接实施者，而班组是最终的落实者。企业及其班组应明确定位，采用自身适用的隐患排查治理标准，通过准备、组织机构建设、建立完善规章制度、全面培训、实施排查、分析改进等步骤形成完整的、系统的企业隐患排查治理机制。

2. 隐患排查技术

隐患排查是指企业组织安全管理人员、工程技术人员和其他相关人员对本单位的事故隐患进行排查，并对排查出的事故隐患按照事故隐患的等级进行登记，建立事故隐患信息档案。隐患排查前期的几个步骤如下：

（1）准备

企业在开展隐患排查之前，必须做好与之相关的准备工作。隐患排查治理是涉及企业所有部门、所有生产流程、所有人员的一项系统工程，如果不做好全面的准备，所建立的隐患排查治理机制将缺乏系统性和可操作性，不能深入和持久地开展下去。

1）信息收集。由企业安全管理机构和有关专业人员，对现有的有关隐患排查治理工作的各种信息、文件、资料等通过多种行之有效的方式进行收集。此项工作也可以委托与企业有合作关系的服务机构来实施。

2）辅助决策。将收集信息形成的有关材料向企业领导层汇报，并说明有关情况，使企业领导层能够全面、正确理解和认识隐患排查治理工作，对企业隐患排查治理工作作出正确决策。

3）领导决策。领导层应该从思想意识上真正理解为什么要实施隐患排查治理工作，意识到隐患排查治理的重要性，并为此项工作提供充足的资源，使隐患排查治理工作在企业得到有效和全面地实施。

（2）组织机构建设

由企业安全生产负责人担任隐患排查治理工作的总负责人，以安全生产委员会或各部门负责人为总决策管理机构，以安全管理机构为办事机构，以专职安全管理人员为骨干，以全体从业人员为基础，形成从上至下的组织保障。

1）安全生产负责人。安全生产负责人是隐患排查治理工作的第一责任人，通过设立安全生产委员会、召开领导办公会等形式，将隐患排查治理工作纳入其日常工作的范围，亲自定期组织和参与检查，及时、准确把握情况，发出明确的指令。

2）各部门负责人。要在各部门负责人职责中明确有关隐患排查治理的内容，各部门负责人应负责有关情况的上传下达，做好主要负责人的帮手，并在各自管辖范围内做好隐患排查治理工作，至少要知道、过问、督促、确认。

3）安全管理人员。安全管理机构和专职安全管理人员是隐患排查治理工作的骨干力量，主要的工作内容包括编制有关制度、培训各类人员、组织检查排查、下达整改指令、检验整改效果等。安全管理人员还应通过监督的方式对各部门和下属单位的所有从业人员在隐患排查治理工作方面的履职情况进行了解，纳入考核，全力推动隐患排查治理工作。

4）从业人员。从业人员应按照责任制、相关规章制度和操作规程中明确的隐患排查治理责任，在日常的各项工作中保持高度的隐患意识，随时发现和处理各种隐患和事故苗头。自己不能解决的，及时上报，同时采取临时性的控制措施，并注意做好记录，为隐患的统计分析工作留下资料。

3. 建立完善规章制度

隐患排查治理工作必须有制度的保障。企业需要全面掌握法律、法规和标准、规范以及上级和外部的其他要求，结合自身的实际情况，将各项具体的规定编制成企业内部的各项规章制度，再经过全面执行和落实，变成企业管理制度的一部分。

（1）隐患排查治理制度设计

要建立隐患排查治理制度，首先要收集与企业有关的法律、法规及相关的隐患排查治理内容，并对所收集的法律、法规及其他内容的适用性进行分析。其次是收集、整理企业现有的有关隐患排查治理的规章制度，并对其充分性、有效性和可操作性进行分析。最后，在弄清上述问题的基础上，根据《安全生产事故隐患排查治理暂行规定》中对企业开展隐患排查治理工作所需要的规章制度的要求，建立相关制度，如隐患排查治理和监控责任制、事故隐患排查治理制度、隐患排查治理资金使用专项制度、事故隐患建档监控制度（事故隐患信息档案）、事故隐患报告和举报奖励制度等。《安全生产事故隐患排查治理暂行规定》规定，生产经营单位应当建立、健全事故隐患排查治理和建档监控等制度，逐级建立并落实从主要负责人到每位从业人员的隐患排查治理和监控责任制。生产经营单位应当保证事故隐患排查治理所需的资金，建立资金使用专项制度。对排查出的事故隐患，应当按照事故隐患的等级进行登记，建立事故隐患信息档案。生产经营单位应当建立事故隐患报告和举报奖励制度。

（2）隐患排查治理制度的基本结构和内容

隐患排查治理制度的结构和内容并没有严格的模式和要求，各单位都有符合实际需要、适应本身特点的文件形式规定。隐患排查治理制度的内容主要包括以下几个部分：

1）编制目的。

2）适用范围。

3）术语和定义。

4）引用资料。

5）各级领导、各部门和各类人员相应职责。

6）隐患排查主要工作程序和内容等具体规定。

7）需要形成的记录要求及其格式。

8）制度的管理：制定、审定、修改、发放、回收、更新等。

9）相关文件。

（3）隐患排查治理制度的编制

编写组人员的组成非常重要。在编制过程中，负责人员、管理人员、一线从业人员均需参加，尤其是一线从业人员，他们对生产实际最了解，有丰富的一线经验，对制度的制定起到至关重要的作用。

制订严格的编制计划，明确任务、时间、责任人和质量要求，计划必须落实到人，按规定的时间节点检查编制进度，最后进行统稿，以保证格式的统一和内容的协调。

编写时还要注意解决以下问题：

1）要明确谁来负责起草工作，谁来负责组织协调、检查、修改工作，谁来负责文件之间的衔接及内容的协调工作。

2）文件编写工作要吸收企业其他管理体系文件的编写人员参加。

3）文件编写完之后要解决文件的可操作性问题。因此，要落实专人负责制度，将相关文件向有关部门或者人员征求意见，以最大限度解决文件的可操作性难题。

（4）隐患排查治理制度的文件管理

隐患排查治理制度的文件管理是制度编制和贯彻的重要保证，应当特别关注以下几个环节：

1）审批发布。由各级领导按职责权限对隐患排查治理制度文件进行审阅，征求相关意见并进行最后修改，然后按制度发布的权限进行审批，最终按企业文件管理的程序正式发布。

2）发放。隐患排查治理制度发放到哪一级、哪些人，直接影响制度贯彻执行的程度。很多单位在实际工作中形成了文件只发放到中层领导这一级的习惯，再向下就仅仅是组织从业人员学习，导致很多真正需要按文件规定进行操作的人员无法获取相应的文本，使文件内容得不到有效实施。发布最好多渠道、多样化，如将文件进行汇编、制作电子版（光盘）文件、通过内部网络发放等。新增的规章制度应纳入已有的文件体系。

3）保存。保存的目的不单是存放，更重要的是方便其使用，因此，文件应当保存在方便获取、便于查阅的地方，并将相关手续告知有关人员。

4）使用。发布文件的目的是使之得到有效的执行和使用，这就要求相关人员必须不折不扣地严格执行文件的规定，不能徇私，在制度面前人人平等。

5）修改。在执行文件过程中发现存在问题时，应当根据提出意见和建议的方法和程序，逐级向上反映，由文件编制部门按手续收集反馈意见，并根据规定的步骤和程序进行修改。

6）作废和存档。当文件换版、作废时，应按相应的规定执行，以防止出现继续使用过期文件的情况，保证相关岗位的从业人员能够及时获得有效版本。

4. 隐患排查工作培训

（1）初期培训

企业隐患排查治理体系建设的初期，培训分为两种：一是对安全生产负责人进行背景培训；二是对承担推进工作的管理人员进行全面培训。

对负责人进行背景培训，可使相关领导充分认识企业建设隐患排查治理体系的重要意义、作用，让他们了解整个体系的建设过程，知道自己在整个过程中的工作职责，以及应该给予隐患排查治理工作的支持和保障。

对承担推进工作的管理人员进行全面培训，主要内容包括相关政策法规、隐患排查标准内容详解、制度编写、隐患排查治理过程等方面。

（2）全员培训

隐患排查的主体是企业的所有人员，从领导到一线从业人员，直到在企业工作范围内的外部人员都应包括在内，以保证排查的全面性和有效性。

在发布隐患排查治理制度文件之后，企业应组织从业人员，按照不同层次、不同岗位的要求，学习相应的内容。

所有人员了解并掌握隐患排查制度是保障安全生产的关键，必须对其进行有针对性和有效果的教育培训。在各种安全教育培训工作中，要将隐患排查的内容纳入其中，并根据需要做专门的培训，还要确认培训的效果，以保证所有人员有意识、有能力开展隐患排查工作。

5. 隐患排查工作的实施

隐患排查工作的实施涉及企业所有管理范围，需要有计划、有步骤地开展。

（1）排查计划

排查工作应全员、全覆盖、全时段，因此，需要制订一个比较详细可行的实施计划，确定参加人员、排查内容、排查时间、排查安排、排查记录等内容。为提高效率，也可将排查工作与日常安全检查、安全生产标准化的自评工作或管理体系中的合规性评价和内审工作相结合。

（2）隐患排查的种类

1）专项排查。专项排查采用特定的、专门的排查方法，这种方法具有周期性、技术性和投入性。专项排查主要有按隐患排查治理标准进行的全面自查、对重大危险源的定期评价、对危险化学品的定期安全现状评价等。

2）日常排查。日常排查通常与安全检查工作相结合，具有日常性、及时性、全面性和群众性。日常排查主要有企业全面的安全大检查、主管部门的专业安全检查、专业管理部门的专项安全检查、各管理层级的日常安全检查、操作岗位的现场安全检查等。

（3）排查的实施

以专项排查为例，企业组成隐患排查组，根据排查计划到各部门和各所属单位进行全面的排查。排查时必须及时、准确和全面地记录排查情况和发现的问题，并随时与被排查单位的人员做好沟通。

（4）排查结果的分析总结

1）评价本次隐患排查是否覆盖了计划中的范围和相关隐患类别。

2）评价本次隐患排查是否做到了“全面、抽样”的原则，是否做到了重点部门、高风险区域和重大危险源适当突出的原则。

3）确定本次隐患排查发现的问题，包括确定隐患清单、隐患级别以及隐患分布（包括隐患所在单位和地点的分布、种类）等。

4）得出本次隐患排查工作的结论，填写隐患排查表格。

5）向领导汇报情况。

6. 纳入考核和持续改进

为了确保隐患排查治理工作的顺利进行，领导必须责成有关部门将隐患排查治理工作纳入考核。必须明确上至一把手，下至一线从业人员以及隐患排查人员的职责、权利和义务，特别是必须明确规定企业中高层领导在此项工作中的义务与职责。因为企业的中高层领导是实施与开展隐患排查治理工作的重要保障力量。

隐患排查治理机制的各个方面都不是一成不变的，需要随着安全管理水平的提高而提高，借助安全生产标准化的自评和评审、职业健康安全管理体系的合规性评价、内部审核与认证审核等的作用，实现企业隐患排查治理工作的持续改进。

另外，隐患排查治理也为整体安全管理提供了持续改进的信息资源，通过对隐患排查治理情况的统计、分析，能够为预测、预警提供必要的信息，为管理的改进提供方向性的资料。

四、隐患治理

隐患治理是指消除或控制隐患的活动或过程。对排查出的事故隐患，应当按照事故隐患的等级进行登记，建立事故隐患信息档案，并按照职责分工实施监控治理。对于一般事故隐患，由于其危害和整改难度较小，发现后应当由企业负责人或者有关人员立即组织整改。对于重大事故隐患，由企业主要负责人组织制定并实施专门的事故隐患治理方案。

1. 一般事故隐患治理

一般事故隐患是指危害和整改难度较小，发现后能够立即整改和排除的隐患。为更好地、有针对性地治理企业生产和管理工作中存在的一般事故隐患，要对一般事故隐患进行进一步的细化分级。事故隐患的分级是以事故隐患的整改、治理和排除的难度及其影响范围为标准的。根据这个分级标准，在企业中通常将事故隐患分为班组级、车间级、分厂级以及总厂（公司）级，其含义是在相应级别的组织中能够整改、治理和排除的事故隐患。

（1）立即整改

有些事故隐患，如明显的违反操作规程和劳动纪律的行为，属于人的不安全行为式的一般事故隐患，排查人员一旦发现，应当要求立即整改，并如实记录，以便于对此类行为统计分析，确定是否为习惯性或群体性隐患。有些设备设施方面的、简单的不安全状态，如安全装置没有启用、现场混乱等一般事故隐患，也可以要求现场立即整改。

（2）限期整改

有些一般事故隐患难以做到立即整改的，则应限期整改。

限期整改通常由排查人员或排查主管部门对隐患所属单位发出“隐患整改通知书”，内容中需要明确列出隐患的排查发现时间和地点、隐患情况的详细描述、隐患发生原因的分析、隐患整改责任的认定、隐患整改负责人、隐患整改的方法和要求、隐患整改完毕的时间要求等。限期整改需要全过程监督管理，以发现和解决可能临时出现的问题，防止拖延。

2. 重大事故隐患治理

针对重大事故隐患，需要制定专门的治理方案。由于重大事故隐患治理的复杂性和较长的周期性，在没有完成治理前，还要有临时性的措施和应急预案。治理完成后还有填写书面申请以及接受审查等工作。

（1）制定重大事故隐患治理方案

《安全生产事故隐患排查治理暂行规定》规定，对于重大事故隐患，由企业主要负责人组织制定并实施事故隐患治理方案。重大事故隐患治理方案应当包括以下内容：

1）治理的目标和任务。

2）采取的方法和措施。

3）经费和物资的落实。

4）负责治理的机构和人员。

5）治理的时限和要求。

6）安全措施和应急预案。

（2）重大事故隐患治理过程中的安全防范措施

《安全生产事故隐患排查治理暂行规定》规定，企业在事故隐患治理过程中，应当采取相应的安全防范措施，防止事故发生。事故隐患排除前或者排除过程中无法保障安全的，应当从危险区域内撤出作业人员，并疏散可能危及的其他人员，设置警戒标志，暂时停产停业或者停止使用；对暂时难以停产或者停止使用的相关生产储存装置、设施、设备，应当加强维护和保养，防止事故发生。重大事故隐患治理方案中的安全措施和应急预案更是安全防范措施里的重要内容。

（3）重大事故隐患的治理过程

《安全生产事故隐患排查治理暂行规定》规定，已经取得安全生产许可证的企业，在其被挂牌督办的重大事故隐患治理结束前，安全监管监察部门应当加强监督检查。必要时，可以提请原许可证颁发机关依法暂扣其安全生产许可证。安全监管监察部门应当会同有关部门把重大事故隐患整改纳入重点行业领域的安全专项整治中加以治理，落实相应责任。

这一规定意味着企业在重大事故隐患治理过程中，还要随时接受和配合安全监管监察部门的重点监督检查。如果企业的重大事故隐患属于重点行业领域安全专项整治的范围，就更应落实相应的整改、治理主体责任。

（4）重大事故隐患治理情况评估

《安全生产事故隐患排查治理暂行规定》规定，地方人民政府或者安全监管监察部门及有关部门挂牌督办并责令全部或者局部停产停业治理的重大事故隐患，治理工作结束后，有条件的企业应当组织本单位的技术人员和专家对重大事故隐患的治理情况进行评估；其他企业应当委托具备相应资质的安全评价机构对重大事故隐患的治理情况进行评估。

这种评估主要针对治理的效果进行，确认其措施的合理性和有效性，确认其对隐患及隐患可能导致的事故的预防效果。评估需要有一定条件和资质的技术人员和专家或有相应资质的安全评价机构实施，以保证评估本身的权威性和有效性。

（5）重大事故隐患治理后期工作

《安全生产事故隐患排查治理暂行规定》规定，重大事故隐患治理后经过评估，符合安全生产条件的，企业应当向安全监管监察部门和有关部门提出恢复生产的书面申请，经安全监管监察部门和有关部门审查同意后，方可恢复生产经营。申请报告应当包括治理方案的内容、项目和安全评价机构出具的评价报告等。对挂牌督办并采取全部或者局部停产停业治理的重大事故隐患，安全监管监察部门收到企业恢复生产的申请报告后，应当在10日内进行现场审查。审查合格的，对事故隐患进行核销，同意恢复生产经营；审查不合格的，依法责令改正或者下达停产整改指令。对整改无望或者企业拒不执行整改指令的，依法实施行政处罚；不具备安全生产条件的，依法提请县级以上人民政府按照国务院规定的权限予以关闭。

3. 隐患治理措施

隐患治理及其方案的核心都是具体的治理措施，这些措施大体分为工程技术措施和安全管理措施，以及对重大事故隐患需要做的临时性防护和应急措施。隐患治理的方式方法是多种多样的，因为企业必须考虑成本投入，需要以最小代价取得最适当的结果。有时候，隐患治理很难彻底消除隐患，这就必须在遵守法律、法规和标准、规范的前提下，将其风险降低到企业可以接受的程度。

（1）工程技术措施

工程技术措施的实施等级顺序依次是直接安全技术措施、间接安全技术措施、指示性安全技术措施等。根据实施等级顺序要求，应按消除、预防、减弱、隔离、连锁、警告的等级顺序选择安全技术措施。工程技术措施应具有针对性、可操作性和经济合理性，并符合国家有关法规、标准和设计规范的规定。

根据工程技术措施实施等级顺序要求，应遵循以下具体原则：

1）消除。尽可能从根本上消除危险、有害因素，如采用无害化工艺技术，生产中以无害物质代替有害物质，实现自动化作业，采用遥控技术等。

2）预防。当消除危险、有害因素有困难时，可采取预防性技术措施，预防危险、危害的发生，如使用安全阀、安全屏护、漏电保护装置、熔断器、防爆膜、事故排放装置等。

3）减弱。在无法消除危险、有害因素且难以采取预防性技术措施的情况下，可采取减少危险、危害的措施，如降温措施、生产中以低毒性物质代替高毒性物质，以及使用避雷装置、消除静电装置、局部通风排毒装置、减振装置、消声装置等。

4）隔离。在无法消除、预防、减弱危险、有害因素的情况下，应将人员与危险、有害因素隔开，将不能共存的物质分开，如设置安全罩、防护屏、隔离操作室，保持安全距离，采取遥控作业，配备事故发生时的自救装置（如防护服、各类防毒面具）等。

5）连锁。当操作失误或设备运行达到危险状态时，应通过连锁装置终止危险、危害发生。

6）警告。在易发生故障和危险性较大的地方，应使用醒目的安全色，配置安全标志，必要时设置声、光或声光组合报警装置。

（2）安全管理措施

安全管理措施一般在隐患治理工作中容易被忽视，即使有，也是老生常谈式的提高安全意识、加强培训教育和安全检查等。其实，安全管理措施往往能系统性地解决很多普遍和长期存在的隐患，这就需要在实施隐患治理时，主动地、有意识地研究、分析隐患产生原因中的管理因素，发现和掌握其规律，通过修订并贯彻执行有关规章制度和操作规程来从根本上解决问题。

第三节 作业现场安全检查

一、安全检查的类型及其内容 

安全检查是指对生产过程及安全管理中可能存在的隐患、危险与有害因素、缺陷等进行查证，确定隐患或危险与有害因素、缺陷的存在状态及其转化为事故的条件，以便制定整改措施，消除隐患和危险与有害因素，确保生产安全。

安全检查是班组安全管理工作的重要内容，是消除隐患、防止事故发生、改善劳动条件的重要手段。安全检查可以发现在生产过程中班组作业现场的危险因素，以便有计划地制定纠正措施，保障生产安全。

1. 安全检查的类型

（1）定期安全检查

定期安全检查一般是通过有计划、有组织、有目的的形式来实现的，如年度安全检查、季度安全检查、月度安全检查、每周安全检查等。检查周期根据各单位实际情况确定。定期安全检查的范围广，有深度，能及时发现并解决问题。

（2）经常性安全检查

经常性安全检查是采取个别的、日常的巡视方式来实现的。在生产过程中进行经常性安全检查，能及时发现隐患并消除，保障生产正常进行。

（3）季节性及节假日前后安全检查

由各级生产经营单位根据季节变化，按事故发生的规律对易发的潜在危险，突出重点进行季节性安全检查，如冬季防冻保温、防火、防煤气中毒，夏季防暑降温、防汛、防雷电等检查。

由于节假日（特别是重大节日，如元旦、春节、劳动节、国庆节）前后容易发生事故，因而应进行有针对性的安全检查。

（4）专业（项）安全检查

对危险性较大的在用设备设施检查，对作业场所环境条件的管理性或监督性定量检测检验属于专业（项）安全检查。专业（项）安全检查是对某个专项问题或在生产中存在的普遍性安全问题进行的单项定性检查。

专业（项）安全检查具有较强的针对性和专业要求，主要用于检查难度较大的项目。专业（项）安全检查可发现潜在问题，研究整改对策，及时消除隐患，进行技术改造。

（5）综合性安全检查

综合性安全检查一般是由主管部门对下属各企业或生产经营单位进行的全面综合性检查，必要时可组织进行系统的安全评价。

（6）不定期的职工代表巡视安全检查

由企业或工会负责人负责组织有相关专业技术特长的职工代表进行巡视安全检查，重点查国家安全生产方针、法规的贯彻执行情况，查单位领导干部安全生产责任制的执行情况，查职工行使安全生产权利的情况，查事故原因、隐患整改情况，对责任者提出处理意见。此类检查可进一步强化各级领导安全生产责任制的落实，促进维护职工合法权益。

2. 安全检查的内容

安全检查对象的确定应本着突出重点的原则，对于危险性大、易发生事故、事故危害大的生产系统、部位、装置、设备等应加强检查。一般应重点检查：易造成重大损失的易燃易爆危险物品、剧毒品、锅炉、压力容器、起重设备、运输设备、冶炼设备、电气设备、冲压机械，高处作业和本企业易发生工伤、火灾、爆炸等事故的设备、工种、场所及其作业人员；易造成职业中毒或职业病的尘毒点及其作业人员；直接管理重要危险点和有害点的部门及其负责人。

安全检查的内容包括软件系统和硬件系统，具体内容主要包括查思想、查管理、查隐患、查整改、查事故处理。

目前，对非矿山企业，国家有关规定要求强制性检查的项目包括：锅炉、压力容器、压力管道、高压医用氧舱、起重机、电梯、自动扶梯、施工升降机、简易升降机、防爆电气设备、场（厂）内专用机动车辆、客运索道、游艺机及游乐设施等设备设施，以及作业场所的粉尘、噪声、振动、辐射、高温、低温、有毒物质等危害因素。矿山企业要求强制性检查的项目包括：矿井风量、风质、风速及井下温度、湿度、噪声，瓦斯，粉尘，矿山放射性物质及其他有毒有害物质，露天矿山边坡，尾矿坝，提升、运输、装载、通风、排水、瓦斯抽放、压缩空气和起重设备，各种防爆电气设备，电气设备安全保护装置，矿灯，钢丝绳，瓦斯、粉尘及其他有毒有害物质检测仪器、仪表，自救器，救护设备，安全帽，防尘口罩或面罩，防护服，防护鞋，防噪声耳塞、耳罩等。

二、安全检查的方法和工作程序 

1. 安全检查的方法

（1）常规检查

常规检查是一种常见的检查方法。常规检查通常是由安全管理人员作为检查工作的主体，到作业现场，通过感观或借助一定的简单工具、仪表等，对作业人员的行为、作业场所的环境条件、生产设备设施等进行的定性检查。安全检查人员通过这一手段，可及时发现现场存在的事故隐患并采取措施予以消除。

这种方法完全依靠安全检查人员的经验和能力，检查的结果直接受安全检查人员个人素质的影响。因此，常规检查对安全检查人员的要求较高。

（2）安全检查表法

为使检查工作更加规范，降低个人行为对检查结果的影响，常采用安全检查表法。

安全检查表（SCL）是为了系统地找出系统中的不安全因素，事先对系统加以剖析，列出各层次的不安全因素，确定检查项目，并把检查项目按系统的组成顺序进行排序，以便进行检查或评审的一种表格。安全检查表是进行安全检查，发现和查明各种危险和隐患，监督各项安全生产规章制度的实施，及时发现事故隐患并制止违规行为的一个有力工具。

安全检查表应列举须查明的所有可能导致事故的不安全因素。每个检查表均应注明检查时间、检查者、直接负责人等，以便分清责任。安全检查表的设计应做到系统、全面，检查项目应明确。

编制安全检查表的主要依据如下：

1）有关标准、规程、规范及规定。

2）国内外事故案例及本单位在安全管理及生产中的有关经验。

3）通过系统分析确定的危险部位及防范措施。

4）新知识、新成果、新方法、新技术、新法规和新标准。

我国许多行业都编制并实施了符合行业特点的安全检查标准。例如，建筑、火电、机械、煤炭等行业都制定了适用于本行业的安全检查表。企业在实施安全检查工作时，应以行业颁布的安全检查标准为依据，结合本单位情况制定更具可操作性的安全检查表。

（3）仪器检查法

机器、设备内部的缺陷及作业环境条件的真实信息或定量数据，只能通过仪器检查法来进行定量的检验与测量。因此，必要时需要实施仪器检查，以发现事故隐患，从而为后续整改提供信息。由于被检查对象不同，检查所用的仪器和手段也不同。

2. 安全检查的工作程序

安全检查工作一般包括以下几个步骤：

（1）安全检查准备

准备内容如下：

1）确定检查对象、目的、任务。

2）查阅、掌握有关法规、标准、规程的要求。

3）了解检查对象的工艺流程、生产情况、可能出现的危险或危害的情况。

4）制订检查计划，安排检查内容、方法、步骤。

5）编写安全检查表或检查提纲。

6）准备必要的检测工具、仪器，书写表格或记录本。

7）挑选和训练检查人员，并进行必要的分工等。

（2）实施安全检查

实施安全检查就是通过访谈、查阅文件和记录、现场检查、仪器测量的方式获取信息。

1）访谈。与有关人员谈话，了解相关部门、岗位执行规章制度的情况。

2）查阅文件和记录。检查设计文件、作业规程、安全措施、责任制度、操作规程等是否齐全，是否有效；查阅相应记录，判断上述文件是否被执行。

3）现场检查。到作业现场寻找不安全因素、事故隐患、事故征兆等。

4）仪器测量。利用一定的检测检验仪器、设备，对在用的设施、设备、器材状况及作业环境条件等进行检测，以发现事故隐患。

（3）通过分析作出判断

掌握情况（获得信息）之后，就要进行分析、判断和检验。可凭经验、专业知识进行分析、判断，必要时可以通过仪器测量、检验得出正确结论。

（4）及时作出决定进行处理

作出判断后应针对存在的问题作出采取措施的决定，即下达隐患整改意见和要求，包括要求进行信息反馈。

（5）实现安全检查工作闭环

通过复查整改落实情况，获得整改效果的信息，以实现安全检查工作的闭环。

三、安全检查表

1. 安全检查表及其分类

（1）安全检查表的定义

为了系统地识别企业、车间、工段或装置、设备以及操作管理和组织中的不安全因素，事先将要检查的项目以提问的方式编制成表，以便进行系统检查和避免遗漏，这种表就是安全检查表。

安全检查表出现于20世纪20年代，是一种最基础、应用最广泛的风险评价方法。安全检查表种类多、适用面广、使用方便，可根据不同的要求制定不同的检查表进行检查，因此，它作为一种定性安全评价方法有着广泛的应用。

安全检查表法的核心是安全检查表的编制和实施。安全检查表必须包括系统或子系统的全部主要检查点，不能忽略那些主要的、潜在的危险因素，而且还应从检查点中发现与之有关的其他因素。

总之，安全检查表应列明所有可能导致事故发生的不安全因素和岗位的全部职责，其内容主要包括分类、序号、检查内容、回答、处理意见、检查人和检查时间、检查地点、备注等。

通常检查结果用“是（√）”（表示符合要求）或“否（×）”（表示还存在问题，有待进一步改进）来回答检查要点的提问。另外，也可用其他简单的参数来进行回答。有改进措施栏的，应填上整改措施意见。

检查表有许式形式，不论何种形式的检查表，其总体要求如下：一是内容必须全面，以避免遗漏主要的潜在危险；二是重点突出，简明扼要，否则容易掩盖主要危险，分散人们的注意力，反而使评价不准确。为此，可以对重要的检查项目进行标记，以便认真查对。

安全检查表主要有以下优点：

1）检查项目系统、完整，可以做到不遗漏任何可能导致危险的关键因素，因而能保证安全检查的质量。

2）可以根据已有的规章制度、标准、规程等，检查执行情况，得出准确的评价结论。

3）安全检查表采用提问的方式，有问有答，能给人留下深刻的印象，使作业人员知道如何做才是正确的，因而可起到安全教育的作用。

4）编制安全检查表的过程本身就是一个系统安全分析的过程，可使检查人员对系统的认识更深刻，更便于发现危险因素。

（2）安全检查表的分类

安全检查表的分类方法有许多种，如按基本类型分类、按检查内容分类、按使用场合分类等。

目前，安全检查表有三种类型：定性检查表、半定量检查表和否决型检查表。定性检查表可以列出检查要点并逐项检查，检查结果以“是”“否”表示，但检查结果不能量化。半定量检查表可以给每个检查要点赋以分值，检查结果以总分表示，有了量的概念。这样，不同的检查对象可以相互比较，但缺点是对检查要点的准确赋值比较困难，而且个别十分突出的危险不能被充分地表现出来。否决型检查表可以对一些特别重要的检查要点进行标记，这些检查要点如不符合要求，检查结果视为不合格，即具有一票否决的作用，这样可以做到重点突出。

由于安全检查的目的、对象不同，检查的内容也有所区别，因而应根据需要制定不同的检查表。例如，日本消防厅的检查表侧重于事故发生后的消防活动，主要目的是对安全措施进行检查；而日本劳动省的检查表则侧重于劳动灾害，主要目的是对工艺过程的安全管理进行检查。我国化工部于 1990—1992 年发布的 3 个安全检查表侧重于安全管理；而原中国石油天然气总公司安全评价方法中列出的检查表除包括安全管理的内容外，更多地涉及各类生产设备的选型、材质、结构及安全附件等。

安全检查表按其使用场合大致可分为以下几种：

1）设计用安全检查表：主要供设计人员进行安全设计时使用，也可作为审查设计的依据。其内容主要包括厂址选择，平面布置，工艺流程的安全性，建筑物、安全装置、操作的安全性，危险物品的性质、储存与运输，消防设施等。

2）厂级安全检查表：供全厂安全检查时使用，也可供安全管理部门、消防部门进行日常巡回检查时使用。其内容主要包括厂区内各种产品的工艺和装置的危险部位、主要安全装置与设施、危险物品的储存与使用、消防通道与设施、操作管理以及遵章守纪情况等。

3）车间用安全检查表：供车间进行定期安全检查。其内容主要包括人员安全，设备布置，通道、通风、照明、噪声、振动情况，安全标志，消防设施及操作管理等。

4）工段及岗位用安全检查表：主要用作自查、互查及安全教育。其内容应根据岗位的工艺与设备的防灾控制要点确定，要求内容具体易行。

5）专业性安全检查表：由专业机构或职能部门编制和使用。其主要用于定期的专业检查或季节性检查，如对电气设备、压力容器、特殊装置与设备等的专业检查。

2. 安全检查表的编制

（1）安全检查表的内容

安全检查表主要包括以下内容：

1）序号（统一编号）。

2）项目名称，如子系统、车间、工段、设备等。

3）检查内容，在修辞上可用直接陈述句，也可用疑问句。

4）检查标准，如标准要求、指标参数的允许范围。

5）检查方法，如检查记录、现场检查方法（包括使用必要的检测技术与手段）。

6）应得分或列出项目的相对重要程度，或注明必要项目。

7）检查结果，实得分或“是/否”的回答。

8）备注，可注明建议改进措施或情况反馈等事项。

9）检查人与检查时间。

（2）安全检查表的编制依据

编制安全检查表的依据主要有以下几个方面：

1）有关规程、规定和标准。例如，编制烟花爆竹仓储安全检查表，应以《烟花爆竹工程设计安全规范》（GB 50161—2009）及操作规程、作业规程中的相关规定作为依据，对检查涉及的指标规定出安全的临界值，临界值超过规定范围时应立即报告并进行处理，确保检查表的内容符合法规的要求。

2）本单位的经验。由本单位工程技术人员、生产管理人员、作业人员和安全技术人员共同总结经验，分析导致事故的各种潜在的危险因素和外界环境条件。

3）国内外事故案例。认真收集以往发生的事故案例以及在生产、研制和使用中出现的问题，包括国内外同行业、同类事故的案例和资料。

4）系统安全分析的结果。根据其他系统安全分析方法（如事故树分析、事件树分析、故障类型及影响分析和预先危险性分析等）对系统进行分析的结果，将导致事故的各个基本事件作为防止灾害的控制点列入检查表。

（3）安全检查表的编制方法

根据检查对象，安全检查表编制人员可由熟悉系统安全分析的本行业专家（包括工程技术人员）、管理人员以及有经验的一线从业人员组成。主要编制步骤如下：

1）确定检查对象与目的。

2）剖切系统。根据检查对象与目的，把系统剖切成子系统、部件或元件。

3）分析可能的危险性。对各“剖切块”进行分析，找出被分析系统（部件或元件）存在的危险因素，评定其危险程度和可能造成的后果。

4）确定检查要点。根据危险性大小及重要程度，确定检查项目，以提问的形式列出要点并制成表格。

（4）安全检查表编制的注意事项

安全检查表应用后，要通过实践检验不断修改，使之逐步完善。检查表力求系统完整，不漏掉任何可能引发事故的关键危险因素。因此，编制安全检查表应注意以下问题：

1）安全检查表的编制是一个复杂、严谨的过程，应针对不同的检查对象和目的，组织技术人员、管理人员、作业人员等，在结合理论知识和实践经验的基础上，共同完成。

2）安全检查表的编制要以安全技术标准及有关法律规定为依据，在充分了解系统的基础上进行。

3）检查项目要全面、具体、明确，检查表要条理清晰、重点突出、避免重复、简明扼要，尽早发现、排除事故隐患。

4）检查表的编制要有针对性，不同类别的检查表，其适用范围和侧重点都不同，不宜通用。专项与日常、重点与次要、管理人员和作业人员等检查内容要有区分，做到各负其责。

5）检查表中的检查项目要随着工艺和设备的改进而不断更新。

（5）安全检查表实例

表4-1为广东省应急管理厅公布的广东省烟花爆竹批发经营企业安全检查表，以供参考。

表4-1　广东省烟花爆竹批发经营企业安全检查表

序号	检查内容	检查方式	检查情况
1	安全责任制：①安全生产第一责任人必须是企业主要负责人。②安全生产管理人员等人员责任制执行情况应定期考核。③企业主要负责人应按规定定期组织安全检查	查看任命文件和检查记录	
2	安全管理制度和操作规程：①安全设施管理制度、动火用电管理制度、值班保卫等管理制度以及货物查验、拆箱、搬运、运输等安全操作规程。②库区内应牢固张贴有针对性的安全管理制度和操作规程	查看文件档案并现场核查	
3	仓库出入库及租赁管理：①进出库记录应包括产品名称、数量、类别、级别、含药量、生产日期、制造商名称及地址、运输单位、进出库时间、出库流向等情况。②出租仓库的，要查验承租单位的有关安全生产资质，并签订相关协议，明确双方安全生产责任	查看文件记录	
4	安全管理人员配备及培训考核：①配备占本企业从业人员总数1%以上且至少1名的专职安全生产管理人员。②所有从业人员应持证上岗	查看文件记录，抽查从业人员所持证书	
5	应急预案及演练：①应按《生产经营单位安全生产事故应急预案编制导则》（AQ/T 9002—2006）制定应急预案，并按预案规定配备必要的应急救援器材和设备。②每年组织不少于一次应急预案演练	查看相关文件记录	

续表

序号	检查内容	检查方式	检查情况
6	安全生产费用提取：①建立并实施安全生产费用提取制度，应按照销售总额的3%提取安全生产费用。②应按规定缴纳风险抵押金（有A级库房的企业不少于100万元，仅C级库房的企业不少于30万元）	查看文件记录	
7	仓库内外部距离：①与住宅区边缘、村庄边缘、学校、职工人数在50人及以上的工厂企业围墙、220 kV架空输电线路的距离。②与10户或50人以下零散住户、50人以下的工厂企业围墙、110 kV架空输电线路的距离。③与国家铁路、二级及以上公路、35 kV架空输电线路的距离。④与城镇规划边缘的距离。⑤与邻近A级仓库的距离。⑥与邻近C级仓库距离。⑦与库区值班室的距离	现场核查，应填写每个仓库的级别和计算药量，逐一测量内外部距离并与《烟花爆竹工程设计安全规范》（GB 50161—2009）的规定距离对照	
8	库区内部布局：①A级仓库应集中布置，并布置在库区边缘。②库区设置密砌围墙，其高度应不小于2 m，与仓库的距离应不小于5 m。③A级仓库须设置防护土堤，防护土堤顶宽应不小于1 m，底宽应不小于高度的1.5倍	现场核查并查看消防验收文件以及防雷防静电设施检测报告	
9	库房建筑结构：①库房须为单层建筑，库房耐火等级不低于二级。②A、C级库房不应采用独立砖柱承重，库房砖墙厚度应不小于24 cm。③库房的门应向外平开，不得设门槛，门宽应不小于1.2 m		
10	库房安全设施：①仓库安全出口应不少于2个。当面积小于150 m^2，且长度小于18 m时，可设1个。②仓库的窗应能开启，宜配置铁栅和金属网，在勒脚处宜设置进风窗。③仓库区内应设置安全警示标志。④35 kV室外架空线，严禁穿越仓库区；10 kV以下的室外架空线严禁跨越A级和C级库房，库区内架设的架空线路轴线距A级库房应不小于50 m，距C级库房应不小于电杆高度的1.5倍。⑤库房必须设置消防设施，消防供水水泵必须充足可靠。⑥库房必须采取防雷措施，库房出入口应设置消除人体静电的装置		

续表

序号	检查内容	检查方式	检查情况
11	库房仓储产品安全管理：①仓库储存的产品应与许可范围一致，严禁超品种、超量、超范围储存，严禁将 A 级产品储存在 C 级库房内。②应分类分级专库存放，严禁不同级别产品混存。③产品必须有内外两层包装，外包装标志和内包装标志须符合有关规定	查看相关证件并现场核查	
12	库房现场安全：①堆垛间距不小于 0.7 m，运输通道宽度不宜小于 1.5 m，码高应不超过 10 箱并不宜超过 2.5 m。②库房内木地板、垛架和木箱上使用的铁钉、钉头要低于木板外面 3 mm 以上，钉孔要用油灰填塞。③无地板仓库，地面要设置 30 cm 高的垛架，铺以防潮材料。④库房内应有测温、测湿计，每天进行检查登记	现场核查并查看文件记录	
13	库房电气安全：①A 级库房外必须设置电子监控设施，且合格有效。②A 级仓库内不应装设电气设备，C 级仓库内应选择密封防爆型电气设备。③A 级和 C 级仓库外的电气照明，应选用密封防爆型灯。④C 级库房内电气线路，应采用绝缘电线穿钢管敷设或采用电缆	现场核查并查看有关检测报告	

现场安全检查结论意见	参加现场检查人员签名表			
	姓名	专业	职务或职称	工作单位

被核查企业负责人（签名）：

第四节　劳动防护用品和安全标志、职业病危害警示标识

当作业现场安全技术措施尚不能消除生产劳动过程中的危险、有害因素，作业环境达不到国家标准、行业标准及有关规定，也暂时无法进行技术改造时，使用劳动防护用

品就成为既能完成生产劳动任务，又能保障作业人员安全与健康的唯一手段。根据《企业安全生产标准化基本规范》（GB/T 33000—2016）的规定，用人单位应按照有关规定和工作场所的安全风险特点，在有重大危险源、较大危险因素和严重职业病危害因素的工作场所，设置明显的、符合有关规定要求的安全标志和职业病危害警示标识。

在生产一线，不仅要根据法律法规的要求配备劳动防护用品，设置安全标志、职业病危害警示标识，还要按照用人单位的要求，依法依规地做好相应的维护和管理工作，使其能够发挥应有的安全防护功能。

一、劳动防护用品的分类 

1. 劳动防护用品及其特点

劳动防护用品是指由用人单位为从业人员配备的，使其在劳动过程中免遭或者减轻事故伤害及职业病危害的个体防护装备。劳动防护用品是保护从业人员安全与健康必不可少的辅助措施，是防止从业人员受到职业病危害的最后一项有效措施。同时，劳动防护用品与从业人员的福利待遇以及保障产品质量、产品卫生和生活卫生需要的非防护性工作用品有着原则性的区别。具体来说，劳动防护用品具有以下 3 个特点：

（1）特殊性

劳动防护用品不同于一般的商品，它是保障从业人员安全与健康的特殊用品，用人单位必须按照国家和各省、市对劳动防护用品的有关规定进行选择和发放。尤其是特种劳动防护用品，因其具有特殊的防护功能，国家在生产、使用、购买等环节中都有严格的要求。

（2）适用性

劳动防护用品的适用性既包括劳动防护用品选择的适用性，也包括使用的适用性。选择的适用性是指必须根据不同的工种和作业环境以及使用者的自身特点等选用合适的劳动防护用品。例如，耳塞和防噪声帽有大小型号之分，如果选择的型号太小，就无法很好地起到防护噪声的作用。使用的适用性是指劳动防护用品须在进入工作岗位时使用，这不仅要求产品的防护性能可靠，确保使用者的安全，而且还要求产品适用性能好、方便、灵活，使用者乐于使用。因此，对于结构较复杂的劳动防护用品，生产厂家应经过一定时间试用，对其适用性及推广应用价值进行科学评价后才能投产销售。

（3）时效性

劳动防护用品均有一定的使用寿命。例如，橡胶、塑料等制品，长时间受紫外线及冷热温差影响会逐渐老化而易折断。有些护目镜和面罩，受光线照射，受空气中酸、碱蒸气的腐蚀，或因反复擦拭，镜片的透光率会逐渐下降而失去使用价值。绝缘鞋（靴）、防静电鞋和导电鞋等，随着鞋底的磨损，性能将会改变。一些劳动防护用品的零件长期使用会磨损，影响力学性能。有些劳动防护用品的保存条件也会影响其使用寿命，如温度及湿度等。

2. 劳动防护用品具体分类

（1）按人体保护部位分类

《劳动防护用品分类与代码》（LD/T 75—1995）实行以人体保护部位划分的分类标准，将劳动防护用品分为头部防护用品、呼吸器官防护用品、眼（面）部防护用品、听觉器官防护用品、手部防护用品、足部防护用品、躯干防护用品、护肤用品、防坠落及其他防护用品九大类。

1）头部防护用品包括一般工作帽、安全帽、防尘帽、防静电帽等。

2）呼吸器官防护用品包括防尘口罩和防毒面罩等。

3）眼（面）部防护用品包括防护眼镜和防护面罩等。

4）听觉器官防护用品包括耳塞、耳罩和防噪声头盔等。

5）手部防护用品包括一般防护手套、防水手套、防寒手套、防毒手套、防静电手套、防高温手套、防 X 射线手套、防酸（碱）手套、防振手套、防切割手套、绝缘手套等。

6）足部防护用品包括防尘鞋、防水鞋、防寒鞋、防静电鞋、防酸（碱）鞋、防油鞋、防烫鞋、防滑鞋、防刺穿鞋、电绝缘鞋、防振鞋等。

7）躯干防护用品包括一般防护服、防水服、防寒服、防砸背心、防毒服、阻燃服、防静电服、防高温服、防电磁辐射服、耐酸（碱）服、防油服、水上救生衣、防昆虫服、防风沙服等。

8）护肤用品包括防毒护肤用品、防腐护肤用品、防射线护肤用品、防油护肤用品等。

9）防坠落用品包括安全带和安全网等。

（2）按防御的职业病危害因素分类

根据《用人单位劳动防护用品管理规范》，劳动防护用品分为以下十大类：

1）防御物理、化学和生物危险、有害因素对头部伤害的头部防护用品。

2）防御缺氧空气和空气污染物进入呼吸道的呼吸防护用品。

3）防御物理和化学危险、有害因素对眼面部伤害的眼面部防护用品。

4）防噪声危害及防水、防寒等的听力防护用品。

5）防御物理、化学和生物危险、有害因素对手部伤害的手部防护用品。

6）防御物理和化学危险、有害因素对足部伤害的足部防护用品。

7）防御物理、化学和生物危险、有害因素对躯干伤害的躯干防护用品。

8）防御物理、化学和生物危险、有害因素损伤皮肤或引起皮肤疾病的护肤用品。

9）防止高处作业人员坠落或者高处落物伤害的坠落防护用品。

10）其他防御危险、有害因素的劳动防护用品。

二、劳动防护用品管理

依据《用人单位劳动防护用品管理规范》和其他法律、法规的规定，用人单位应当依法为从业人员提供劳动防护用品，采取保障从业人员安全与健康的辅助性、预防性措施，不得以劳动防护用品替代工程防护设施和其他技术、管理措施。

1. 劳动防护用品管理要求

（1）用人单位应当健全管理制度，加强劳动防护用品配备、发放、使用等管理工作。

（2）用人单位应当安排专项经费用于配备劳动防护用品，不得以货币或者其他物品替代。该项经费计入生产成本，据实列支。

（3）用人单位应当为从业人员提供符合国家标准或者行业标准的劳动防护用品。使用进口的劳动防护用品，其防护性能不得低于我国相关标准。

（4）从业人员在作业过程中，应当按照规章制度和劳动防护用品使用规则，正确佩戴和使用劳动防护用品。

（5）用人单位使用的劳务派遣工、接纳的实习学生应当纳入本单位人员统一管理，并配备相应的劳动防护用品。对处于作业地点的其他外来人员，必须按照与进行作业的从业人员相同的标准，正确佩戴和使用劳动防护用品。

2. 劳动防护用品的选用

（1）用人单位劳动防护用品选择程序和依据

用人单位应按照识别、评价、选择的程序，结合从业人员作业方式和工作条件，并考虑其个人特点及劳动强度，选择防护功能和效果适用的劳动防护用品。劳动防护用品选择程序如图 4-1 所示。

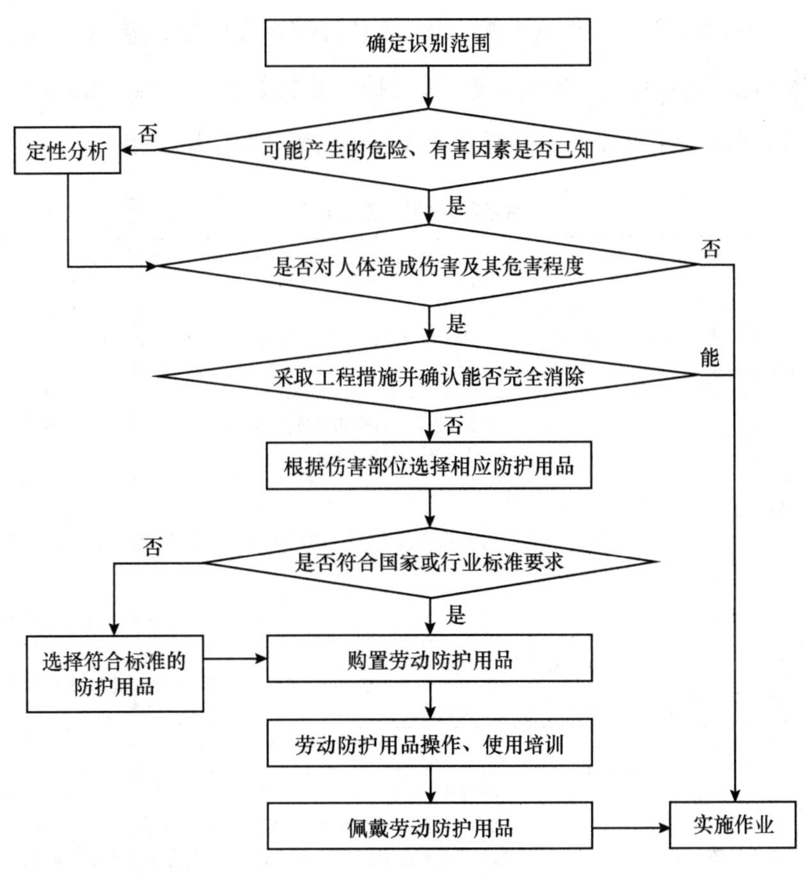

图 4-1　劳动防护用品选择程序

1）接触粉尘、有毒有害物质的从业人员应当根据不同粉尘种类、粉尘浓度及游离二氧化硅含量和毒物的种类及浓度配备相应的呼吸器（详见表 4-2）、防护服、防护手套和防护鞋等。具体可参照《呼吸防护　自吸过滤式防颗粒物呼吸器》（GB 2626—2019）、《呼吸防护用品的选择、使用与维护》（GB/T 18664—2002）、《防护服装　化学防护服的选择、使用和维护》（GB/T 24536—2009）、《手部防护　防护手套的选择、使用和维护指南》（GB/T 29512—2013）和《个体防护装备　足部防护鞋（靴）的选择、使用和维护指南》（GB/T 28409—2012）等标准。

2）接触噪声的从业人员，当暴露于 80 dB≤$L_{EX,8\,h}$<85 dB 的工作场所时，应当根据从业人员需求为其配备适用的护听器；当暴露于 $L_{EX,8\,h}$≥85 dB 的工作场所时，用人单位必须为从业人员配备适用的护听器，并指导从业人员正确佩戴和使用（详见表 4-2）。具体可参照《护听器的选择指南》（GB/T 23466—2009）。

3）工作场所中存在电离辐射危害的，经危害评价确认从业人员须佩戴劳动防护用品的，用人单位可参照电离辐射的相关标准及《个体防护装备配备基本要求》（GB/T 29510—2013）为从业人员配备劳动防护用品，并指导从业人员正确佩戴和使用。

表 4-2　呼吸器和护听器的选用

危害因素	分类	要求
颗粒物	一般粉尘，如煤尘、水泥尘、木粉尘、云母尘、滑石尘及其他粉尘	过滤效率至少满足《呼吸防护　自吸过滤式防颗粒物呼吸器》（GB 2626—2019）（以下简称 GB 2626）规定的 KN90 级别的防颗粒物呼吸器
	石棉	可更换式防颗粒物半面罩或全面罩，过滤效率至少满足 GB 2626 规定的 KN95 级别的防颗粒物呼吸器
	矽尘、金属粉尘（如铅尘、镉尘）、砷尘、烟（如焊接烟、铸造烟）	过滤效率至少满足 GB 2626 规定的 KN95 级别的防颗粒物呼吸器
	放射性颗粒物	过滤效率至少满足 GB 2626 规定的 KN100 级别的防颗粒物呼吸器
	致癌性油性颗粒物（如焦炉烟、沥青烟等）	过滤效率至少满足 GB 2626 规定的 KP95 级别的防颗粒物呼吸器
化学物质	窒息气体	隔绝式正压呼吸器
	无机气体、有机蒸气	防毒面具 面罩类型：工作场所毒物浓度超标不大于 10 倍，使用送风式或自吸过滤式半面罩；工作场所毒物浓度超标不大于 100 倍，使用送风式或自吸过滤式全面罩；工作场所毒物浓度超标大于 100 倍，使用隔绝式或送风过滤式全面罩
	酸、碱性溶液、蒸气	防酸碱面罩、防酸碱手套、防酸碱服、防酸碱鞋
噪声	从业人员暴露于工作场所 80 dB≤$L_{EX,8\,h}$<85 dB 的	用人单位应根据从业人员需求为其配备适用的护听器
	从业人员暴露于工作场所 $L_{EX,8\,h}$≥85 dB 的	用人单位应为从业人员配备适用的护听器，并指导从业人员正确佩戴和使用。从业人员暴露于工作场所 $L_{EX,8\,h}$ 为 85~95 dB 的，应选用护听器 SNR（信噪比）为 17~34 dB 的耳塞或耳罩；从业人员暴露于工作场所 $L_{EX,8\,h}$≥95 dB 的，应选用护听器 SNR≥34 dB 的耳塞、耳罩或者同时佩戴耳塞和耳罩，耳塞和耳罩组合使用时的声衰减值，可按二者中较高的声衰减值增加 5 dB 估算

（2）劳动防护用品选择的其他要求

1）同一工作地点存在不同种类的危险、有害因素时，应当为从业人员同时提供防御各类危害的劳动防护用品。需要同时配备的劳动防护用品，还应考虑其可兼容性。

2）从业人员在不同地点工作，并接触不同的危险、有害因素，或接触不同危害程度的危险、有害因素时，为其选配的劳动防护用品应满足不同工作地点的防护需求。

3）劳动防护用品的选择应当考虑其佩戴的合适性和基本舒适性，根据个人特点和需求选择适合的型号、式样。

4）用人单位应当在可能发生急性职业损伤的有毒有害工作场所配备应急劳动防护用品，放置于现场临近位置并设置醒目标识。

5）用人单位应当为巡检等流动性作业的从业人员配备随身携带的个人应急防护用品。

3. 劳动防护用品的采购、发放、培训及使用

（1）用人单位应当根据工作场所中存在的危险、有害因素种类及危害程度以及劳动环境条件、劳动防护用品有效使用时间制定适合本单位的劳动防护用品配备标准。

（2）用人单位应当根据劳动防护用品配备标准制订采购计划，购买符合标准的合格产品。

（3）用人单位应当查验并保存劳动防护用品检验报告等质量证明文件的原件或复印件。

（4）用人单位应当按照本单位制定的配备标准发放劳动防护用品，并做好登记。

（5）用人单位应当对从业人员进行劳动防护用品使用、维护等专业知识的培训。

（6）用人单位应当督促从业人员在使用劳动防护用品前，对劳动防护用品进行检查，确保外观完好、部件齐全、功能正常。

（7）用人单位应当定期对劳动防护用品的使用情况进行检查，确保从业人员正确使用。

4. 劳动防护用品维护、更换及报废

（1）应当按照要求妥善保存劳动防护用品，及时更换，保证其在有效期内。公用的劳动防护用品应当由车间或班组统一保管，定期维护。

（2）用人单位应当对应急劳动防护用品进行经常性的维护、检修，定期检测劳动防护用品的性能和效果，保证其完好有效。

（3）用人单位应当按照劳动防护用品发放周期定期发放，对工作过程中损坏的，用人单位应及时更换。

（4）安全帽、呼吸器、绝缘手套等安全性能要求高、易损耗的劳动防护用品，应当按照有效防护功能最低指标和有效使用期，到期强制报废。

三、安全标志、职业病危害警示标识 

1. 安全标志及其使用

（1）安全色

安全色是指用以传递安全信息含义的颜色，包括红、蓝、黄、绿 4 种颜色。

1）红色。用以传递禁止、停止、危险或者提示消防设备设施的信息，如禁止标志等。

2）蓝色。用以传递必须遵守规定的指令性信息，如指令标志等。

3）黄色。用以传递注意、警告的信息，如警告标志等。

4）绿色。用以传递安全的提示信息，如提示标志等。

安全色普遍适用于公共场所、生产经营单位和交通运输、建筑、仓储等行业以及消防等领域所使用的信号和标志的表面颜色，但是不适用于灯光信号和航海、内河航运以及其他目的而使用的颜色。

（2）对比色

对比色是指使安全色更加醒目的反衬色，包括黑、白 2 种颜色。

安全色与对比色同时使用时，应按规定搭配。安全色的对比色见表 4–3。

表 4–3　安全色的对比色

安全色	对比色
红色	白色
蓝色	白色
黄色	黑色
绿色	白色

黑色用于安全标志的文字、图形符号和警告标志的几何边框；白色作为安全标志红、蓝、绿色的背景色，也可用于安全标志的文字和图形符号；红色与白色相间条纹表示禁

止或提示消防设备、设施位置的安全标记；黄色与黑色相间条纹表示危险位置的安全标记；蓝色与白色相间条纹表示指令的安全标记，传递必须遵守规定的信息；绿色与白色相间条纹表示安全环境的安全标记。

（3）安全标志

安全标志是由安全色、几何图形和图形符号构成的，是用来表达特定安全信息的标记，分为禁止标志、警告标志、指令标志和提示标志四类。禁止标志的含义是禁止人们的不安全行为。警告标志的含义是提醒人们对周围环境引起注意，以避免可能发生的危险。指令标志的含义是强制人们必须做出某种动作或采取防范措施。提示标志的含义是向人们提供某种信息（如标明安全设施或场所等）。

（4）安全标志的使用与管理

《安全标志及其使用导则》（GB 2894—2008）等规定了安全色、基本安全图形和符号，以及安全标志的使用与管理规定。烟花爆竹等一些行业根据《安全标志及其使用导则》（GB 2894—2008）的原则制定了有本行业特色的安全标志（图形或符号）。

2. 职业病危害警示标识和告知卡管理

（1）职业病危害警示标识和告知卡

《职业病防治法》规定，产生职业病危害的用人单位，应当在醒目位置设置公告栏，公布有关职业病防治的规章制度、操作规程、职业病危害事故应急救援措施和工作场所职业病危害因素检测结果。对产生严重职业病危害的作业岗位，应当在其醒目位置，设置警示标识和中文警示说明。警示说明应当载明产生职业病危害的种类、后果、预防以及应急救治措施等内容。

向用人单位提供可能产生职业病危害的设备的，应当提供中文说明书，并在设备的醒目位置设置警示标识和中文警示说明。警示说明应当载明设备性能、可能产生的职业病危害、安全操作和维护注意事项、职业病防护以及应急救治措施等内容。向用人单位提供可能产生职业病危害的化学品、放射性同位素和含有放射性物质的材料的，应当提供中文说明书。说明书应当载明产品特性、主要成分、存在的有害因素、可能产生的危害后果、安全使用注意事项、职业病防护以及应急救治措施等内容。产品包装应当有醒目的警示标识和中文警示说明。储存上述材料的场所应当在规定的部位设置危险物品标识或者放射性警示标识。

工作场所（地点）是从业人员接触职业病危害最直接、最频繁的地点。用人单位工作场所（地点）中存在粉尘、毒物、噪声、高温、电离辐射以及有毒有害物质等职业病危害的，应当按照《工作场所职业病危害警示标识》（GBZ 158—2013）和《高毒物品作业岗位职业病危害告知规范》（GBZ/T 203—2007），结合用人单位存在的职业病危害实际情况，在醒目位置设置职业病危害警示标识、中文警示说明和职业病危害告知卡。

（2）职业病危害警示标识

职业病危害警示标识是指在工作场所中设置的可以提醒从业人员对职业病危害产生警觉并采取相应防护措施的图形标识、警示线、警示语句和文字说明以及组合使用的标识等。用人单位应在产生或存在职业病危害因素的工作场所、作业岗位、设备、材料（产品）包装、储存场所设置相应的警示标识。产生职业病危害的工作场所，应当在工作场所入口处及产生职业病危害作业岗位或设备附近的醒目位置设置警示标识。警示标识包括图形标识、警示语句、职业病危害告知卡等。

1）图形标识。根据《工作场所职业病危害警示标识》规定，图形标识分为禁止标识、警告标识、指令标识和提示标识。

①禁止标识。禁止不安全行为的图形，如禁止入内、禁止停留和禁止启动标识。

②警告标识。提醒注意周围环境，以避免可能发生的危险的图形，如当心中毒、当心腐蚀、当心感染等标识。

③指令标识。强制做出某种动作或采用防范措施的图形，如戴防护镜、戴防毒面具、戴防尘口罩等标识。

④提示标识。提供相关安全信息的图形，如救援电话标识。

2）警示线。警示线是界定和分隔危险区域的标识线，分为红色、黄色和绿色 3 种，见表 4-4。按照实际需要，警示线可喷涂在地面或制成色带设置。

生产、使用有毒物品工作场所应当设置黄色警示线。生产、使用高毒、剧毒物品工作场所应当设置红色警示线。警示线设在生产、使用有毒物品的车间周围外缘不少于 30 cm 处，警示线宽度不少于 10 cm。

室外、野外放射工作场所及室外、野外放射性同位素及其储存场所应设置相应警示线；开放性放射工作场所监督区设置黄色警示线，控制区设置红色警示线。

表 4-4 警示线名称及图形符号

编号	名称及图形符号	设置范围和地点
1	红色警示线	高毒物品作业场所、放射作业场所、紧邻事故危害源周边
2	黄色警示线	一般有毒物品作业场所、紧邻事故危害区域的周边
3	绿色警示线	事故现场救援区域的周边

3）警示语句。警示语句是一组表示禁止、警告、指令、提示或描述工作场所职业病危害的词语。警示语句可单独使用，也可与图形标识组合使用。基本警示语句见表 4-5。

表 4-5 基本警示语句

编号	语句内容	编号	语句内容
1	禁止入内	21	左行紧急出口
2	禁止停留	22	右行紧急出口
3	禁止启动	23	直行紧急出口
4	当心中毒	24	急救站
5	当心腐蚀	25	救援电话
6	当心感染	26	刺激眼睛
7	当心弧光	27	遇湿具有刺激性
8	当心辐射	28	刺激性
9	注意防尘	29	刺激皮肤
10	注意高温	30	腐蚀性
11	有毒气体	31	遇湿具有腐蚀性
12	噪声有害	32	窒息性
13	戴防护镜	33	剧毒
14	戴防毒面具	34	高毒
15	戴防尘口罩	35	有毒
16	戴护耳器	36	有毒有害
17	戴防护手套	37	遇湿分解放出有毒气体
18	穿防护鞋	38	当心有毒气体
19	穿防护服	39	接触可引起伤害
20	注意通风	40	皮肤接触可对健康产生危害

续表

编号	语句内容	编号	语句内容
41	对健康有害	49	戴防护面具
42	接触可引起伤害和死亡	50	戴防溅面具
43	麻醉作用	51	佩戴射线防护用品
44	当心眼损伤	52	未经许可，不许入内
45	当心灼伤	53	不得靠近
46	强氧化性	54	不得越过此线
47	当心中暑	55	泄险区
48	佩戴呼吸防护器	56	不得触摸

4）警示说明。使用可能产生职业病危害的化学品、放射性同位素和含有放射性物质的材料的，必须在使用岗位设置醒目的警示标识和中文警示说明，警示说明应当载明产品特性、主要成分、存在的有害因素、可能产生的危害后果、安全使用注意事项、职业病防护以及应急救治措施等内容。

使用可能产生职业病危害的设备的，除按规定设置警示标识外，还应当在设备醒目位置设置中文警示说明。警示说明应当载明设备性能、可能产生的职业病危害、安全操作和维护注意事项、职业病防护以及应急救治措施等内容。

为用人单位提供可能产生职业病危害的设备或可能产生职业病危害的化学品、放射性同位素和含有放射性物质的材料的，应当依法在设备或者材料的包装上设置警示标识和中文警示说明。以甲醛为例，其职业病危害中文警示说明见表 4-6。

（3）职业病危害告知卡

对产生严重职业病危害的作业岗位，除设置警示标识外，还应当按照《高毒物品作业岗位职业病危害告知规范》（GBZ/T 203—2007）的规定，在其醒目位置设置职业病危害告知卡（以下简称告知卡）。告知卡应当标明职业病危害因素名称、理化特性、健康危害、接触限值、防护措施、应急处理及急救电话、职业病危害因素检测结果及检测时间等。符合以下条件之一，即为产生严重职业病危害的作业岗位：

1）存在矽尘或石棉粉尘的作业岗位。

2）存在致癌、致畸等有害物质或者可能导致急性职业性中毒的作业岗位。

3）放射性危害作业岗位。

表 4-6　　甲醛职业病危害中文警示说明

甲醛 分子式：HCHO　　相对分子质量为 30.03	
理化特性	常温为无色、有刺激性气味的气体，沸点为-19.5 ℃，能溶于水、醇、醚，水溶液称福尔马林，杀菌能力极强。15 ℃以下易聚合，置空气中氧化为甲酸
可能产生的危害后果	低浓度甲醛蒸气对眼、上呼吸道黏膜有强烈刺激作用，高浓度甲醛蒸气对中枢神经系统有毒性作用，可引起中毒性肺水肿 主要症状：眼痛流泪、喉痒及胸闷、咳嗽、呼吸困难、口腔糜烂、上腹痛、吐血、眩晕、恐慌不安、步态不稳甚至昏迷。皮肤接触可引起皮炎，有红斑、丘疹、瘙痒、组织坏死等
职业病危害防护措施	①使用甲醛设备应密闭，不能密闭的应加强通风排毒 ②注意个人防护，穿戴劳动防护用品 ③严格遵守安全操作规程
应急救治措施	①撤离现场，移至新鲜空气处，吸氧 ②皮肤黏膜损伤，立即用 2%的碳酸氢钠（$NaHCO_3$）溶液或大量清水冲洗 ③立即与医疗急救单位联系抢救

根据《工作场所职业病危害警示标识》（GBZ 158—2003）的规定，存在《高毒物品目录》中化学毒物的工作场所也应当在醒目位置设置职业病危害告知卡。以苯为例，其职业病危害告知卡见表 4-7。

表 4-7　　苯职业病危害告知卡

<table>
<tr><td colspan="3">有毒物品，对人体有害，请注意防护</td></tr>
<tr><td rowspan="2">苯
benzene</td><td>健康危害</td><td>理化特性</td></tr>
<tr><td>经呼吸道、口和皮肤进入人体，大剂量会致人死亡；高浓度会引起嗜睡、眩晕、头痛、心跳加快、震颤、意识障碍和昏迷等，经口还会引起恶心、肠胃刺激等；长期接触会引起贫血、易出血、易感染，严重时会引起白血病和造血器官癌症</td><td>不溶于水，遇热、明火易燃烧、爆炸</td></tr>
<tr><td rowspan="4">当心中毒</td><td colspan="2">应急处理</td></tr>
<tr><td colspan="2">急性中毒：立即脱离现场至空气新鲜处，脱去污染的衣物，用肥皂水或清水冲洗污染的皮肤。立即与医疗急救单位联系</td></tr>
<tr><td colspan="2">注意防护</td></tr>
<tr><td colspan="2"></td></tr>
<tr><td colspan="3">急救电话：120　　　　职业卫生咨询电话：</td></tr>
</table>

（4）公告栏与职业病危害警示标识的设置与管理

1）公告栏和职业病危害警示标识设置场所。公告栏和职业病危害警示标识的主要作用是使从业人员对职业病危害因素产生警觉，并自觉采取相应防护措施。用人单位职业卫生管理人员应熟悉本单位常见的职业病危害，并掌握相应的职业病危害警示标识及如何设置。

①公告栏应设置在用人单位办公区域、工作场所入口处等方便从业人员观看的醒目位置。

②告知卡应设置在产生或存在严重职业病危害的作业岗位附近的醒目位置。

③用人单位多处场所都涉及同一职业病危害因素的，应在各工作场所入口处均设置相应的警示标识。

④工作场所内存在多个产生相同职业病危害因素的作业岗位的，临近的作业岗位可以共用警示标识、中文警示说明和告知卡。

⑤多个警示标识在一起设置时，应按禁止、警告、指令、提示类型的顺序，先左后右、先上后下排列。

⑥可能产生职业病危害的设备及化学品、放射性同位素和含放射性物质的材料（产品）包装上，可直接粘贴、印刷或者喷涂警示标识。

此外，公告栏和职业病危害警示标识设置的位置应具有良好的照明条件，不应设置在门窗上或可移动的物体上，且其前面不得放置妨碍认读的障碍物。

若工作场所出现了新的职业病危害因素，应判断是否需要增加新的警示标识。当国家或地方制定的工作场所职业病危害告知和警示规定发生变化时，应按照新的标准和要求设置警示标识。工作场所职业病危害告知和警示标识内容应列入用人单位职业卫生培训范围，职业卫生管理人员、从业人员均应了解和掌握相关内容，理解警示标识的含义和应对措施。

2）公告栏、告知卡和警示标识制作规格。公告栏和告知卡制作时应使用坚固材料，尺寸大小应满足内容需要，内容应通俗易懂、字迹清楚、颜色醒目，设置的高度应适合从业人员阅读。警示标识（不包括警示线）制作应选用坚固耐用、不易变形变质、阻燃的材料。有触电危险的工作场所则应使用绝缘材料。

警示标识的规格要求等按照《工作场所职业病危害警示标识》（GBZ 158—2003）执

行，避免设置无效的警示标识。

3）公告栏与警示标识的维护与更换。公告栏和警示标识由于环境或人为影响，可能发生破损，应及时更新；公告栏内容和警示标识在相关工艺或国家标准变动后，也应及时更新。因此，职业卫生管理人员需要定期对其进行检查和更换，使从业人员掌握最新、最准确的职业病危害相关知识。

公告栏中公告内容发生变动后应及时更新，职业病危害因素检测结果应在收到检测报告之日起 7 日内更新。生产工艺发生变更时，应在工艺变更完成后 7 日内补充完善相应的公告内容与警示标识。

告知卡和警示标识应至少每半年检查一次，发现有破损、变形、变色、图形符号脱落等影响使用的问题时，应及时修整或更换。

用人单位应按照《国家安全监管总局办公厅关于印发职业卫生档案管理规范的通知》（安监总厅安健〔2013〕171 号）的要求，完善职业病危害告知与警示标识档案材料，并将其存放于本单位的职业卫生档案。

第五章　生产安全事故应急救援

第一节　事故现场应急处置、避险自救与急救

一、事故现场应急处置的基本内容 

1. 事故现场应急处置原则

（1）快速反应原则

任何事故都具有突发性、连带性和不确定性等特点，这些特点决定了在现场应急处置过程中，任何时间上的延误都有可能加大应急处置工作的难度，导致损失扩大，引发更为严重的后果。因此，在应急处置过程中，必须坚持做到快速反应，力争在最短的时间内到达现场、控制事态、减少损失，以最高的效率与最快的速度救助受害者，并为尽快地恢复正常的工作秩序、社会秩序、生活秩序创造条件。

任何事故都没有现成的现场应急处置模式，一方面要遵循事故处置的一般原则，另一方面也需要根据事件的性质与所影响的范围灵活掌握、灵活处理。有的事故在爆发的瞬间就已结束，没有继续蔓延的条件；大多数事故在救援和处置过程中可能还会继续蔓延扩大，如果处置不及时，很可能带来灾难性的后果，甚至引发其他灾害事故。事故现场控制的作用，首先体现在防止事故继续蔓延扩大方面，必须在事发的第一时间做出反应，以最快的速度和最高的效率进行现场控制。因此，快速反应原则是事故应急处置中的首要原则。

（2）救助原则

大量的事故案例研究表明，造成严重后果的原因之一就是反应不及时，受害者不能得到及时救助。在提倡以人民为中心的当今社会，应急处置的首要目标是人员的安全，救助原则与快速反应原则的本质要求就是减少人员的伤亡。

每当事故发生，都会产生许多数量和范围不确定的受害者。受害者的范围不仅包括事故的直接受害者，还包括直接受害者的亲属、朋友以及周围其他利益相关的人员。受害者所需要的救助往往是多方面的，这不仅体现在生理上，很多时候也体现在心理和精神层面上。例如，火灾、爆炸和恐怖袭击等灾难性事故现场往往会有大量的伤亡人员（直接受害者），他们会在生理和心理上承受双重打击；同时，事故的幸存者和亲历者虽然没有明显的心理创伤，但也会产生各种各样的负面心理。因此，事故应急处置部门和人员在进行现场控制的同时，应立即展开对受害者的救助，及时抢救护送危重伤员，救援受困群众，妥善安置死亡人员，安抚在精神与心理上受到严重冲击的受害者。

（3）人员疏散原则

在大多数事故应急处置中，把处于危险境地的受害者尽快疏散到安全地带，避免出现更大伤亡，是一项极其重要的工作。在很多伤亡惨重的事故中，没有及时进行人员疏散是造成群死群伤的主要原因。

无论是自然灾害还是人为的事故，在决定是否疏散人员的过程中，一般需要考虑的因素如下：

1）是否可能对群众的生命和健康造成危害，特别要考虑是否存在潜在危险性。

2）事故的危害范围是否会扩大或者蔓延。

3）是否会对环境造成破坏性的影响。

（4）保护现场原则

按照一般的程序，事故应急处置工作结束之后，或在应急处置过程中的适当时机，就应开始进行调查工作，以分析事故原因与性质，发现、收集有关证据，确定事故的责任者。在应急处置过程中，特别是对现场的控制做出安排时，一定要注意对现场进行有效的保护，以便于日后开展调查工作。在实践中容易出现的问题是，应急救援人员的注意力都集中在救助伤亡人员或防止事故蔓延扩大上，而忽略了对现场与证据的保护，结果在事后发现其中有犯罪嫌疑，需要收集证据时，现场已遭到破坏，使调查工作处于被动局面。因此，必须在进行现场控制的整个过程中，把保护现场作为工作原则贯穿始终。虽然对事故的应急处置与调查处理是不同的环节与过程，但在实际工作中不能把两者截然分开。

（5）保护应急救援人员安全的原则

在一些事故的应急现场，一些应急指挥人员会发出不惜任何代价（包括应急救援人员的生命）也要救援之类的指令，结果造成更大的伤亡和损失。这种精神在某种情况之下是值得提倡和发扬的，但在应急处置过程中，如果没有科学的方法与态度，这种精神就可能成为一种盲目的、不负责任的冲动。从理性的角度考虑，在事故的应急处置中，应当明确的一个基本目标是保障所有人的安全，既包括受害者和潜在的受害者，也包括应急人员，而且首先要保障应急救援人员的安全，不能为了执行一个不负责任的命令而不顾应急人员的安全。事故现场的应急指挥人员在指导思想上也应当充分地权衡各种利弊得失，尽可能使现场的应急决策科学化与最优化，避免不必要的牺牲。

2. 事故应急处置工作内容

《生产经营单位生产安全事故应急预案编制导则》（GB/T 29639—2020）规定，应急处置主要包括以下内容：

（1）事故应急处置程序

根据可能发生的事故类型及现场情况，明确事故报警、各项应急措施启动、应急救援人员的引导、事故扩大及同企业应急预案的衔接程序。

（2）现场应急处置措施

针对可能发生的事故，从工艺操作、现场处置、事故控制、人员救护、消防、现场恢复等方面制定明确的应急处置措施。

（3）事故报告

明确事故报警电话及上级管理部门、相关应急救援单位联络方式和联系人员，明确事故报告的基本要求和内容。

3. 现场控制的基本方法

在事故现场应急处置过程中，对现场的控制是必不可少的，要做出一系列的应急安排，以防止事故进一步蔓延扩大，把人员伤亡与财产损失减少到最低。但由于事故发生的时间、环境、地点不同，事故类型、影响范围、损失程度不尽相同，其所需要的控制手段（包括应急资源）也不相同。因此，在不同的事故现场，应该采取不同的控制方法。事故现场控制的一般方法可分为以下几种：

（1）警戒线控制法

警戒线控制法是由参加现场应急处置工作的人员对需要保护的重大或者特别重大事故的现场采取特别保护的方法，防止非应急处置人员与其他无关人员随意进出，干扰应急处置工作。在重特大灾难现场或其他相关场所，根据不同情况或需要，应安排公安机关及其他有关部门从应急现场核心开始，向外设置多层警戒。

现场设置警戒线，一方面是为了保障参加现场应急处置工作的人员能顺利进出，另一方面可避免外来的未知因素对现场的安全构成威胁，避免现场可能存在的各种危险源对周围无关人员的安全造成威胁。应急警戒范围，应坚持宜大不宜小的原则，保留必要的警戒冗余度，以防止现场人员大规模无序流动。在实践中，各国普遍的做法是设置两层警戒，由高密度向低密度布置警戒人员。

（2）区域控制法

在有些事故的应急处置过程中，可能点多面广，需要处置的问题较多，存在先后顺序的问题；也可能由于环境等因素的影响，需要对某些局部区域采取不同的控制措施，控制进入现场的人员数量。区域控制法是在不破坏现场的前提下，在现场外围对整个应急现场环境进行总体观察，确定重点区域、重点地带以及危险区域、危险地带。一般遵循的原则：先重点区域，后一般区域；先危险区域，后安全区域；先外后内，最后为中心区域。具体实施区域控制时，一般应当在现场专业处置人员的指导下进行，由事发单位或事发地的公安机关指派专门人员具体实施；对于重特大灾难应急现场，还应当由穿着制服的警察实施区域控制。

（3）遮盖控制法

遮盖控制法是保护现场与现场证据的一种方法。在应急处置现场，有些物证的时效性要求往往比较高，天气因素的变化可能会影响证据的真实性；有时现场比较复杂，破坏比较严重，再加上应急处置人员不足，不能立即对现场进行勘查、处置，因此需要用其他物品对重要现场、重要证据、重要区域进行遮盖，以利于后续工作的开展。遮盖物一般多采用干净的塑料布、帆布、草席等物品，起到防风、防雨、防日晒以及防止无关人员随意触动的作用。应当注意的是，除非万不得已，一般尽量不要使用遮盖控制法，防止遮盖物污染某些微量物证，影响取证以及后续的化学物理分析结果。

（4）以物围圈控制法

为了维持应急处置现场的正常秩序，防止现场重要物证被破坏以及危害扩大，可以用其他物体对现场中心地带周围进行围圈。一般来讲，可以使用一些不污染环境的阻燃防爆的物体。如果现场比较复杂，还可以采用分区域、分地段的方式进行。

（5）定位控制法

有些应急处置现场伤亡人员较多，物体位置变动较大，物证分布范围广，采取上述几种现场控制方法可能会给事发地的正常生活和工作秩序带来一定负面影响，这就需要对现场特定伤亡人员、特定物体、特定物证、特定方位、特定建筑等采取定点标注的控制方法，使现场能够一目了然，做到定量和定性相结合，有利于下一步工作的开展。定位控制一般可以根据现场大小、破坏程度等情况，首先按区域、方位对现场进行区域划分，可以有形划分，如长条形、矩形、圆形、螺旋形等，也可以无形划分；然后对每一划分区域指派现场处置人员，用色彩鲜艳的小旗对伤亡人员、重要物体、重要物证、重要痕迹进行标注；最后根据现场应急处置需要，在此基础上开展下一步的工作。这也是欧美国家在处置重大事故现场时常采用的一种方法。

4. 事故现场处置过程

在事故抢险中，尽管由于发生事故的地点、事故单位所属的行业类型不同，抢险程序会存在差异，但一般都是由接报、调集抢险力量、设点、询情、侦检、隔离、疏散、防护、现场急救、泄漏处置、火灾控制、现场洗消、撤点等步骤组成。其中，事故现场处置一般按照现场设点、询情和侦检、隔离与疏散、防护、现场急救、泄漏处置、火灾控制、现场洗消和撤点的程序进行。

（1）现场设点

现场设点是指救援队伍进入事故现场，选择有利地形（地点），设置现场救援指挥部或救援、医疗急救点。

各救援点的位置选择关系救援的有序开展和救援人员的自身安全。救援指挥部、救援和医疗急救点的设置应考虑以下几项因素：

1）地点。应选在上风向的非污染区域，且不要远离事故现场，便于指挥和救援工作的实施。

2）位置。各救援队伍应尽可能在靠近现场救援指挥部的地方设点，并随时保持与指挥部的联系。

3）路段。应选择道路交叉口，利于救援人员或转送伤员的车辆通行。

4）条件。指挥部、救援或医疗急救点，可设在室内或室外，应便于人员行动或伤员的抢救，同时要尽可能利用原有通信、水和电等资源，有利于救援工作的实施。

5）标志。指挥部、救援或医疗急救点，均应设置醒目的标志，方便救援人员和伤员识别。悬挂的旗帜应用轻质面料制作，以便救援人员随时掌握现场风向。

（2）询情和侦检

采取现场询问情况和现场侦检的方法，充分了解和掌握事故的具体情况、危害范围、潜在的险情（爆炸、中毒等）。

侦检是危险物质事故抢险处置的首要环节。侦检是指利用检测仪器检测事故现场危险物质的浓度、强度以及扩散、影响范围，并做好动态监测。根据事故情况的不同，可以派出若干侦检小组，对事故现场进行侦检，每个侦检小组应至少由 2 人组成。

（3）隔离与疏散

1）建立警戒区域。事故发生后，应根据化学品泄漏扩散的情况或火焰热辐射所涉及的范围建立警戒区，并在通往事故现场的主干道上实行交通管制。建立警戒区域时应注意以下几点：

①警戒区域的边界应设警示标志，并有专人警戒。

②除消防、应急救援人员以及必须坚守岗位的人员外，其他人员禁止进入警戒区。

③泄漏的化学品为易燃品时，区域内应严禁火种。

2）紧急疏散。迅速疏散警戒区及污染区内与事故应急处置无关的人员，以减少不必要的人员伤亡。紧急疏散时应注意以下事项：

①事故区域内存在有毒物质时，需要佩戴劳动防护用品或采用简易有效的防护措施，并有相应的监护措施。

②应向侧上风方向转移，明确专人引导和护送疏散人员到安全区，并在疏散或撤离的路线上设立哨位，指明方向。

③不要在低洼处滞留。

④要查清是否有与应急处置无关的人员留在污染区与警戒区。

(4) 防护

根据危险物质的毒性及划定的危险区域，确定相应的防护等级，并根据防护等级按标准配备相应的劳动防护用品。

(5) 现场急救

在事故现场，化学品对人体可能造成的伤害有中毒、窒息、冻伤、化学灼伤、烧伤等。进行急救时，不论受害者还是救援人员，都需要进行适当的防护。

(6) 泄漏处置

危险物质泄漏后，不仅会污染环境，对人体造成伤害，如遇可燃物质，还有引发火灾、爆炸的可能。因此对泄漏事故，应及时、正确处理，防止事故扩大。泄漏处理一般包括泄漏源控制及泄漏物质处理两大部分。

(7) 火灾控制

危险化学品容易发生火灾、爆炸事故，但不同的化学品在不同情况下发生火灾时，其扑救方法差异很大，若处置不当，不仅不能有效扑灭火灾，反而会使灾情进一步扩大。从事化学品生产、使用、储存、运输的人员和消防救护人员平时应熟悉和掌握化学品的主要危险特性及其相应的灭火措施，并定期进行防火演习，加强对紧急事态的应变能力。

(8) 现场洗消

现场洗消是消除染毒体和污染区毒性危害的主要措施。危险化学品事故发生后，事故现场及附近的道路、水源都有可能受到严重污染，若不及时进行洗消，污染会迅速蔓延，造成更大危害。

(9) 撤点

撤点是指应急救援工作结束后离开现场，或救援的临时性转移。

二、事故现场避险自救

1. 避险自救的重要作用

事故现场避险自救是指事故发生后，事故单位自行实施的救援行动，以及事故现场受到事故危害的人员采取的自我保护行为。自救行为的主体是企业和从业人员本身。由于他们对现场情况最熟悉、反应最快，发挥救援作用最大，一些事故往往通过自救行为就可以得到控制或解决。自救是事故现场急救工作最基本、最广泛的救援形式。

事实证明，当发生事故后，在万分危急的情况下，依靠自己的智慧和力量，积极、正确地采取自救、互救措施可以最大限度地减少事故损失。发生重大事故的初期，通常情况下，灾害波及的范围和对人员的危害都比较小，既是抢救事故的有利时机，又是决定事故现场人员生命安全的关键时刻。一般来说，事故发生后，再健全的救援网络、再快的急救运输，救援人员赶到事故现场也需要一定时间。而处于事故现场的人员，积极、正确地采取自救、互救措施，具有及时性、就近性、广泛性、自发性和有效性，能保障事故现场人员自身安全和控制灾情进一步扩大，将灾害事故消灭在萌芽阶段和初始状态。即使在事故处理的中、后期，现场人员积极开展自救、互救，对提高抢险救灾工作成效也具有重要的作用。

2. 避险自救的基本原则

（1）迅速报警，及时求救

熟悉各种报警电话，事故发生后要迅速报警求救，不能拖延不报，更不允许瞒报、谎报。

（2）确保安全，迅速施救

要在确保自身安全的前提下，开展救援工作，不要盲目施救。

（3）保持冷静，客观分析

在自救过程中，要采取积极的态度，不要错失良机。事故发生后，不要惊慌失措，要弄清楚事故的类型和性质，采取正确的避险方法。

（4）正确使用避险资源

发生事故后，要利用一切可以利用的避险资源，包括各种防护设施、消防器材、避险硐室、急救药品等。

（5）服从指挥，科学逃生

非应急处置人员应遵守“安全第一，主动、迅速、镇定、向外逃生”的基本原则。自救是为了保全性命，所以应当选择比较安全的方法，尽快离开事故现场。在选择逃生方法时，哪一种方法安全系数大，就选择哪一种。

逃生必须要速度快。事故的发展速度往往相当快，所以一定要行动敏捷。自救过程中还要镇定、不慌不乱，树立坚定的求生欲望。向外逃生比向里逃生安全系数要高一些。

3. 事故现场避险自救的基本要求

现场人员应熟悉各种不同性质事故的特点和规律，因为不同性质事故避险自救的方法不同。

在确保自身安全的前提下，应积极抢险救灾。事故发生后，如果现场人员能够采取正确的措施，往往可以把事故消灭在萌芽状态，避免更大的损失，最大限度地挽救他人的生命。如果确实无法处理，必须依据事故性质和类型及时、正确地撤离。

熟悉避险路线，不同事故的避险路线可能不同，需要认真分析。如果避险路线遇阻，就近寻找避险硐室或设施，等待救援，不要盲目逃生。

一般事故现场附近都有必要的应急设施，要熟悉这些设施的存放位置和数量，事故发生时要充分利用。另外，必须掌握应急设施的使用方法。

对于不同类型的事故，应制定对应的应急预案。现场人员必须熟悉事故应急预案，特别是现场预案，在事故发生后按照预案的要求进行避险自救。

节约电、水和食物。事故发生后如果随身携带照明设施，不要随意开启。如果几个人一起逃生，可以轮流使用照明设施。另外，应急物资如水和食物的使用一定要有计划，尽可能延长使用时间。

三、事故现场急救 

事故现场急救是指在劳动生产过程中，在工作场所发生事故时，在医护人员和救护车赶到现场前，利用现场的人力、物力，对事故现场伤员采取的自救和互救措施。事故现场急救对减轻伤员疼痛、减少伤残率和死亡率有很大的作用。

1. 事故现场急救的目的和意义

（1）挽救生命

实施及时有效的急救措施，如对心搏、呼吸停止的伤员进行心肺复苏，有助于挽救生命。

（2）稳定病情

在现场对伤员进行对症的医疗支持及相应的特殊治疗与处置，以使病情稳定，为下一步的抢救打下基础。

（3）减少伤残

发生事故，特别是重大事故时，不仅可能出现群体性中毒，往往还可能发生各类外伤，诱发潜在的疾病或使原来的某些疾病恶化。现场急救时正确地对伤员患处进行冲洗、包扎、复位、固定及其他相应处理，可以大大降低伤残率。

（4）减轻痛苦

采取一般及特殊的救护，可安定伤员情绪，减轻伤员的痛苦。

在生产安全事故发生后，事故应急救援体系能保证事故应急救援组织及时出动，并有针对性地采取救援措施，对防止事故进一步扩大、减少人员伤亡和财产损失意义重大。

应急救援工作中一项重要任务是对人员的及时救护。在现场救护中，人们常常将救护伤员的任务留给专业的医护人员，缺乏对在现场救护伤员的重要性和可实施性的认识。这种传统的观念，往往使处在生死之际的伤员丧失最宝贵的几分钟、十几分钟“救命的黄金时间”。在实际救援工作中，最有效的救护人员往往是“第一目击者”。现场救护是指在事发的现场，对伤员实施的及时、有效的初步救护，是立足于现场的抢救。事故发生后的几分钟、十几分钟，是抢救危重伤员最重要的时间。在此时间内，抢救及时、正确，生命有可能被挽救；反之，则会导致伤员丧失生命或病情加重。在事故现场，“第一目击者”对伤员实施有效的初步紧急救护措施，可挽救生命，减轻痛苦并降低伤残发生的可能性。之后，运用现代救援服务系统，将伤员迅速送到附近的医疗机构，继续进行救治。

对于从业人员而言，学习和了解一些基本的自救和急救常识，对于实施有效的救援、减轻事故后果是非常必要的。“第一目击者”及所有救护人员，应牢记现场对危重伤员抢救生命的首要目的是救命。

2. 事故现场急救基本原则

现场急救原则是先救命后治伤，先重伤后轻伤，先抢后救，抢中有救，尽快脱离事故现场，先分类再运送，医护人员以救为主，其他人员以抢为主，各负其责，相互配合，以免延误抢救时机。现场救护人员应注意自身防护。

（1）寻找伤员，使伤员脱离险境

迅速脱离险境是进行现场急救的先决条件。先抢后救、抢中有救，尽快脱离事故现场，特别是火灾现场，以免火灾引起爆炸或导致有害气体中毒，确保救护人员与伤员的安全。事故发生后，首先要迅速果断地切断伤害源，中止其对人体的继续伤害。例如，发生电击伤时，要立即切断电源（关闭电闸、切断电路、挑开电线），使伤员安全脱离电源。

（2）迅速判断伤情并分类

本着先救命后治伤、先重伤后轻伤的原则，对伤员的生命体征（主要是意识、呼吸、心搏、血压、瞳孔等指征）和局部伤情（受伤部位和程度、有无活动性出血和骨折等指征）进行检查。在现场急救工作中，不要因忙乱或受到干扰被轻伤伤员的喊叫所迷惑，延误对危重伤员的及时救护。相关经验表明，对于大出血、严重撕裂伤、内脏损伤、颅脑重伤伤员，若未经检伤和任何医疗急救处置就送往医院，可能导致其到急诊室或在救护车上就已经死亡。因此，必须先进行伤情分类，把伤情严重程度相同的伤员集中到标志相同的救护区。

（3）防止或减少后遗症

实施急救，尤其是对有生命危险（如心搏或呼吸停止、出血危及生命）的伤员，应争分夺秒挽救其生命。

现场急救的“三先三后”原则如下：

1）对窒息或心搏、呼吸刚停止不久的伤员，必须先复苏，后搬运。

2）对于出血的伤员，必须先止血，后搬运。

3）对于骨折的伤员，必须先固定，后搬运。

（4）安全运送与疏散伤员

运送伤员时应根据不同的伤情，采取不同的措施。对头部外伤者，可将其头部适当垫高，减少头部的出血；对昏迷者，可将其头部偏向一侧，以便呕吐物或痰液等污物流出，以免吸入；对外伤出血处于休克状态的伤员，可将其头部适当放低些；对呼吸困难者，可采取坐位，使其呼吸更畅通。当把伤员抬到担架上时，动作应该轻柔协调，尽量减轻伤员的痛苦。对于各种外伤伤员，在搬动时要注意对伤处的保护，如骨折的肢体应有人专门扶持，脊椎骨折时要使其背部保持平稳；颅脑外伤伤员，要有人专门包住伤员头部，避免晃动。抬担架上下坡时，应当尽量保持担架水平。在转送途中，对于危重伤员，应当严密注意其呼吸、脉搏，保持呼吸道通畅。天气寒冷时，应注意对伤员的保温，可就地取材，以毛巾、大衣或被子包盖好伤员身体，令其安静休息；如衣服潮湿，有条件时应尽快换上干衣服。到达医院后，应介绍伤员的情况以及采取的急救措施，供医生参考。

3. 事故现场急救的基本步骤

事故现场急救应按照现场评估、紧急呼救、判断伤情和救护等步骤进行，如图 5-1 所示。

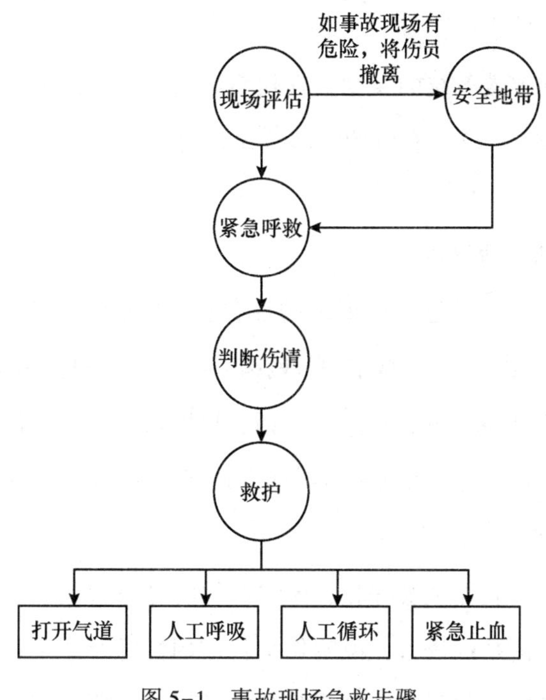

图 5-1　事故现场急救步骤

（1）现场评估

现场评估即迅速判断事故现场的基本状况，必须在数秒内完成。在突发事件的现场，面对危重伤员，作为“第一目击者”，首先要评估现场情况，通过实地感受对异常情况做出初步快速判断。现场评估最主要的内容如下：

1）注意现场是否可能对救护人员或伤员造成伤害。

2）引起伤害的原因、受伤人数，现场是否有危险。

3）现场可以利用的人力和物力资源以及需要何种支援、采取何种救护措施等。

（2）紧急呼救

当事故发生后，现场评估为危重伤员的，应立即对其实施救护，同时立即向专业急救机构或附近担负院外急救任务的医疗部门、社区卫生单位报告，常用的急救电话为“120”。由急救机构立即派出专业救护人员、救护车至现场抢救。

（3）判断伤情

现场巡视后，尤其是在复杂现场，应首先处理危及生命的情况，检查伤员的意识、气道、呼吸、循环特征、瞳孔反应等，发现异常，须立即实施救护并尽快送往医院。

4. 现场救护启动

现场救护启动是指呼救系统的启动。呼救系统的畅通，在国际上被列为抢救危重伤员“生命链”中的“第一环”。有效的呼救系统，对保障危重伤员获得及时救治至关重要。

（1）应用无线电和电话呼救

通常在急救中心配备有经过专门训练的话务员，能够对呼救做出迅速适当的应答，并把电话转接到合适的急救机构。城市呼救网络系统的“通信指挥中心”，应当接听所有的医疗（包括灾难等意外伤害事故）急救电话，根据伤员所处的位置和病情，指定就近的急救机构救护伤员。这样可以大大节省时间，提高效率，便于伤员救护和转运。

（2）呼救电话须知

紧急事故发生时，应立即报警呼救，最常使用的是呼救电话。使用呼救电话时，必须要用最精练、准确、清楚的语言，说明伤员目前的情况及严重程度、伤员的人数及存在的危险、需要何种急救。如果不清楚身处位置的话，不要惊慌，救护医疗服务系统控制室可以通过全球卫星定位系统追踪到呼救者的正确位置。

一般应简要、清楚地说明以下几点：

1）呼救者电话号码与姓名，伤员姓名、性别、年龄和联系电话。

2）伤员所在的确切地点，尽可能指出附近街道的交汇处或其他显著标志。

3）伤员目前最危重的情况，如昏倒、呼吸困难、大出血等。

4）发生灾害事故、突发事件时，说明伤害性质、严重程度、伤员人数。

5）现场所采取的救护措施。

注意：不要先放下话筒，要等救护医疗服务系统调度人员先挂断电话。

（3）单人及多人呼救

在专业救护人员尚未到达时，如果有多人在现场，应留有一名现场救护人员在伤员身边开展救护，其他人应通知急救机构。如果发生意外伤害事故，要分配好救护人员各自的工作，分秒必争，有序地实施伤员的寻找、脱险、医疗救护工作。

（4）紧急救护

在伤员心搏骤停的情况下，为挽救生命，抓住“救命的黄金时间”，应立即进行心肺复苏，并迅速拨打急救电话。如有手机在身，可进行 1～2 min 心肺复苏后，在抢救间隙打电话。

任何年龄的外伤或呼吸暂停伤员，打电话呼救前接受 1 min 的心肺复苏是非常必要的。

1）危重伤情判断。判断危重伤情的一般步骤和方法如下：

①意识。先判断伤员神志是否清醒。若在呼唤、轻拍、推动伤员时，伤员有睁眼、肢体运动或其他反应，表明伤员有意识。如伤员对上述刺激无反应，则表明意识丧失，已陷入危重状态。伤员突然倒地，然后呼之不应，情况大多比较严重。

②气道。呼吸必要的条件是保持气道畅通。若伤员有反应但不能说话、不能咳嗽、憋气，则可能存在气道梗阻，必须立即检查和清除，如采用侧卧位清除口腔异物等。

③呼吸。正常人每分钟呼吸 12～18 次，而危重伤员会呼吸变快、变浅乃至不规则，呈叹息状。在气道畅通后，应立即对无意识的伤员进行呼吸检查，若伤员呼吸停止，应保持气道通畅，立即施行人工呼吸。

④循环体征。在检查伤员意识、气道、呼吸之后，应对伤员的循环体征进行检查，可以通过呼吸、咳嗽、运动、皮肤颜色、脉搏情况等来进行判断。检查循环体征时，应了解以下内容：

成人正常心搏每分钟 60～80 次。

呼吸停止，心搏随之停止；或者心搏停止，呼吸也随之停止。

心搏、呼吸几乎同时停止也是常见的。

心搏在手腕处的桡动脉、颈部的颈动脉处较易被触到。

心律失常，以及严重的创伤、大失血等危及生命时，心搏或加快，超过每分钟 100 次；或减慢，每分钟 40～50 次；或不规则，忽快忽慢，忽强忽弱，均为心脏呼救的信号，都应引起重视。

若伤员面色苍白或青紫，口唇、指甲发绀，皮肤发冷等，说明其血液循环和氧代谢情况不佳。

⑤瞳孔反应。眼睛的瞳孔又称瞳仁，位于黑眼球中央。正常时，双眼的瞳孔是等大圆形的，遇到强光能迅速缩小，很快又回到原状。用手电筒突然照射一下瞳孔即可观察到瞳孔的反应。当伤员脑部受伤、脑出血、严重药物中毒时，瞳孔可能缩小为针尖大小，也可能扩大到黑眼球边缘，对光线不起反应或反应迟钝。有时因为出现脑水肿或脑疝，使双眼瞳孔一大一小。瞳孔的变化可以表示脑部受伤的严重性。

2）其他判断。当完成现场评估后，再对伤员的头部、颈部、胸部、腹部、盆腔和脊柱、四肢进行检查，看有无开放性损伤、骨折畸形、触痛、肿胀等体征，有助于判断伤员病情。

还要注意伤员的总体情况，如表情淡漠不语、冷汗口渴、呼吸急促、肢体不能活动等现象为病情危重的表现；对外伤伤员，应观察神志不清程度、呼吸次数和强弱、脉搏次数和强弱；注意检查有无活动性出血，如有，应立即止血。严重的胸腹部损伤容易引起休克、昏迷甚至死亡。

第二节　事故现场急救基本技术

事故现场急救是指在事发的现场，对伤员实施及时、有效的现场抢救。事故发生后的几分钟、十几分钟，是抢救危重伤员最重要的时刻，医学上称之为“救命的黄金时间”。在此时间内，抢救及时、正确，生命有可能被挽救；反之，有可能丧失生命或导致伤情加重。现场及时、正确的急救，可为医院救治创造条件，能最大限度地挽救伤员的生命和减轻其伤残程度。

一、心肺复苏技术

有关研究数据显示，5 min 内开始实施心肺复苏急救，8 min 内进一步生命支持，心搏、呼吸暂停伤员存活率最高可达43%；复苏（加上生命支持）每延迟 1 min，存活率下降 3%；除颤每延迟 1 min，存活率下降 4%。心肺复苏技术简称 CPR（Cardiopulmonary Resuscitation），是指当伤病人员呼吸与心搏已经停止时，合并使用人工呼吸及胸外心脏按压来进行急救的一种技术方法。

1. 实施要领

实施心肺复苏时，首先要判断伤员呼吸、心搏状况，只有明确判定呼吸、心搏已经停止，才能进行心肺复苏。

（1）开放气道

用最短的时间，先将伤员衣领口、领带、围巾等解开，戴上手套（最好是医用手套），迅速清除伤员口鼻内的污泥、土块、痰、呕吐物等异物，使呼吸道畅通，再将气道打开。

（2）口对口人工呼吸

口对口人工呼吸的主要步骤如下：

1）一只手的拇指、食指捏闭伤员的鼻孔，另一只手托其下颌。

2）将伤员口腔打开，深呼吸，用唇紧贴并包住伤员口部吹气。

3）看伤员胸廓隆起方为有效。

4）脱离伤员口部，放松捏鼻孔的拇指、食指，使胸廓恢复。

5）感到伤员口鼻部有气呼出。

6）重复上述步骤 2 次，使伤员肺部充分换气。

（3）胸外心脏按压

首先判定心搏是否停止，可以摸伤员的颈动脉有无搏动，如无搏动，立即进行胸外心脏按压。实施胸外心脏按压的主要步骤如下：

1）用一只手的掌根按在伤员胸骨中下 1/3 处。

2）另一只手压在前手的手背上，手指扣住下方手的手掌并使手指脱离胸腔壁，不能平压在胸腔壁上。

3）双肘关节伸直，利用体重和肩臂力量垂直向下挤压，使胸骨下陷 4 cm 左右。

4）略停顿后在原位放松，但手掌根不能离开胸骨定位点。

5）连续进行 15 次胸外心脏按压，再口对口人工呼吸 2 次，如此反复。

2. 注意事项

（1）进行口对口人工呼吸注意事项

1）口对口人工呼吸一定要在气道开放的情况下进行。

2）吹气不能过急，吹气量不能过大，仅需胸廓隆起即可，以免引起胃扩张。

3）吹气时间以占一次呼吸周期的 1/3 为宜。

（2）胸外心脏按压注意事项

1）防止并发症。胸外心脏按压并发症有急性胃扩张、肋骨或胸骨骨折、肋骨软骨分离、气胸、血胸、肺损伤、肝破裂、冠状动脉刺破（心脏内注射时）、心包压塞、胃反流物误吸或吸入性肺炎等，故要求判断准确、处理及时、操作正规。

2）胸外心脏按压与放松时间比例和按压频率。实验研究证明，当胸外心脏按压及放松时间各占 1/2 时，心脏射血最多，可获得最大血流动力学效应；按压频率为每分钟 80~100 次时，可使血压短期上升到 8~9 kPa（60~70 mmHg），有利于心脏复搏。

3）胸外心脏按压用力要均匀，不可过猛。

（3）效果观察

1）颈动脉搏动。每次有效的胸外心脏按压都可以触及一次颈动脉搏动，测血压为 5. 3~8 kPa（40~60 mmHg），说明胸外心脏按压方法正确。若停止按压，脉搏仍然存在，说明伤员自主心搏已恢复。

2）面色转红润。复苏有效时，伤员面色、口唇、皮肤颜色由苍白或发绀转为红润。

3）意识渐渐恢复。复苏有效时，伤员昏迷变浅、眼球活动、出现挣扎，或给予强刺激后出现保护性反射活动，甚至手足开始活动，肌张力增强。

4）出现自主呼吸。应注意观察，有时很微弱的自主呼吸不足以满足机体供氧需要，如果不继续人工呼吸，则可能很快又停止自主呼吸。

5）瞳孔变小。复苏有效时，扩大的瞳孔变小，并出现光反应。

二、现场止血

受伤出血分为内出血和外出血。内出血一般只能到医院救治，外出血是现场急救的重点。理论上将出血分为动脉出血、静脉出血、毛细血管出血。动脉出血时血色鲜红，血流有搏动、量多、速度快；静脉出血时血色暗红，血液缓慢流出；毛细血管出血时，血色鲜红、慢慢渗出。及时正确鉴别出血类型，对选择止血方法有重要价值。但有时受现场光线等条件的限制，往往难以区分出血类型。

常用的现场止血方法有多种，使用时要根据出血位置等具体情况选择其中的一种，也可以把几种方法结合在一起应用，以达到最快、最有效、最安全的止血目的。

1. 加压止血法

（1）指压动脉止血法

指压动脉止血法适用于头部和四肢某些部位的大出血，方法为用手指压迫伤口近心端动脉，将动脉压向深部的骨骼，以阻断血液流通。这是一种不需要任何器械，简便、有效的止血方法，但因为止血时间短暂，常需要与其他方法结合进行。

1）头面部指压动脉止血法方法如下：

①指压颞浅动脉。该方法适用于一侧头顶、额部、颞部的外伤大出血。在伤侧耳前，用一只手的拇指对准下颌骨关节压迫颞浅动脉，另一只手固定伤员头部。

②指压面动脉。该方法适用于面部外伤大出血。用一只手的拇指和食指或拇指和中指分别压迫双侧下颌角前约 1 cm 的凹陷处，以阻断面动脉血流。

③指压耳后动脉。该方法适用于一侧耳后外伤大出血。用一只手的拇指压迫伤侧耳后乳突下凹陷处，阻断耳后动脉血流，另一只手固定伤员头部。

④指压枕动脉。该方法适用于一侧头后枕骨附近外伤大出血。用一只手的四指压迫耳后与枕骨粗隆之间的凹陷处，阻断枕动脉的血流，另一只手固定伤员头部。

2）指压四肢动脉止血法方法如下：

①指压肱动脉。该方法适用于一侧肘关节以下部位的外伤大出血。用一只手的拇指压迫上臂中段内侧，阻断肱动脉血流，另一只手固定伤员手臂。

②指压桡动脉和尺动脉。该方法适用于手部大出血。双手拇指分别压迫伤侧手腕两侧的桡动脉和尺动脉，以阻断血流。因为桡动脉和尺动脉在手掌部有广泛吻合支，所以必须同时压迫双侧。

③指压指（趾）动脉。该方法适用于手指（脚趾）大出血。用拇指和食指分别压迫手指（脚趾）两侧的动脉，以阻断血流。

④指压股动脉。该方法适用于一侧下肢的大出血。用两手的拇指用力压迫伤肢腹股沟中点稍下方的股动脉，以阻断股动脉血流。此时伤员应该保持坐姿或卧姿。

⑤指压胫前、后动脉。该方法适用于一侧足部大出血。用两手的拇指和食指分别压迫伤足足背中部搏动的胫前动脉及足跟与内踝之间的胫后动脉。

（2）直接压迫止血法

直接压迫止血法适用于较小伤口的出血，用无菌纱布直接压迫伤口处，时间约 10 min。

（3）加压包扎止血法

加压包扎止血法适用于各种伤口，是一种比较可靠的非手术止血法。先用无菌纱布覆盖压迫伤口，再用三角巾或绷带用力包扎，包扎范围应该比伤口稍大。这是目前最常用的一种止血方法，在没有无菌纱布时，可使用消毒卫生巾或餐巾等代替。

2. 辅助材料止血法

（1）填塞止血法

填塞止血法适用于较大且深的伤口，先用镊子夹住无菌纱布塞入伤口内，如一块纱布止不住出血，可再加纱布，最后用绷带或三角巾包扎固定。

（2）止血带止血法

止血带止血法只适用于四肢大出血，而且是其他止血法效果不明显时才可使用的方法。止血带有橡皮止血带（橡皮条和橡皮带）、气性止血带（如血压计袖带）和布制止血带等，其操作方法各不相同。

使用止血带的注意事项如下：

1）部位。上臂外伤大出血应扎在上臂上端 1/3 处，前臂或手大出血应扎在上臂下端，不能扎在上臂靠近肘关节的 1/3 处，因该处神经走行贴近肱骨，易被损伤。下肢外伤大出血应扎在股骨靠近膝关节的 1/3 处。

2）衬垫。使用止血带的部位应该有衬垫，否则会损伤皮肤。止血带可扎在衣服外面，把衣服当作衬垫用。

3）松紧度。应以出血停止、远端摸不到脉搏为宜，过松将达不到止血目的，过紧则会损伤组织。

4）使用时间。一般应不超过 5 h，原则上每小时要放松 1 次，放松时间为 1~2 min。

5）标记。对于正在使用止血带的伤员，应在前额或胸前易发现的部位贴上明显标记，写明绑扎时间。如立即送往医院，则可以不做标记。

三、骨折固定

1. 常用骨折固定方法

骨折是人们在生产、生活中常见的身体损伤，为了避免骨折的断端对血管、神经、肌肉及皮肤等组织的再损伤，减轻伤员的痛苦，以及便于搬动与转运伤员，凡发生骨折或怀疑有骨折的伤员，均必须在现场立即采取临时固定的措施。常用的骨折固定方法有以下几种：

（1）肱骨（上臂）骨折固定法

1）夹板固定法。用两块夹板分别放在上臂内外两侧（如果只有一块夹板，则放在上臂外侧），用绷带或三角巾等将其上下两端固定。之后肘关节弯曲 90°，前臂用小悬臂带悬吊。

2）无夹板固定法。将三角巾折叠成 10~15 cm 宽的条带，其中央正对骨折处，将上臂固定在躯干上，于对侧腋下打结。屈肘 90°，再用小悬臂带将前臂悬吊于胸前。

（2）尺骨、桡骨（前臂）骨折固定法

1）夹板固定法。用两块长度超过肘关节至手心的夹板分别放在前臂的内外两侧（如果只有一块夹板，则放在前臂外侧），并在手心放好衬垫让伤员握好，以使腕关节稍向背屈，再固定夹板上下两端。屈肘 90°，用大悬臂带悬吊，手略高于肘。

2）无夹板固定法。使用大悬臂带、三角巾固定。用大悬臂带将骨折的前臂悬吊于胸前，手略高于肘。再用一条三角巾将上臂带一起固定于胸部，在健侧腋下打结。

（3）股骨（大腿）骨折固定法

1）夹板固定法。伤员仰卧，伤腿伸直。用两块夹板（内侧夹板应上至大腿根部，下过足跟；外侧夹板应上至腋窝，下过足跟）分别放在伤腿内外两侧（只有一块夹板时则放在伤腿外侧），并将健肢靠近伤肢，使双下肢并拢，两足对齐。关节处及空隙部位均放置衬垫，用 5~7 条三角巾或布带先将骨折部位的上下两端固定，然后分别固定腋下、腰部、膝、踝等处。足部用三角巾“8”字固定，使足部与小腿成直角。

2）无夹板固定法。伤员仰卧，伤腿伸直，健肢靠近伤肢，双下肢并拢，两足对齐。在关节处与空隙部位之间放置衬垫，用 5~7 条三角巾或布条将两腿固定在一起（先固定骨折部位的上下两端）。足部用三角巾“8”字固定，使足部与小腿成直角。

（4）脊椎骨骨折固定法

发生脊椎骨骨折时不得轻易搬动伤员，严禁一人抱头、另一个人抬脚等不协调的动作。

如伤员俯卧位时，可用“工”字夹板固定，将两横板压住竖板分别横放于两肩上及腰骶部，在脊椎骨的凹凸部位放置衬垫，先用三角巾或布带固定两肩，再固定腰骶部。现场处理原则：背部受到剧烈的外伤，有颈、胸、腰椎骨折者，绝不能试图扶着伤员让其做一些活动来“判断”有无损伤，一定要就地固定。

（5）头颅部骨折固定法

头颅部骨折伤员在检查、搬动、转运等过程中，力求头颅部不会受到新的外界影响而加重局部损伤。具体做法：伤员静卧，头部可稍垫高，头颅部两侧放两个较大的、硬实的枕头或沙袋等物将其固定住，以免搬动、转运时局部晃动。

2. 骨折固定注意事项

（1）如果是开放性骨折，必须先止血，再包扎，最后再进行骨折固定，不可颠倒顺序。

（2）下肢或脊椎骨骨折应就地固定，尽量不要移动伤员。

（3）四肢骨折固定时，应先固定骨折的近端，后固定骨折的远端。如固定顺序相反，会导致骨折再度移位。夹板必须扶托整个伤肢，骨折上下两端的关节均必须固定住，绷带、三角巾不要绑扎在骨折处。

（4）夹板等固定材料不能与皮肤直接接触，要用棉垫、衣物等柔软物垫好，尤其骨突部位及夹板两端更要垫好。

（5）固定四肢骨折时应露出指（趾）端，以便随时观察血液循环情况，如伤肢出现苍白、发绀、发冷、麻木等情况，应立即松开重新固定，以免造成肢体缺血、坏死。

四、伤口包扎

包扎的目的是保护伤口、减少污染、固定敷料和帮助止血。常用绷带和三角巾进行伤口包扎。无论采用何种包扎方法，均要求达到牢固且松紧适度，并尽量保证无菌操作条件。

1. 绷带包扎法

（1）绷带包扎常用方法

绷带包扎法分为环形包扎法、螺旋形包扎法、螺旋反折包扎法、“8”字形包扎法和头顶双绷带包扎法等。包扎时要掌握好“三点一走行”，即绷带的起点、止血点、着力点（多在伤处）和走行方向的顺序，做到既牢固又不能太紧。应先在伤口覆盖无菌纱布，然后从伤口下方向上，左右缠绕。包扎伤臂或伤腿时，要尽量露出手指尖或脚趾尖，以便观察血液循环。绷带用于胸、腹、臀、会阴等部位效果不好，容易滑脱，所以一般用于四肢和头部伤。

1）环形包扎法。绷带卷放在需要包扎位置稍上方，第一圈做稍斜缠绕，第二、三圈做环形缠绕，并将第一圈斜出的绷带带角压于环形圈内，然后重复缠绕，最后将绷带尾端撕开打结固定或用别针、胶布将尾部固定。

2）螺旋形包扎法。先环形包扎数圈，然后将绷带渐渐地斜旋上升缠绕，每圈盖过前圈的 1/3 至 2/3，呈螺旋状。

3）螺旋反折包扎法。先做两圈环形固定，再做螺旋形包扎，待到渐粗处，一手拇指按住绷带上面，另一手将绷带自此点反折向下，此时绷带上缘变成下缘。后圈覆盖前圈 1/3 至 2/3。此法主要用于粗细不等的四肢如前臂、小腿或大腿等的包扎。

4）“8”字形包扎法。此方法适用于四肢各关节处的包扎。于关节上下将绷带一圈向上、一圈向下做“8”字形来回缠绕。

5）头顶双绷带包扎法。将两条绷带连在一起，打结处包在头后部，分别经耳上向前于额部中央交叉。第一条绷带经头顶到枕部，第二条绷带反折绕回到枕部，并压住第一条绷带。第一条绷带再从枕部经头顶到额部，第二条则从枕部绕到额部。

（2）绷带包扎注意事项

绷带包扎时，应当注意以下几点：

1）伤口上要加盖敷料，不要在伤口上使用弹力绷带。

2）不要将绷带缠绕过紧，要经常检查肢体供血情况。

3）有绷带过紧的体征（手、足的甲床发紫；绷带缠绕肢体远心端皮肤发紫，有麻木感或感觉消失；严重者手指、足趾不能活动）时，应立即松开绷带，重新缠绕。

4）不要将绷带缠住手指、足趾末端，除非有损伤。

2. 三角巾包扎法

三角巾制作简单、方便，分为普通三角巾和带形、燕尾式三角巾，包扎时操作简捷，且几乎能适应全身各个部位。

（1）头面部三角巾包扎法

1）三角巾风帽式包扎法。该法适用于包扎头顶部和两侧面、枕部的外伤。先将消毒纱布覆盖在伤口上，将三角巾顶角打结放在前额正中，在底边的中点打结放在枕部，然后两手拉住两底角将下颌包住并交叉，再绕到颈后的枕部打结。

2）三角巾帽式包扎法。先用无菌纱布覆盖伤口，然后把三角巾底边的正中点放在伤员眉间上部，顶角经头顶拉到脑后枕部，再将两底角在枕部交叉返回到额部中央打结，最后拉紧顶角并反折塞在枕部交叉处。

3）三角巾面具式包扎法。该法适用于颜面部较大范围的伤口，如面部烧伤或较广泛的软组织损伤。方法是把三角巾一折为二，顶角打结放在头顶正中，两手拉住底角罩住面部，然后将两底角拉向枕部交叉，最后在下颌部打结，在眼、鼻和口处提起三角巾，剪成小孔。

4）单眼三角巾包扎法。将三角巾折成带状，其上 1/3 处盖住伤眼，下 2/3 从耳下端绕经枕部向健侧耳上、额部并压住上端带巾，再绕经伤侧耳上、枕部至健侧耳上与带巾另一端在健侧耳上方打结固定。

5）双眼三角巾包扎法。将无菌纱布覆盖在伤眼上，用带形三角巾从头后部拉向前，从眼部交叉，再绕向枕下部打结固定。

6）下颌、耳部、前额或颞部小范围伤口三角巾包扎法。先将无菌纱布覆盖在伤部，将带形三角巾放在下颌处，两手持带形三角巾两底角经双耳分别向上提，长的一端绕头顶与短的一端在颞部交叉，然后将短端经枕部、对侧耳上至颞侧与长端打结固定。

（2）胸背部三角巾包扎法

三角巾底边向下，绕过胸部以后在背后打结，其顶角放在伤侧肩上，系带穿过三角巾底边并打结固定。如为背部受伤，包扎方向相同，只要在前、后面交换位置即可。若为锁骨骨折，则用两条带形三角巾分别包绕两个肩关节，在后背打结固定，再将三角巾的底角向背后拉紧，在两肩过度后张的情况下，在背部打结。

（3）上肢三角巾包扎法

先将三角巾平铺于伤员胸前，顶角对着肘关节稍外侧，与肘部平行，屈曲伤肢，并压住三角巾，然后将三角巾下端提起，两端绕到颈后打结，顶角反折用别针扣住。

（4）肩部三角巾包扎法

先将三角巾放在伤侧肩上，顶角朝下，两底角拉至对侧腋下打结，然后一手持三角巾底边中点，另一手持顶角将三角巾提起拉紧，再将三角巾底边中点由前向下、向肩后包绕，最后顶角与三角巾底边中点于腋窝处打结固定。

（5）腋窝三角巾包扎法

先在伤侧腋窝下垫上消毒纱布，三角巾中间压住敷料，并将带巾两端向上提，于肩部交叉，再经胸背部斜向对侧腋下打结。

（6）下腹及会阴部三角巾包扎法

将三角巾底边包绕腰部打结，顶角兜住会阴部在臀部打结固定。或将两条三角巾顶角打结，连接结放在伤员腰部正中，上面两端围腰打结，下面两端分别缠绕两大腿根部并与相对底边打结。

（7）残肢三角巾包扎法

先用无菌纱布包裹残肢，将三角巾铺平，残肢放在三角巾上，使其对着顶角，并将顶角反折覆盖残肢，再将三角巾底角交叉，绕肢打结。

五、伤员搬运

搬运伤员是现场急救的重要措施之一。搬运的目的是使伤员迅速脱离危险地带，纠正当时影响伤员的病态体位，减轻伤员痛苦，避免伤员再受伤害，并安全迅速地将伤员送往医院进行专业治疗。搬运伤员的方法应根据当地、当时的器材和人力而选定。

1. 徒手搬运

（1）单人搬运法

该法适用于伤势比较轻的伤员，采取背、抱或扶持等方法。

（2）双人搬运法

一人托住双下肢，一人托住腰部。在不影响伤势的情况下，还可采用椅式、轿式和拉车式。

（3）三人搬运法

对疑有胸、腰椎骨折的伤员，应由 3 人配合搬运。一人托住伤员的肩胛部，一人托住臀部和腰部，另一人托住双下肢，3 人同时把伤员轻轻抬放到硬板担架上。

（4）多人搬运法

向担架上搬动脊椎受伤的伤员时，应由 4~6 人一起搬动，两人专管伤员头部的牵引固定，使头部始终与躯干成直线，维持颈部不动，另两人托住伤员的臂和背，两人托住下肢，协调地将伤员平直放到担架上，并在颈、腋窝放置一个小枕头，头部两侧用软垫或沙袋固定。

2. 担架搬运

（1）自制担架法

常在没有现成的担架而又需要担架搬运伤员时自制担架。

1）用木棍制担架：用两根长约 2.5 m 的木棍或竹竿绑成梯子形，中间用绳索来回绑在两长棍之间即成。

2）用上衣制担架：用两根长约 2.5 m 的木棍或竹竿穿入两件上衣的袖筒中即成，常在没有绳索的情况下采用此方法。

3）用椅子代担架：将两把扶手椅对接，用绳索固定对接处即成。

4）其他担架的做法：用两根木棍、一块毛毯或床单、较结实的长线（铁丝也可）作为材料。第一步，把木棍放在毛毯中央，毛毯的一边折叠，与另一边重合。第二步，毛毯重合的两边包住另一根木棍。第三步，用穿好线的针把两根木棍边的毯子缝合，然后把包另一根木棍边的毯子两边也缝上，即制作完成。

（2）车辆搬运法

车辆搬运受气候条件影响小、速度快，能将伤员及时送到医院抢救，尤其适合较长距离运送。轻伤伤员可坐在车上，重伤伤员可躺在车里的担架上。重伤伤员最好用救护车转送，缺少救护车的地方，可用汽车送。上车后，胸部受伤伤员取半卧位，一般伤员取仰卧位，颅脑损伤伤员应使其头偏向一侧。

（3）搬运时的注意事项

1）必须先急救，妥善处理后才能搬动。

2）搬运时尽可能不摇动伤员的身体。若遇脊椎受伤者，应将其身体固定在担架上，用硬板担架搬运。切忌一人抱胸、一人搬腿的双人搬抬法，因为这样搬运易加重脊椎损伤。

3）运送伤员时，应随时观察其呼吸、体温、出血、面色变化等情况，注意伤员姿势，给伤员保暖。

4）在人员、器材未准备完好时，切忌随意搬运。

5）不论上述哪种搬运伤员的方法，在途中都要保持平稳，切忌颠簸。

第三节　火灾爆炸事故应急处置与避险

一、火灾、爆炸事故及其危害 

1. 火灾的引发原因及其危害

（1）火灾的判定条件

火灾的判定应当满足以下 3 个条件：一是必须造成灾害，包括人员伤亡或财物损失等；二是该灾害必须是由燃烧造成的；三是该燃烧必须是失去控制的燃烧。

要判定一种燃烧现象是否为火灾，应当根据以上 3 个条件去判定，否则就不能判定为火灾。例如，人们在家里做饭时天然气的燃烧就不能算是火灾，因为它是有控制的燃烧；垃圾堆里的燃烧，虽然是失去控制的燃烧，但该燃烧没有造成灾害，所以也不能算火灾。

（2）火灾的引发原因

从众多火灾原因的统计来看，除了雷击、物质自燃、地震等自然原因引发的火灾外，火灾主要是用火不慎、用电不当、吸烟不慎、儿童玩火、违反安全操作规定等人为因素引起的。

1）用火不慎。人们在日常生活中经常要用火，然而，由于人们缺乏消防安全知识，常因用火不慎引发火灾。据近几年的火灾统计数据，因用火不慎引发的火灾占总数的 31%左右。

2）用电不当。在发生的各种火灾中，因用电不当而引发的火灾占相当大的比例。据统计，全国因用电不当引发的火灾占总数的 26.6%。

3）吸烟不慎。吸烟不慎常常是引发火灾的原因。据统计，全国因吸烟不慎引发的火灾约占总数的10.2%，这方面的教训非常深刻。

4）儿童玩火。儿童几乎对所有的社会活动都感兴趣，表现出强烈的好奇心和模仿力，尤其对各种声、光、色更感兴趣，如燃放鞭炮等。但是，儿童缺乏生活经验，不知玩火时应注意些什么，更不了解火还有危险的一面，同时为了躲避责备，玩火又具有一定的隐蔽性，当火焰蔓延扩大到控制不住时，往往会惊慌失措，不知如何是好。所以，儿童玩火不仅常常无意识地导致火灾，而且往往会威胁自身的生命安全。据统计，全国约有7%的火灾是儿童玩火引起的。

5）违反安全操作规定。从全国多年火灾统计情况看，因违反安全操作规定而引起的火灾占总数的7.2%～16%，究其原因，都是人们消防安全意识淡薄、工作责任心不强所致。

（3）火灾的危害

火灾的发生会造成非常严重的人员伤亡和经济损失，其危害后果主要由以下几种因素引起：

1）高温。火灾作为一种燃烧反应，会产生巨大的热量，这些热量通过对流、传导和辐射的方式加热可燃物和周围气体，使得环境温度快速升高。高温不仅能使人的心率加快、大量出汗，出现疲劳和脱水症状，影响人员自救和疏散，还可能直接造成人员伤亡。

2）烟雾。烟雾是物质在燃烧反应过程中生成的气态、液态和固态物质与空气的混合物，通常由完全燃烧或不完全燃烧形成的极小的炭粒子、水分以及可燃物的燃烧分解产物所组成，易造成人员中毒、窒息。而且，烟雾环境中的能见度会降低，影响人员及时疏散逃离。另外，人在烟雾中，心理极不稳定，会产生恐惧感，导致判断力下降，极易造成自救和逃生失误。

3）有毒有害气体。发生火灾时，可燃物的燃烧会产生大量的有毒有害气体，这些气体中除水蒸气外，其他大部分都对人体有害，能造成人员中毒或窒息，如一氧化碳、二氧化硫、五氧化二磷、氯化氢、一氧化氮、二氧化氮等。火灾发生时，由于燃烧要消耗大量的氧气，空气中的氧含量会显著下降，人长时间在这种低氧的环境中，就会产生呼吸障碍、思维迟缓、痉挛、脸色发青等症状，甚至窒息死亡。当建筑物内大火燃烧旺盛时，还会产生大量的二氧化碳，人员接触体积分数为10%～20%的二氧化碳后，会引起头晕、昏迷、呼吸困难，甚至神经中枢系统出现麻痹，失去知觉，直至死亡。另外，火灾还会产生一些对人眼有较强刺激作用的气体，让人无法看清方向，本来很熟悉的环境也会变得无法辨认，从而找不到疏散路线和出口。

4）引起爆炸或其他事故。发生火灾后，特别是工业生产中的火灾往往会造成易燃易爆气体泄漏，一旦这些泄漏的气体达到它们的爆炸极限就会发生爆炸事故。特别是在一些有限空间中的火灾，在用水灭火过程中会产生水煤气，达到爆炸极限就会爆炸。另外，火灾会造成建筑物或设备的结构破坏，使它们的支撑能力下降，从而造成人员触电、建筑物坍塌等其他事故。

2. 火灾的分类、发展阶段与发生规律

（1）火灾的分类

根据消防安全工作的实际需要，可以把火灾按照以下方法进行分类：

1）按经济损失和伤亡人数分类。根据《生产安全事故报告和调查处理条例》（国务院令第 493 号），可将火灾分为特别重大事故、重大事故、较大事故、一般事故四类。

①特别重大事故：造成 30 人以上死亡，或者 100 人以上重伤，或者 1 亿元以上直接经济损失的事故。

②重大事故：造成 10 人以上 30 人以下死亡，或者 50 人以上 100 人以下重伤，或者 5 000 万元以上 1 亿元以下直接经济损失的事故。

③较大事故：造成 3 人以上 10 人以下死亡，或者 10 人以上 50 人以下重伤，或者 1 000 万元以上 5 000 万元以下直接经济损失的事故。

④一般事故：造成 3 人以下死亡，或者 10 人以下重伤，或者 1 000 万元以下直接经济损失的事故。

上述中，“以上”包括本数，“以下”不包括本数。

2）按可燃物的类型和燃烧特性分类。依据可燃物的类型和燃烧特性，《火灾分类》（GB/T 4968—2008）将火灾分为六类。

①A 类火灾：固体物质火灾。这种物质通常具有有机物的性质，如木材、干草、煤炭、棉、毛、麻、纸张等，一般在燃烧时能产生炽热的余烬。

②B 类火灾：液体或可熔化的固体物质火灾，如煤油、柴油、原油、甲醇、乙醇、沥青、石蜡、塑料等火灾。

③C 类火灾：气体火灾，如煤气、天然气、甲烷、乙烷、丙烷、氢气等火灾。

④D 类火灾：金属火灾，如钾、钠、镁、钛、锆、锂、铝镁合金等火灾。

⑤E 类火灾：带电火灾，物体带电燃烧的火灾。

⑥F 类火灾：烹饪器具内的烹饪物（如动植物油脂）火灾。

（2）火灾的发展阶段

根据火灾发展阶段的时间和温度曲线（见图 5-2），可将火灾的发展阶段分为初期阶段、发展阶段、猛烈阶段和熄灭阶段。

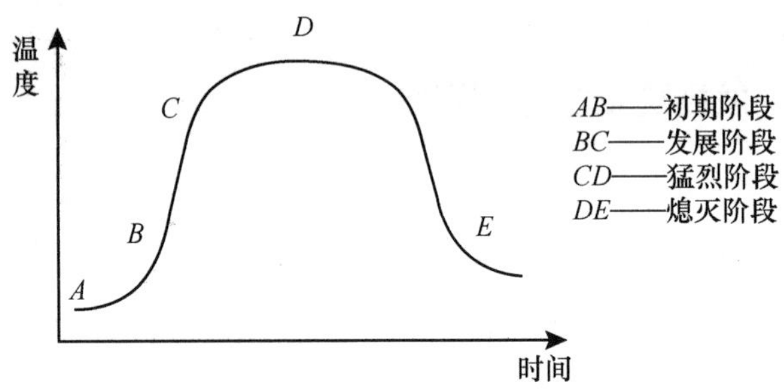

图 5-2　火灾发展阶段的时间和温度曲线

1）初期阶段。初期阶段是火灾刚刚开始的阶段，范围较小，可燃物刚刚达到燃烧临界温度，不会产生高热量辐射及高强度的气体对流，烟气量不大，燃烧所产生的有害气体尚未扩散，被困人员有一定时间逃生，对建筑物还未达到破坏程度。这时，如果扑救方法正确，则可以把火灾控制在局部，甚至完全消灭。

2）发展阶段。火灾的控制与当时火场燃烧物的种类、气候条件、扑救环境，以及扑救人员的装备和扑救方式有着直接的关系。如果初期阶段的火灾没有得到及时控制而持续燃烧，将发展为火灾的发展阶段。这时的火灾燃烧速度持续加快，温度不断升高，气体对流增强，燃烧产生的炽热烟气迅速扩散。这些热传播的方式会加剧火势蔓延，扩大火场范围，火势将难以控制。

3）猛烈阶段。火灾发展到猛烈阶段时是最危险，也最具破坏性的。在这一阶段，温度、气体对流强度、燃烧速度均达到峰值，并伴有可燃性物质不完全燃烧或因高温分解而释放出大量助燃物质和刺激性烟气，燃烧随时会产生突发性变化。如果有燃爆性气体时，会产生瞬时爆燃，不仅会扩大火势，对人员形成巨大安全威胁，还会对建筑物造成毁灭性破坏。

4）熄灭阶段。因可燃物燃烧殆尽、消防扑救等因素使火场温度下降，气体对流减弱，这时火灾进入熄灭阶段。但这一阶段由于地理位置、火场环境等因素不同，持续时间也不一样，有时会持续很长时间，有时也会因建筑物本体坍塌，重新产生有氧对流而出现“死灰复燃”的现象。

（3）火灾的发生规律

1）火灾具有社会性。实践证明，社会环境对火灾的影响很大，甚至不同的社会发展水平、不同的社会意识形态对火灾都具有一定的影响。

①社会发展程度。社会发展程度高的地方火灾少。社会发展程度高的地方，其生产、生活的现代化程度高，人们的安全意识及素质一般也较高，安全设施齐全，防范能力强，引发火灾的概率小。

②经济发展状况。经济发达的地方火灾损失大。经济发达的地方物资集中，生产、使用、经营的物品贵重，火、电、油、气的使用普遍，发生火灾后不易扑救，易造成大的损失。而经济欠发达的地方物资匮乏，火灾相对易于扑救，损失相对较小。

③社会稳定程度。社会稳定的地方火灾少。社会稳定的地方安全管理制度及法律健全，人民安居乐业，安全防范意识强，火灾不易发生。相反，社会动乱的地方，人心惶惶，往往有法不依、无章可循，易发生纵火等案件，火灾事故较多。

④文化教育水平。文化教育落后的地方火灾多。文化教育虽然对火灾没有直接影响，但文化教育水平却与人们的生活方式、处世方法及生活习惯有直接关系，这些方面都影响着人们的安全意识和素质，进而影响火灾事故的发生率。例如，在文化教育水平落后的地区，人们大量使用明火而不加防范，迷信严重，因烧纸祭祀等引起的火灾很多。

2）火灾具有地域性。自然环境不同的地方，火灾发生的数量与造成的损失也不同。例如，城市和农村相比，城市的火灾相对经济损失大、人员伤亡多，而农村的火灾发生数量多。气候不同的地方，火灾发生数量也不同。气候炎热干燥的地方火灾发生数量多，而气候湿润多雨的地方火灾发生数量相对较少。生活习惯不同的地方，火灾的发生数量也不同。南方有些少数民族的居住地，多用竹、木和草建房，且多在房中设火塘，用柴草生火做饭；东北部林区民宅多为木房，且周围堆积了晒干的劈柴。这些地方常发生民宅火灾且易“火烧连营”。

3）火灾具有行业性。火灾离不开可燃物，离不开着火源，而在生产经营领域，有些行业可燃物集中，如可燃物品加工厂、仓库；有的行业可燃物较少或没有可燃物，如机械加工厂；有的虽有可燃物但能禁绝火源、电源；有的则禁绝不了火源、电源。因而可燃物集中的行业火灾多，火灾损失也大，如石油化工行业，棉麻的生产、储存企业，商店、商场等。

4）火灾具有季节性。一年四季，春夏秋冬，气候随季节变化很大，而人们的生活、生产习惯也不同，这些都影响火灾的发生。冬春季节，风干物燥，多数可燃物见火就着，极易蔓延成灾，易发生山林、仓库、可燃物品堆垛及民宅火灾；春节期间，人们欢度节日，常因燃放烟花爆竹、吸烟及儿童玩火引发火灾；春夏之交，尤其清明节前后，风大草干，人们登山野炊时用火及扫墓时烧纸焚香，常引发山林火灾；六月初夏，高温炎热，正是北方麦收的农忙季节，也是火灾频发的时段；夏季炎热多雨，易发生易燃易爆化学物品火灾，特别是自燃物品火灾，同时夏季还是雷击火灾的多发季节；冬季天气寒冷，人们多在室内活动，取暖及其他方面用火、用电次数增多，引发火灾的因素也增多，易发生建筑火灾。

5）火灾具有时间性。从起火次数上说，白天起火次数多，尤其以 10—22 时为火灾高发时期；夜间起火次数少，以 4—8 时为火灾低发时段。而从经济损失或成灾率上说，20 时至次日 6 时发生的火灾成灾率较高，其他时间则较低。这一规律与人们的作息时间密切相关。各行各业一般将工作时间安排在白天，工作中涉及用火、用电等火灾产生因素也集中在白天，因而火灾次数在白天较多。夜间火灾次数虽然下降了，但由于夜深人静、关门闭户，一旦发生火灾，容易出现发现迟、报警迟等不利现象，致使小火酿成大火，往往经济损失较大，人员伤亡较多。

3. 爆炸基础知识

（1）爆炸及其分类

1）爆炸的特征。广义地说，爆炸是物质在瞬间以机械功的形式释放出大量气体和能量的现象。由于物质状态的急剧变化，爆炸发生时会使压力猛烈增高并产生巨大的声响。

所谓“瞬间”，就是说爆炸发生于极短的时间内，通常是在 1 s 之内完成。例如，乙炔罐里的乙炔与氧气混合发生爆炸时，大约在 1/100 s 内即完成整个化学反应过程。

爆炸同时释放出大量的热能，罐内压力短时间内升高 10～13 倍，其威力可以使罐体升空 20~30 m。这种克服地球引力，将重物上升一段距离则是机械功作用的结果。人们正是利用爆炸时的这种机械功，在采矿和修筑铁路、水库等作业时开山放炮，大大地加快了工程的进度，使用手工和一般工具难以完成的任务得以实现。

爆炸一旦失去控制，就会酿成安全事故，造成人身伤害和财产损失，使生产受到严重影响。

爆炸的内部特征是物质发生爆炸时产生的大量气体和能量在有限体积内突然释放或急剧转化，并在极短时间内在有限体积中积聚，形成高温高压。爆炸的外部特征是爆炸介质在压力作用下对周围物体（容器或建筑物等）形成冲击，或者造成机械性破坏效应，以及周围介质受震动而产生的声响效应。应当指出，生产中某些完全密闭的耐压容器，虽然其中的可燃混合气发生爆炸，但由于容器是足够耐压的，所以容器并没有被破坏，这说明爆炸和容器设备的破坏没有必然的联系。容器的破坏不仅可以由爆炸引起，其他物理原因（如容器内介质的体积膨胀使压力上升）也同样可以引起破坏。因此，压力的瞬时急剧升高才是爆炸的主要特征。

2）爆炸的分类如下：

①按照爆炸能量来源的不同，爆炸可分为物理性爆炸、化学性爆炸和核爆炸三类。

a）物理性爆炸。这类爆炸是由物理因素变化（温度、体积和压力等）引起的。在物理性爆炸的前后，爆炸物质的性质及化学成分均不改变。锅炉的爆炸是典型的物理性爆炸，其原因是过热的水迅速蒸发出大量蒸汽，使蒸汽压力不断升高，当压力超过锅炉的极限强度时，就会发生爆炸。又如，氧气钢瓶受热升温，引起气体压力升高，当压力超过钢瓶的极限强度时，就会发生爆炸。发生物理性爆炸时，气体或蒸汽等介质潜藏的能量在瞬间释放出来，会造成巨大的破坏和伤害。例如，某钢厂一列拖着钢渣罐的火车开到矿渣厂，在卸车时突然有三个钢渣罐（钢渣有上千摄氏度高温）先后滚到水塘里，在极短的时间内就引发了蒸汽爆炸（水变成 500 ℃的蒸汽时，体积将增大 3 500 倍）。钢渣罐像火球一样飞向空中，其中的一个飞出 70 m 远并落在工棚上，引起工棚着火，另外两个飞到 101 m 远的修建队仓库以及附近的房屋内，共烧毁 1 000 多平方米建筑物，烧死烧伤多人。上述这些物理性爆炸是蒸汽和气体膨胀力作用的瞬时表现，它们的破坏性取决于蒸汽或气体的压力。

b）化学性爆炸。这类爆炸是指物质在短时间内完成化学反应生成其他物质，同时产生大量气体和能量的现象。例如，用来制作炸药的硝化棉在爆炸时放出大量热能，同时生成大量气体（一氧化碳、二氧化碳和水蒸气等），爆炸时的气体体积突然增大 47 万倍，燃烧在几万分之一秒内完成。由于一方面生成大量气体和热能，另一方面燃烧速度又极快，瞬时生成的大量高温气体来不及膨胀和扩散，因此仍保持着很小的体积。由于气体的压强同体积成反比，故气体的体积越小，压强就越大，而且这个压强产生极快，会对周围物体产生很大的作用力，这种作用力连最坚固的钢板、最坚硬的岩石也经受不住。同时，爆炸还会产生强大的冲击波，这种冲击波不仅能推倒建筑物，对在场人员还具有杀伤作用。化学反应产生的大量气体、大量热能及其高速性，是化学性爆炸的 3 个基本要素。

c）核爆炸。这类爆炸是指某些物质的原子核发生裂变反应或聚变反应时，释放出巨大能量而发生的爆炸，如原子弹、氢弹的爆炸。

②按照爆炸反应相的不同，爆炸可分为气相爆炸、液相爆炸和固相爆炸三类。

a）气相爆炸。气相爆炸包括可燃性气体和助燃性气体混合物的爆炸、气体的分解爆炸、液体被喷成雾状物在剧烈燃烧时引起的爆炸（又称喷雾爆炸）、飞扬悬浮于空气中的可燃粉尘引起的爆炸等。

b）液相爆炸。液相爆炸包括聚合爆炸、蒸发爆炸以及由不同液体混合所引起的爆炸，如硝酸和油脂、液氧和煤粉等混合时引起的爆炸；熔融的矿渣与水接触或钢水包与水接触时，由于过热发生水的快速蒸发而引起的蒸汽爆炸等。

c）固相爆炸。固相爆炸包括爆炸性化合物及其他爆炸性物质的爆炸（如乙炔铜的爆炸）；因电流过载，导致导线过热，金属迅速变为气态使内部压力增大而引起的爆炸等。

③按照瞬时燃烧速度的不同，爆炸可分为轻爆、爆炸和爆轰三类。

a）轻爆。物质轻爆时的燃烧速度为每秒数米，爆炸时没有很大的破坏力，声响也不太大。例如，无烟火药在空气中的快速燃烧，可燃性气体混合物在接近爆炸浓度上限或下限时的爆炸即属于此类。

b）爆炸。物质爆炸时的燃烧速度为每秒十几米至数百米，爆炸时能在爆炸点引起压力激增，有较大的破坏力，有震耳的声响。可燃性气体混合物在有限空间内的爆炸，以及被压火药遇火源引起的爆炸等均属于此类。

c）爆轰。物质爆轰时的燃烧速度为1 000~7 000 m/s。爆轰的特点是突然引起极高压力并产生超声速的冲击波。燃烧产物在极短时间内急速膨胀，像活塞一样挤压其周围气体，反应所产生的能量有一部分传给被压缩的气体层，于是形成的冲击波由它本身的能量所支持，迅速传播并能远离爆轰的发源地而独立存在，同时可引起该处的其他爆炸性气体混合物或炸药发生爆炸，产生一种“殉爆”现象。

（2）爆炸的危害

与火灾相比，爆炸事故除了具有火灾的危害后果外，还有其特殊危害，这些危害造成的后果更严重。

1）冲击波。爆炸形成的高温、高压、高能量的气体产物，以极高的速度向周围膨胀，强烈压缩周围的静止空气，使其压力、密度和温度突然升高，像活塞运动一样推动其前进，产生波状气压向四周扩散冲击。这种冲击波能造成附近建筑物的破坏，其破坏程度不仅与冲击波能量的大小有关，还与建筑物的坚固程度及其与产生冲击波的中心距离有关。

2）碎片冲击。爆炸的机械破坏效应会使容器、设备、装置以及建筑材料等的碎片在相当大的范围内飞散而造成伤害，碎片四处飞散的距离一般可达100~500 m。

3）震荡作用。爆炸发生时，特别是较猛烈的爆炸往往会引起短暂的地震波。例如，某市的亚麻厂发生麻尘爆炸时，有连续三次爆炸，结果在该市地震监测部门的地震监测仪上，7 s之内的监测曲线上出现了三次高峰。在爆炸波及的范围内，这种地震波易造成建筑物的震荡、开裂、松散、倒塌等危害。

4）造成二次事故。发生爆炸时，如果车间、库房（如制氢车间、汽油库或其他建筑物）里存放有可燃物，会造成火灾；高处作业人员受到冲击波震荡作用，会造成高处坠落事故；粉尘作业场所受到轻微的爆炸冲击波就能使积存于地面上的粉尘扬起，造成更大范围的二次爆炸。

（3）火灾与爆炸的关系

燃烧和化学性爆炸就其本质来说是相同的，都是可燃物质的氧化反应，而它们的主要区别在于氧化反应的速度不同。例如，1 kg整块煤完全燃烧时需要10 min，而1 kg煤粉与空气混合发生爆炸时，只需0.2 s，两者的燃烧热值都为2 931 kJ左右。

通过以上比较可以清楚地看出，燃烧和爆炸的区别不在于物质所含燃烧热的大小，而在于物质燃烧的速度。燃烧速度（即氧化速度）越快，燃烧热的释放越快，所产生的破坏力也越大。根据功率与做功时间成反比的关系，可以计算出一块含热量 2 931 kJ 的煤块燃烧时的功率为 47. 8 kW，而含同样热量的煤气燃烧时的功率则为 1.47×10^{5} kW。功率越大，做功的本领越大，破坏力也就越大。

由于燃烧和化学性爆炸的主要区别在于物质的燃烧速度，所以火灾和爆炸的发展过程有显著的不同。火灾有初期阶段、发展阶段、猛烈阶段、熄灭阶段等过程，造成的损失随着时间的延续而加重，因此，一旦发生火灾，如能尽快地进行扑救，即可减少损失。化学性爆炸实质上是瞬间的燃烧，通常在 1 s 之内。由于爆炸所造成的人员伤亡、设备毁坏和厂房倒塌等巨大损失均发生于顷刻之间，令人猝不及防，因此爆炸一旦发生，损失已无从减免。燃烧和化学性爆炸还存在密切的联系，即两者可随条件改变而相互转化。同一物质在一种条件下可能燃烧，在另一种条件下可能爆炸。例如，煤块只能缓慢地燃烧，如果将它磨成煤粉，再与空气混合后就可能爆炸，这也说明了燃烧和化学性爆炸在实质上是相同的。

由于燃烧和化学性爆炸可以随条件改变而相互转化，所以生产过程发生的这类事故，有些是先爆炸后着火，如油罐、电石库或乙炔发生器爆炸之后，往往会发生火灾；而在某些情况下是先着火而后爆炸，如抽空的油槽发生着火时，可燃蒸气不断消耗而又不能及时补充，因而浓度不断下降，当蒸气浓度下降达到爆炸极限时则发生爆炸。

（4）可燃性混合物爆炸

1）燃爆特性。可燃性混合物是指由可燃物质与助燃物质组成的爆炸物质。所有可燃气体、蒸气、可燃粉尘与空气（或氧气）组成的混合物均属此类。例如，一氧化碳与空气混合的爆炸实际上是在火源作用下的一种瞬间燃烧反应。

通常称可燃性混合物为有爆炸危险的物质，它们在特定的条件下会变为危险的物质。这些条件包括可燃物质的含量、助燃物质的含量以及着火源的能量等。可燃性混合物的爆炸危险性较低，但较普遍，工业生产中遇到的主要是这类爆炸事故。

2）爆炸极限。可燃气体、可燃蒸气或可燃粉尘与空气构成的混合物，并不是在任何混合比例之下都有着火和爆炸的危险，必须是在一定的比例范围内混合才能发生燃爆。混合的比例不同，其爆炸的危险程度亦不相同。

可燃物质（可燃气体、蒸气或粉尘）与空气（或氧气）必须在一定的浓度范围内均匀混合形成预混气，遇着火源才会发生爆炸，这个浓度范围称为爆炸极限（或爆炸浓度极限）。可燃物质的爆炸极限受诸多因素的影响。例如，可燃气体的爆炸极限受温度、压力、氧含量、能量等影响，可燃粉尘的爆炸极限受分散度、湿度、温度和惰性粉尘等影响。

可燃气体和蒸气爆炸极限的单位，是以其在混合物中所占体积的百分比来表示的，如一氧化碳与空气混合物的爆炸极限为12.5%~80%。可燃粉尘的爆炸极限是以其在单位体积混合物中的质量来表示的，如铝粉的爆炸极限为40 g/m^3。可燃性混合物能够发生爆炸的最低浓度和最高浓度，分别称为爆炸下限和爆炸上限，这两者有时亦称为着火下限和着火上限。在低于爆炸下限和高于爆炸上限浓度时，可燃性混合物一般既不爆炸，也不着火。低于爆炸下限时可燃物浓度不够，过量空气的冷却作用阻止了火焰的蔓延；而高于爆炸上限时空气不足，火焰不能蔓延。也正因为如此，可燃性混合物的浓度与发生完全反应的浓度相当时，具有最大的爆炸威力，完全反应的浓度可根据燃烧反应式计算出来。可燃性混合物的爆炸极限范围越宽，其爆炸危险性越大，这是因为爆炸极限范围越宽，出现爆炸条件的机会就多。爆炸下限低，少量可燃物（如可燃气体稍有泄漏）就会形成爆炸条件；爆炸上限高，则有少量空气渗入容器，就能与容器内的可燃物混合形成爆炸条件。生产过程中，应根据各种可燃物爆炸极限的不同特点，采取严防跑、冒、滴、漏和严格限制外部空气渗入容器与管道内等安全管理措施。应当指出，可燃性混合物的浓度高于爆炸上限时，虽然不会着火和爆炸，但当它从容器或管道里逸出，重新接触空气时却能燃烧，因此仍有发生火灾的危险。

二、灭火

1. 灭火及其方法

（1）灭火的基本概念

灭火是指使着火物温度降到着火点以下，或者阻止其进一步进行燃烧反应的方法。按照燃烧理论，灭火的原理是将灭火剂直接喷射到燃烧的物体上或者将灭火剂喷洒在火源附近的物质上，阻断燃烧反应链，或使其不因火焰热辐射作用而形成新的着火点。

（2）灭火方法

发生了火灾，要运用正确的方法进行灭火，通常采用表5-1中的四种方法。

表 5-1 灭火方法分类及其原理

灭火方法	原理
隔离法	将正在燃烧的物体和周围未燃烧的可燃物隔离，中断可燃物的供给，使燃烧因缺少可燃物而停止
窒息法	阻止空气流入燃烧区或用不燃物冲淡空气，使燃烧火焰因得不到足够的氧气而熄灭
冷却法	将灭火剂直接喷射到燃烧的物体上，将燃烧的温度降低到燃点之下，使燃烧停止。或者将灭火剂喷洒在火源附近的物质上，使其不因火焰热辐射作用而形成新的着火点
化学抑制法	用含氟、氯、溴的化学灭火剂（如 1211 灭火剂等）喷向火焰，让灭火剂参与燃烧反应，从而抑制燃烧过程，使火迅速熄灭

上述四种方法有时是可以同时采用的。但是，在选择灭火方法时，还要视火灾的原因采取适当的方法，不然就可能适得其反，扩大灾害。例如，对于电气火灾，不能用水灭火，而宜用窒息法；对油火，宜用化学抑制法等。

（3）火灾烟气控制

烟气控制方法是指所有可以单独或组合起来使用以减轻或消除火灾烟气危害的方法。烟气控制方法见表 5-2。

表 5-2 烟气控制方法

烟气控制方法	原理
挡烟	用某些耐火性能好的物体或材料把烟气阻挡在限定区域，不让其流到可对人和物产生危害的地方。这种方法适用于建筑物与起火区没有开口、缝隙或漏洞的区域
排烟	使烟气沿着对人和物没有危害的渠道排到建筑物外，从而消除烟气的有害影响。排烟有自然排烟和机械排烟两种形式。烟囱、排烟井是建筑物中常见的自然排烟形式，它们主要适用于烟气具有足够大的浮力、可能克服其他阻碍烟气流动的驱动力的区域。机械排烟可克服自然排烟的局限，有效地排出烟气

2. 灭火措施及其注意事项

（1）冷却法灭火措施及其注意事项

1）运用冷却法灭火时，可考虑选择以下措施：

①用大量的水冲泼火区来降温。

②用二氧化碳灭火剂灭火。由于雪花状的固体二氧化碳本身温度很低，接触火源升华时能吸收大量的热，从而使燃烧区的温度急剧下降。

③用水冷却火场上未燃烧的可燃物和生产装置，防止它们被引燃或受热爆炸。

2）冷却法灭火应注意如下问题：

①镁粉、铝粉、钛粉、锆粉等金属元素的粉末类火灾不可用水施救，因为这类物质着火时会产生相当高的温度，可使水和空气中的二氧化碳分解，从而引起爆炸或使燃烧更加猛烈。三硫化四磷、五硫化二磷等硫的磷化物遇水或潮湿空气，可分解产生易燃有毒的硫化氢气体，所以也不可用水施救。遇湿易燃类物质如碱金属、碱土金属等着火，绝对不可以用水和含水的灭火剂施救，这类物质可以与水发生强烈的氧化还原反应，直接导致火灾事故扩大。

②氧化剂着火或被卷入火中，氧化剂中的过氧化物（如过氧化钾、过氧化钙、过氧化钡等）与水反应，能放出氧加速燃烧或者爆炸，起火后不能用水扑救，可用干沙土、干粉扑救。

③用密集的直流水扑救可燃粉尘（如煤粉、面粉等）聚集处的火灾时必须十分慎重。当直流水难以立即将全部高温物质降温时，有可能造成粉尘爆炸。因为粉尘原来处于聚集状态，燃烧从表面进行，但如果用直流水冲喷，在水流冲击作用下粉尘被扬起，形成粉尘的空气混合物，粉尘的表面积大量增加，化学活性增强，可以在没被扑灭的火星或火焰作用下发生更剧烈的燃烧、爆炸。

④比水轻的非水溶性可燃、易燃液体的火灾，原则上不用直流水扑救，如苯、甲苯等，若用水扑救，水会沉在液体下面造成喷溅、漂流，进而扩大火势。

⑤高温设备、高温铁水、盐浴炉和电解铝槽火灾不能用水扑救，因为有可能引起设备破裂、铁水飞溅，使火灾范围扩大；冷水遇到高温熔融物还可能引起水急剧汽化，发生传热型蒸汽爆炸。

⑥酸类腐蚀物品，遇加压密集水流，会立刻沸腾起来，使酸液四处飞溅，所以发烟硫酸、发烟氯酸、浓硝酸等发生火灾后不能用直流水扑救，宜用雾状水、干沙土、二氧化碳扑救。

⑦当遇到未切断电源的电气火灾时，不能用直流水扑救，因为带电物体与水接触可能会引起更大的电气事故，宜使用干粉灭火剂灭火。

（2）窒息法灭火措施及其注意事项

1）运用窒息法灭火时，可考虑选择以下措施：

①可采用石棉被、浸湿的棉被或帆布、灭火毯等不燃或难燃材料覆盖燃烧物或封闭孔洞。

②用低倍数泡沫覆盖燃烧液面灭火。

③将水蒸气、稀有气体（或二氧化碳、氮气等）、高倍数泡沫充入燃烧区域内灭火。

④利用建筑物上原有的门、窗以及生产储运设备上的部件封闭燃烧区，阻止新鲜空气流入，以降低燃烧区氧气的含量，达到窒息灭火的目的。

⑤在万不得已而条件又允许的情况下，可采用水淹没（灌注）的方法扑灭火灾。

2）窒息法灭火时应注意如下问题：

①爆炸品一般只要不堆积过高，没有装在密封的容器内，着火后不一定会形成爆炸。但是对于爆炸品（包括导火索、导爆索及炸药）的燃烧，用沙土等覆盖层压盖窒息灭火，会造成爆炸。因为爆炸品在燃烧时自身会产生氧气去维持燃烧，覆盖层根本隔绝不了氧气，反而阻碍了爆炸品燃烧产生气体的扩散，造成大量热量集聚。如果爆炸品在房间内或在车厢、船舱内着火时，要迅速地将门窗、车厢门、船舱盖打开，向内射水冷却，万万不可用窒息法灭火。

②敞口容器内可燃液体的燃烧，如果用布、棉被等物覆盖容器口，而不能接触液体表面时，覆盖层与液体之间的空气内仍有一定的氧气能够维持燃烧，燃烧产生的气体与热量会因为容器被覆盖而扩散受阻，压力不断上升会引起爆炸。

③在某些火灾场合使用泡沫灭火剂来覆盖着火物质也会扩大火灾事故，如氰化钠、氰化钾以及其他氰化物等，遇泡沫中酸性物质能生成剧毒气体氰化氢。爆炸品着火禁止使用酸碱泡沫灭火剂灭火，以免发生化学反应，使爆炸更加剧烈。泡沫灭火剂中含有大量的水，所以，忌水性物质着火也不可以使用泡沫灭火剂灭火。

④性质活泼金属如锂、钠、钾、镁、铝粉等，禁止使用二氧化碳灭火剂窒息灭火，因为它们能与二氧化碳发生化学反应，从而加剧燃烧。

⑤采用稀有气体窒息灭火时，一定要保证向燃烧区充入足够的稀有气体，以迅速降低空气中氧的含量。

⑥在有条件的情况下，为阻止火势迅速蔓延，给灭火战斗争取更多的准备时间，可先采取临时性的封闭窒息措施，以降低燃烧强度，然后组织力量扑灭火灾。

⑦在采取窒息法灭火以后，必须确认火已完全熄灭、温度下降，方可打开孔洞进行检查，严防因过早地打开封闭的房间或生产装置，而使新鲜空气流入燃烧区，引起复燃或使烟雾气流中不完全燃烧产物发生爆燃，导致火势猛烈地发展。

（3）隔离法灭火措施及其注意事项

1）运用隔离法灭火时，可考虑选择以下措施：

①将火源附近的可燃、易燃易爆和助燃物质，从燃烧区转移到安全地点。

②关闭阀门，阻止气体、液体流入燃烧区，排出生产装置、设备容器内的可燃气体或液体。

③设法阻拦流散的易燃、可燃液体或扩散的可燃气体。

④拆除与火源相邻的易燃建筑结构，形成防止火势蔓延的空间地带。

⑤扑救油气井喷火灾，可用水流或用爆破等方法封闭井口。

2）隔离法灭火时应注意如下问题：

①疏散出火场的可燃物可能夹带火种造成新的火场。例如，棉麻仓库红麻堆垛发生火灾，被疏散出来的红麻里因夹带的暗火阴燃导致临时堆垛起火，会造成比主火场更大的损失。

②任何曾经卷入火中或暴露于高温下的有机过氧化物包件在隔离后，随时可能发生剧烈的分解，即使火已经被扑灭，在包件未完全冷却之前也不应接近，应用大量水冷却以防止爆炸事故的发生。

③可燃物料泄漏火灾，无论使用何种灭火剂，都必须先切断气源或堵漏，如无可靠的断源、堵漏、倒液措施，只能在水枪冷却下让其稳定扩散燃烧，不可贸然灭火。否则，火焰扑灭后可燃物料继续泄漏，会形成更大范围内的可燃气体或蒸气与空气的混合物，一旦再次燃烧、爆炸，其剧烈程度更大，破坏性更加严重。

④工厂发生气体泄漏类火灾，在关闭气路阀门前应确保容器内的压力为正压，以防止空气进入容器引起爆炸。

（4）化学抑制法灭火措施及其注意事项

采用干粉、卤代烷灭火剂灭火，其本质是抑制着火区内燃烧的链式反应，减少自由基的灭火方法，灭火速度快，使用得当可有效地扑灭初期火灾，减少人员伤亡和财产损失。

化学抑制法灭火属于化学灭火方法，灭火剂参加燃烧反应。一些碱金属、碱土金属以及这些金属的化合物在燃烧时可产生高温，并与卤代烷发生反应，使燃烧反应更加猛烈，故不能用卤代烷灭火剂进行扑救。

三、常见灭火器及其使用 

1. 灭火器的类型

按充装灭火剂的种类不同，常用灭火器有水型灭火器、空气泡沫灭火器、干粉灭火器、二氧化碳灭火器、7150 灭火器。

（1）水型灭火器

这类灭火器中充装的灭火剂主要是水，另外还有少量的添加剂。清水灭火器、强化液灭火器都属于水型灭火器，主要适用于扑救可燃固体类物质如木材、纸张、棉麻织物等的初期火灾。

（2）空气泡沫灭火器

这类灭火器中充装的灭火剂是空气泡沫液。根据空气泡沫灭火剂种类的不同，空气泡沫灭火器可分为蛋白泡沫灭火器、氟蛋白泡沫灭火器、水成膜泡沫灭火器和抗溶泡沫灭火器等，主要适用于扑救可燃液体类物质如汽油、煤油、柴油、植物油等的初期火灾，也可用于扑救可燃固体类物质如木材、棉花、纸张等的初期火灾。但对如甲醇、乙醚、乙醇、丙酮等极性（水溶性）可燃液体的初期火灾，只能用抗溶性空气泡沫灭火器扑救。

（3）干粉灭火器

这类灭火器内充装的灭火剂是干粉，根据所充装的干粉灭火剂种类的不同，有碳酸氢钠干粉灭火器、钾盐干粉灭火器、氨基干粉灭火器和磷酸铵盐干粉灭火器。我国目前主要生产和使用碳酸氢钠干粉灭火器和磷酸铵盐干粉灭火器。碳酸氢钠干粉灭火器适用于扑救可燃液体和气体类火灾，该类灭火器又称 BC 干粉灭火器；磷酸铵盐干粉灭火器适用于扑救可燃固体、液体和气体类火灾，该类灭火器又称 ABC 干粉灭火器。

（4）二氧化碳灭火器

这类灭火器中充装的灭火剂是加压液化的二氧化碳，主要适用于扑救可燃固体类物质和带电设备的初期火灾，如图书、档案、精密仪器、电气设备等的火灾。

（5）7150 灭火器

这类灭火器内充装的是 7150 灭火剂（即三甲氧基硼氧六环），主要适用于扑救轻金属如镁、铝、镁铝合金、海绵状钛和锌等的初期火灾。

2. 灭火器（剂）的选择

（1）A 类火灾

A 类火灾是普通可燃物如木材、布、纸、橡胶及各种塑料等燃烧引起的火灾。对 A 类火灾，一般可采取水型灭火器冷却灭火，但对于忌水物质，如布、纸等应尽量减少水渍所造成的损失。对于珍贵图书、档案资料等的火灾，应使用二氧化碳灭火器、干粉灭火器灭火。

（2）B 类火灾

B 类火灾是油脂及液体如原油、汽油、煤油、酒精等燃烧引起的火灾。对 B 类火灾，应使用泡沫灭火器进行扑救，还可使用干粉灭火器、二氧化碳灭火器。

（3）C 类火灾

C 类火灾是可燃气体如氢气、甲烷、乙炔燃烧引起的火灾。对 C 类火灾，因气体燃烧速度快，极易造成爆炸，一旦发现可燃气体着火，应立即关闭阀门，切断可燃气体来源，同时使用干粉灭火器将气体燃烧火焰扑灭。

（4）D 类火灾

D 类火灾是可燃金属如镁、铝、钛、锆、钠和钾等燃烧引起的火灾。对 D 类火灾，因燃烧时温度很高，水及其他普通灭火剂在高温下会因发生分解而失去作用，所以应使用专用灭火剂。金属火灾灭火剂有两种类型：一是液体型灭火剂；二是粉末型灭火剂。例如，用 7150 灭火剂扑救镁、铝、镁铝合金、海绵状钛等轻金属火灾，用原位膨胀石墨灭火剂扑救钠、钾等碱金属火灾。少量可燃金属燃烧时可用干沙、干的食盐、石粉等扑救。

（5）E 类火灾

E 类火灾为带电火灾。对物体带电燃烧、火灾时需坚持供电或断电扑救会造成更大损失的情况，一般使用干粉、二氧化碳等不导电的灭火剂进行扑救。

（6）F 类火灾

F 类火灾是烹饪器具内的烹饪物（如动植物油脂）火灾。此类火灾在日常生活中较常见，一般用干粉灭火器扑救，直接采用湿毛巾覆盖、锅盖覆盖等窒息的方法也能起到灭火的效果。

3. 常见灭火器的使用

（1）水型灭火器的使用

将清水或强化液灭火器提至火场，根据火势尽量靠近燃烧物，将灭火器直立放稳。

1）摘下保险帽，用手掌拍击开启杆顶端的凸头。这时储气瓶的密封膜片被刺破，二氧化碳气体进入筒体内，迫使清水从喷嘴喷出。

2）立即用一只手提起灭火器，另一只手托住灭火器的底圈，将水流对准燃烧最猛烈处喷射。

随着灭火器喷射距离的缩短，使用者应逐渐向燃烧物靠近，使水流始终喷射到燃烧处，直到将火扑灭。在喷射过程中，灭火器应始终与地面保持大致的垂直状态，切勿颠倒或横卧，否则，会使加压气体泄出导致灭火剂不能被喷射出。

（2）空气泡沫灭火器的使用

手提空气泡沫灭火器提把迅速赶到火场，根据火势尽量靠近燃烧物。

1）拔出保险销，一只手握住开启压把，另一只手握住喷枪，压下开启压把，将灭火器密封开启，空气泡沫即从喷枪喷出。

2）泡沫喷出后对准燃烧最猛烈处喷射。如果扑救的是可燃液体火灾，当可燃液体呈流淌状燃烧时，喷射的泡沫应由远及近地覆盖在燃烧液体上；当可燃液体在容器中燃烧时，应将泡沫喷射在容器的内壁上，使泡沫沿壁覆盖可燃液体表面。应避免将泡沫直接喷射在容器内可燃液体表面上，以防止射流的冲击力将可燃液体冲出容器而扩大燃烧范围，增大灭火难度。

灭火时，随着喷射距离的缩短，使用者应逐渐向燃烧处靠近，并始终让泡沫喷射在燃烧物上，直至将火扑灭。在使用过程中，应紧压开启压把，不能松开，也不能将灭火器倒置或横卧使用，否则会中断喷射。

（3）二氧化碳灭火器的使用

二氧化碳灭火器的密封被开启后，液态的二氧化碳在其蒸气压力的作用下，经虹吸管和喷射连接管从喷嘴喷出。由于压力突然降低，二氧化碳液体迅速汽化，但因汽化需要的热量供不应求，二氧化碳液体在汽化时不得不吸收本身的热量，结果一部分二氧化碳凝结成雪花状固体，温度下降至-78 ℃左右。所以，从灭火器喷出的是二氧化碳气体和固体的混合物。当雪花状的二氧化碳覆盖在燃烧物上时即刻升华，对燃烧物有一定的冷却作用。但二氧化碳灭火时的冷却作用不大，其主要是通过稀释空气，把燃烧区空气中的氧浓度降低到维持物质燃烧的极限氧浓度以下，从而使燃烧窒息。

1）手提式二氧化碳灭火器。使用时，手提灭火器的提把或把灭火器扛在肩上，迅速赶到火场。根据火势尽量靠近燃烧物并放下灭火器。

①一只手握住喇叭形喷筒根部的手柄，把喷筒对准火焰，另一只手压下压把，使二氧化碳喷射出来。

②当扑救流淌液体火灾时，应使二氧化碳射流由近到远向火焰喷射，如果燃烧面积较大，使用者可左右摆动喷筒，直至把火扑灭。

③当扑救容器内火灾时，应从容器上部的一侧向容器内喷射，但不要使二氧化碳直接冲击到液面上，以免将可燃物冲出容器而扩大火灾。

2）推车式二氧化碳灭火器。一般应由两人操作。先把灭火器拉到或推到火场，根据火势尽量靠近燃烧物并停下。

①一人迅速卸下安全帽，然后逆时针方向旋转手轮，把手轮开到最大位置。

②另一人则迅速取下喇叭喷筒，展开喷射软管后，双手紧握喷筒根部的手柄，把喇叭喷筒对准火焰喷射，其灭火方法与手提式灭火器相同。

手提式二氧化碳灭火器在喷射过程中应保持直立状态，切不可平放或颠倒使用；当没有戴防护手套时，不要用手直接握喷筒或金属管，以免被冻伤；在室外使用时应选择在上风方向喷射，否则，室外大风会将喷射的二氧化碳气体吹散，减弱灭火效果；在狭小的室内空间使用时，灭火后使用者应迅速撤离，以防发生二氧化碳窒息的意外伤害；室内火灾扑灭后，应先打开门窗通风，然后再进入。

（4）7150 灭火器的使用

使用时，手提灭火器的提把迅速赶到火场，根据火势尽量靠近燃烧物处停下。

1）一只手紧握导管末端的提把，把喷雾头对准火焰中心。

2）另一只手拔出保险销，紧握提把，用力压下压把开关，灭火剂便在氮气压力作用下，沿虹吸管进入喷枪，从喷雾头喷射出来。

喷射时要前后移动喷雾头，从火焰上方将灭火剂均匀地喷洒在燃烧物表面上，使火焰熄灭；喷射时不能将喷嘴直接冲向燃烧着的金属，以防止其被吹散而扩大火势，影响灭火效果；灭火时，使用者应采取适当的防护措施，以免因金属爆燃而被烧伤。

四、火灾扑救

1. 生产装置火灾扑救

（1）扑救要点

1）及时报警。火灾发生时，除自动报警系统会自动报警外，还可使用手动报警系统报警、电话报警、直接派人去较近的消防队报警、大声呼喊等。总之，要因地制宜地采用各种方法迅速将发生火灾的情况告知消防救援机构和本单位人员，即使在场人员认为自己有能力将火扑灭，仍应向消防救援机构报警。

2）抢救伤员。火灾发生后，应尽快将受伤人员撤离事故现场，并进行必要的紧急处置，如进行止血包扎、人工呼吸等。可根据人员伤亡情况组成救援小组实施行动，利用直流水枪或喷雾水枪掩护，搜索被困人员，重点搜索压缩机房、仪器仪表室、生产控制室、油泵房里面或支撑装置的水泥构筑物的下面等。如果大火已经封锁救人途径，要集中水枪，采取强行进攻、重点突破的方法施救。

3）冷却防爆。冷却是扑救生产装置火灾，以及解除设备受火势威胁产生爆炸危险的最有效措施。目前，许多企业生产装置内部设置了稳高压消防水系统、固定水炮和消防箱等现场消防设施，这些设施操作简单，生产现场的操作人员均可使用。所以，一旦发生火灾，操作人员在报警的同时，要迅速启动生产装置上设置的水喷淋系统实施冷却，并立即利用就近的消防水炮、水枪对着火设备和受到火焰强烈热辐射的设备、框架、管线、电缆等进行冷却，防止设备超温、超压或变形。

4）采用工艺灭火措施。工艺灭火措施主要有关阀断料、开阀导流、火炬放空、搅拌灭火等。工艺灭火措施是不可替代的科学、有效的处置生产装置火灾的技术手段。

5）阻止火势蔓延。对于物料泄漏流淌的生产装置火灾现场，应尽早组织人员用沙袋或水泥袋筑堤堵截或导流，或在适当地点挖坑以容纳导流的易燃、可燃液体物料，防止燃烧液体向高温高压装置区蔓延，严防形成大面积流淌火或物料流入地沟、下水道引起大范围爆炸。对高大的塔、釜、炉等设备流淌火，应布置“立体型”冷却，组织内歼外截的强攻，必要时可注入稀有气体灭火。

（2）注意事项

扑救生产装置火灾应注意下列问题：

1）不可盲目灭火。若易燃、可燃液体、气体只泄漏未着火时，应在做好防护和出水掩护、防止打出火花的情况下，先实施堵漏，再处理已泄漏的物料。易燃、可燃液体、气体泄漏燃烧后，在无堵漏把握的情况下，只能对着火和邻近的储罐、设备、管道实施冷却保护，切不可盲目灭火，否则会导致发生爆炸、复燃，造成人员窒息、中毒等伤害事故，引起更大的损失。

2）不可盲目进攻。进入封闭的生产车间，要先在适当位置用直流或开花射流水喷射，破坏轰燃条件后再实施进攻。不要盲目实施灭火，进入灭火一线的人员要有经验，且要选好撤退的路线或安全的隐蔽位置，无关人员不准进入。

3）充分发挥固定消防设施的功能。在安装有稳高压消防水系统、固定泡沫灭火系统等固定消防设施的场所，一定要发挥好固定水炮、泡沫炮的作用，同时，应从高压消火栓接出移动炮，对固定水炮达不到的地方进行冷却或扑救。

4）防止复燃复爆。生产装置火灾应重视防止复燃复爆发生，对已经扑灭明火的装置必须继续进行冷却，直至达到安全温度。流淌火扑灭后，要注意冷却水对泡沫覆盖层的破坏，要根据情况及时复喷泡沫覆盖。对于被泡沫覆盖的可燃液体应尽快予以收集，防止复燃。要适时检测，严防溢流出的易燃液体挥发形成爆炸性气体混合物。

5）重视防护。进入着火区域的人员应穿防火隔热服，保持皮肤不外露，防止被灼伤。进入有毒区域的人员，应根据毒物特点确定防护等级，视情况佩戴空（氧）气呼吸器等安全防护设备，防止中毒。在冷却和灭火时要注意后方保护，充分利用好地形地物，防止爆炸造成的伤害。在扑救生产装置火灾时，应尽可能地使用压力大、流量大的高压水枪、水炮，实施远距离射水灭火，在确认无爆炸危险时，才可以实施登高或近距离灭火。对于执行关阀、堵漏等危险性较大任务的人员和面对强热辐射的前沿阵地人员，应用开花或喷雾水流对其实施不间断的掩护，要对有毒气体、易燃易爆气体（液体蒸气）的浓度进行不间断的检测，以防止毒害物质和爆炸对人员造成伤害。生产装置火灾扑救过程中，要自始至终监视火场情况的变化（包括风向、风力变化，火势，有无爆炸、沸喷的征兆等）。当火场出现爆炸、倒塌等征兆时，应采取紧急避险措施。

6）防止造成环境污染。灭火时，应加强对灭火现场形成的流淌水的管理，阻止流淌水未经处理直接流入河流或排水系统，造成环境污染。

2. 气体或液化气泄漏火灾扑救

(1) 扑救要点

气体或液化气泄漏后遇着火源形成稳定燃烧时，其发生爆炸的危险性与可燃气体或液化气泄漏但未燃时相比要小得多。根据气体或液化气火灾的特点，应采取如下扑救方法：

1) 控制火势蔓延，积极抢救人员。首先扑灭外围被着火源引燃的可燃物火灾，切断火势蔓延的途径，控制燃烧范围，并积极抢救受伤和被困人员。如果附近有受到火焰热辐射威胁的压力容器，能疏散的应尽量在水枪的掩护下疏散到安全地带。

2) 关阀断气，创造有利的灭火条件。如果是输气管道泄漏着火，应设法找到气源阀门。阀门完好时，只要关闭气体的进出阀门，燃烧一般就会自动熄灭。在特殊情况下，如果阀门尚有效，可先扑灭火焰，再关闭阀门。一旦发现阀门损坏或无法关闭，一时又无法堵漏时，应采取措施暂时保持稳定燃烧。

3) 冷却降温，防止物理爆炸。开启固定水喷淋系统，用水冷却正在燃烧的和与其相邻的储罐，对于火焰直接烧烤的罐壁表面和邻近罐壁的受热面，要加大冷却强度。必须保证充足的水源，充分发挥固定水喷淋系统的冷却保护作用。冷却降温要均匀，不要留下空白，避免物理爆炸事故发生。

4) 灭火堵漏，消除危险源。要抓住战机，适时实行强攻灭火。对准泄漏口处火焰根部合理进行交叉射水分隔、密集水流交叉射水，或对准火点喷射干粉、二氧化碳灭火剂，扑灭火焰。气体或液化气储罐或管道阀门处泄漏着火，且储罐或管道关阀无效时，应根据火势判断气体压力和泄漏口的大小及其形状，准备好相应的堵漏器材（如塞楔、堵漏气垫、黏合剂、卡箍工具等）。堵漏工作准备就绪后，即可实施灭火，同时需用水冷却烧烫的罐或管壁。火被扑灭后，应立即用堵漏材料堵漏，同时用雾状水稀释和驱散泄漏出来的气体或液化气。如果确认泄漏口非常大，根本无法堵漏，则需冷却着火容器及其周围容器和可燃物品，控制着火范围，直到燃气燃尽，火势自动熄灭。

5) 实施现场监控，防止爆炸和复燃。现场扑救人员应注意各种爆炸危险征兆，遇有燃烧的火焰由红变白、光芒耀眼，燃烧处发出刺耳的呼啸声，罐体抖动，排气处、泄漏处喷气猛烈等，现场的指挥与扑救人员应做出正确的判断，以及时做出撤退决定，避免造成人员伤亡。

（2）注意事项

扑救气体或液化气泄漏火灾应注意如下事项：

1）查明情况，采取措施。根据泄漏处的着火情况采取相应的措施，防止人员盲目进入气体或液化气泄漏区域。根据泄漏的部位，判断是储罐泄漏，还是管线泄漏，处理时应携带相应的堵漏器材。要根据泄漏点缺口形状决定堵漏材料：缺口为圆形时，可用尖木料堵塞；泄漏口为较长的带状时，应选择棉被、石棉被、加压气垫或汽车橡胶内胎等较平展的物品作为垫子，用安全绳、铜丝、石棉绳等加固，再使用给加压气垫或汽车橡胶内胎充气的方法堵漏；泄漏点为环状时，可用石棉绳、棉布条等进行缠绕堵漏；泄漏点为不规则的形状时，可用密封胶填塞，再用绷带、石棉绳加固的方法进行堵漏。

液化气的泄漏应首先判断漏气和漏液两种情况：漏气时，由于液化气不再从空气中吸收热量，不会形成白雾；漏液时，由于漏出的液体在罐外汽化吸热，使环境温度迅速下降，空气中的水分凝固形成一片白茫茫的雾气，同时泄漏点会出现结冰现象。一般来说，漏气比漏液的危险性小，因为当液化气系统发生漏气时，液化气在系统内汽化吸热，使系统内温度下降，压力也随之下降，有利于堵漏抢险作业；而漏液时液化气在系统外汽化吸热，系统内的压力和温度均没有下降，不利于堵漏作业。发生漏气和漏液时的堵漏方法也不同，漏液时可使用冻结的方法堵漏，而漏气时则不能。

2）安全防护，必须到位。接近燃烧区域的人员要穿防火隔热服，佩戴空气呼吸器或正压式氧气呼吸器等安全防护设备，防止高温、热辐射灼伤和中毒。气体或液化气发生泄漏事故，消防车应布置在离罐区 150 m 的上风、侧风方向，车头朝向便于撤退的方向。抢险救援应当选择从泄漏点的上风方向和地势较高方向接近，在此方向上，爆炸危险区和伤害区半径小，而下风方向和地势较低方向爆炸危险区和伤害区半径大。水枪阵地要选择在靠近掩蔽物的位置，尽可能避开地沟、下水井的上方和着火架空管线的下方。进行冷却的人员应尽量采用低姿射水或利用现场坚实的掩蔽体防护。在卧式罐起火时，进行冷却的人员应尽量避开封头位置，选择储罐四侧角作为射水阵地，防止爆炸时封头飞出伤人。冷却和灭火的水枪阵地，应当设置后排水枪保护。

3）检测气体，防止爆炸。在火灾扑救中，要对燃烧区域外的储罐、钢瓶、管线等进行检测。在火灾扑救结束之前，必须坚持连续不断地检测。当储罐、钢瓶、管线的火灾被扑灭后，即使泄漏已经被制止，仍要继续检测。检测的主要部位是泄漏的部位、储罐和管线阀门处、火场的低洼处、墙角、背风处以及下水道井盖处等。

4）实施堵漏，安全可靠。在抢险救援过程中，堵漏作业一定要抓紧时间在白天进行，以免照明灯具、开关等点燃气体或液化气。堵漏时要停止其他作业，因为其他作业不仅可能产生点火源引发爆炸，而且增加了警戒区的工作难度。在扑救液化气火灾和堵漏过程中，由于液化气泄漏时快速汽化，吸收周围大量的热，会在气体扩散源附近形成低温区域，因此堵漏人员要做好防冻措施，防止液体直接喷到人的皮肤上，造成人员冻伤。另外，要防止液体溅入眼内。

5）无法堵漏，严禁灭火。在不能有效地制止气体或液化气泄漏的情况下，严禁将正在燃烧的储罐、钢瓶、管线泄漏处的火势扑灭。即使在扑救周围火势以及冷却过程中不小心把泄漏处的火焰扑灭了，在没有采取堵漏措施的情况下，也必须立即用长点火棒将火点燃，使其恢复稳定燃烧。否则，大量可燃气体或液化气泄漏出来与空气混合，遇到着火源就会发生复燃复爆，造成更严重的危害。

3. 易燃液体泄漏火灾扑救

（1）扑救要点

易燃液体一旦发生泄漏或溢出，需要注意的要点包括液体顺着地面（或水面）飘散流淌的问题，液体的密度和水溶性等涉及能否用水和普通泡沫灭火剂扑救的问题，以及危险性很大的沸溢和喷溅问题。

1）切断火势蔓延途径，控制燃烧范围。首先应切断火势的蔓延途径，冷却和隔离受火势威胁的压力容器或密闭容器和可燃物，控制燃烧范围，并积极抢救受伤和被困人员。对于泄漏液体流淌火灾，应筑堤（或用围栏）拦截飘散流淌的易燃液体或挖沟导流，之后封闭工艺流槽，并用填沙土的方法封闭污水井。对受热辐射强烈影响区域的装置、设备和框架结构应加以冷却保护，防止其受热变形或倒塌；开阀将着火或受威胁装置、设备和管道中的可燃液体导流至安全储罐。在蒸气扩散有爆炸危险的区域内，应立即停止用火作业并消除其他可能的着火源。

2）根据火情，采取针对性的灭火方法，具体如下：

①易燃液体储罐泄漏着火，在切断火势蔓延途径并将其限制在一定范围内的同时，应迅速准备好堵漏工具，然后先用泡沫、干粉、二氧化碳或雾状水等扑灭地上的流淌火焰，为堵漏扫清障碍，然后再扑灭泄漏口的火焰，并迅速采取堵漏措施。

②对大面积地面流淌性火灾，应采取围堵防流、分片消灭的灭火方法；对大量的地面重质油品火灾，可视情况采取挖沟导流的方法，将油品导入安全的指定地点，利用干粉或泡沫一举扑灭；对暗沟流淌火，可先将其堵截住，然后向暗沟内喷射高倍数泡沫，或采取封闭窒息等方法灭火。

③对于固定灭火装置完好的燃烧罐（池），应及时启动灭火装置实施灭火。对固定灭火装置被破坏的燃烧罐（池），可利用泡沫管枪、移动泡沫炮、泡沫钩管进攻或利用高喷车、举高消防车喷射泡沫等方法灭火。

④对于在油罐的裂口、呼吸阀、量油口或管道等处形成的火炬型燃烧，可用覆盖物如浸湿的棉被、石棉被、毛毯等覆盖火焰窒息灭火，也可用直流水冲击灭火或喷射干粉灭火。

⑤对于原油和重油等具有沸溢和喷溅危险的液体火灾，如果有条件，可采取排放罐底存积水的措施，防止发生沸溢和喷溅。在灭火的同时必须注意观察火场情况变化，及时发现沸溢和喷溅征兆，迅速做出正确判断，及时撤退人员，避免造成伤亡和损失。

⑥对于水溶性的液体如醇类、酮类等火灾，应使用抗溶性泡沫扑救。用干粉扑救时，灭火效果要视燃烧面积大小和燃烧条件而定，同时需用水冷却罐壁。

3）充分冷却，防止复燃。燃烧罐的火灾被扑灭后，要继续保持对罐壁的冷却，直至易燃液体的温度降到其燃点以下为止，并保持液面的泡沫覆盖。对于地面液体流淌火，在火灾被扑灭后，液面仍需维持泡沫的覆盖，直到采取现场清理措施。

（2）注意事项

1）对较大的储罐或流淌火灾，应准确判断着火面积。小面积（一般指 50 m^2 以内）液体火灾，可用雾状水扑灭，用泡沫、干粉、二氧化碳灭火剂更有效。大面积液体火灾则必须根据燃烧物的相对密度、水溶性和燃烧面积大小，选择正确的灭火剂扑救。比水轻又不溶于水的液体（如汽油、苯等），用直流水、雾状水灭火往往无效，可用普通蛋白泡沫或轻水泡沫灭火。比水重又不溶于水的液体起火时可用水扑救，因为水能覆盖在液面上，也可使用泡沫灭火。具有水溶性的液体（如醇类、酮类等），虽然从理论上讲能用水稀释扑救，但实践中容易使液体溢出流淌，而普通泡沫又会受到水溶性液体的破坏，因此，最好用抗溶性泡沫扑救。

2）防毒。扑救毒害性、腐蚀性或其燃烧产物毒害性较强的易燃液体火灾时，扑救人员必须佩戴防护面具，做好防毒措施。

3）堵漏。遇易燃液体管道或储罐泄漏着火，在把火势限制在一定范围内的同时，应设法找到并关闭进、出阀门，如果管道阀门已损坏，应迅速采取堵漏措施。与气体泄漏堵漏不同的是，液体泄漏一次堵漏失败，可连续堵几次，但需要用泡沫覆盖地面并控制好周围的着火源。

4. 电气线路和设备火灾扑救

（1）扑救要点

带电电气线路燃烧易形成一条快速蔓延的“火龙”，并发出强烈耀眼的弧光。电气设备如油浸式电力变压器或油开关若在高温或电弧作用下发生爆炸，还会引起绝缘油外溢或飞溅，会使火势在瞬间蔓延扩大。

1）断电灭火方法。当扑救人员的身体或所使用的消防器材接触或接近带电部位，或在冷却和灭火中将直流水柱、喷射出的泡沫等射至带电部位，电流会通过水或泡沫引导至扑救人员，容易发生触电事故。为了防止在扑救火灾过程中发生触电事故，首先应禁止无关人员进入着火现场，特别是对于有电线落地已形成了跨步电压或接触电压的场所，一定要划分出危险区域，设置明显的警示标识并由专人看管。同时，要与生产调度、电气技术人员合作，在允许断电时要尽快设法切断电源，为扑救火灾创造安全的环境。

2）带电灭火方法。当电气线路或设备发生火灾后，因火场情况紧急，或生产的连续性需要，或其他原因无法切断电源时，常需实施带电灭火。带电灭火必须在防止触电的前提下，实施有效的扑救措施。

①用灭火器实施带电灭火。对于初期带电电气线路或设备火灾，应使用二氧化碳或干粉灭火器进行扑救。扑救时应根据着火电气线路或设备的电压，确定扑救最小安全距离，在确保人体、灭火器的筒体（喷嘴）与带电体之间距离不小于最小安全距离的前提下，扑救人员应尽量从上风方向施放灭火剂实施灭火。

②用固定灭火系统实施带电灭火。生产装置区、库区、装卸区和变配电所等部位的二氧化碳、干粉固定灭火装置，以及雾状水等固定或半固定的灭火装置，可以直接用于带电灭火。

③用水实施带电灭火。因水能导电，用直流水柱近距离直接扑救带电的电气线路或设备火灾，扑救人员会有触电的危险。因此，只有充分做好保障扑救人员防触电措施的

情况下，才能用水实施带电灭火。

（2）注意事项

用水实施带电灭火时，为了确保人员的安全，应做好个人防护。

1）个人防护具体措施如下：

①扑救人员必须穿戴绝缘胶靴、绝缘手套，必要时应穿均压服。

②在金属水枪的喷嘴上安装接地线。接地线可用截面为 5～10 mm^2、长 20～30 m 的铜绞线；接地棒可用长 1 m 以上，直径 50 mm 的钢管或 50 mm×50 mm 的角钢钉入地下 0.5 m，接地处可倒入盐水或普通水以增加导电性。也可利用附近的避雷引下线、自来水铁管、金属暖气管、电线杆拉线等作为接地装置。

③使用铜网格做接地板。铜网格用粗铜线编制而成，规格至少为 0.6 m×0.6 m，用接地线将金属水枪喷嘴和铜网格接地板连接，根据电压高低选好安全距离，水枪操作人员在接地板上站好后，方可射水扑救火灾。

④采用喷雾水流。用喷雾水流进行带电灭火时，只要根据电压高低选好安全距离（最好超过 3 m），水枪可以不用接地线，直接带电灭火。

⑤采用充实水柱。在运用充实水柱带电灭火时，水枪喷嘴与带电体的距离应根据带电体电压高低，保持在相应最小安全距离以外。最好使用小口径水枪，采取点射射水灭火，或将水流向斜上方喷射，使水断续地呈抛物线形状落于火点。

2）带电灭火时的注意事项如下：

①水枪喷嘴与带电体之间要保持安全距离。

②使用直流水枪灭火时，如听到放电声或发现放电火花、有电击感时，应采取卧姿射水，将水带与水枪的接合部金属触地，以防触电伤人。

③对架空带电线路进行灭火时，扑救人员至带电体的水平距离应大于带电体距地面的垂直高度，以防导线断落危及扑救人员的安全。如果电线已断落，应划出 8～10 m 警戒区，并禁止人员入内。

④在带电灭火过程中，没有穿戴绝缘防护用品的人员，不准许接近燃烧区，以防地面积水导电伤人。火灾扑灭后，如果设备仍带电，所有人员均不得接近带电设备和积水区域，以防止发生触电事故。

5. 管道系统火灾扑救

生产管道布置纵横交错，种类繁多，被输送介质的理化性质多样，系统接点多，火灾、爆炸事故发生率高。管道发生火灾、爆炸事故，容易沿着管道系统扩展蔓延，使事故范围和损失迅速扩大。

（1）可燃液体管道火灾扑救

可燃液体管道因腐蚀穿孔、垫片损坏、管线破裂等引起泄漏，被引燃后，着火物料在管道内液压的作用下向四周喷射，对邻近设备和建筑物造成很大威胁。扑救这类火灾，应首先关闭输液泵、阀门，切断向着火管道输送的物料。然后采取挖坑筑堤的方法，限制着火液体物料流窜，防止蔓延。单根输液管线发生火灾，可用直流水枪、泡沫、干粉等灭火，也可用沙土等掩埋扑灭。在同一地方铺设多根管线，其中一根破裂，漏出可燃液体并形成火灾时，火焰及其热辐射会使其他管线失去机械强度，并可能使管内液体或气体膨胀导致管道破裂，漏出物料，造成火势扩大。因此，要加强对着火管道及其邻近管道的冷却。对空间管道流淌火，因其易形成立体或大面积燃烧，可从管道的一端注入水蒸气吹扫，或注入泡沫、水进行灭火。若油管裂口处形成火炬式稳定燃烧，应用交叉水流，先在火焰下方喷射，然后逐渐上移，将火焰割断扑灭。若输油管线附近有灭火蒸汽设备，也可采用蒸汽灭火。

（2）可燃气体管道火灾扑救

可燃气体管道发生火灾时，不要急于灭火，应以防止火势蔓延和发生二次灾害为重点。在关闭进气阀门或采取堵漏措施后，才可灭火。阀门受火势直接威胁，无法关闭时，首先应冷却阀门，在保证阀门完好的情况下，再进行灭火。同时，应掌握时机，选择火焰由高变低、声音由大变小，即压力降低的有利条件下灭火，灭火后迅速关闭阀门，并使用蒸汽或喷雾水稀释和驱散余气。对于气体火灾，可选择水、干粉、蒸汽等灭火剂。灭火后对容器、管道要继续射水，以便驱散周围可燃余气。扑救有毒的可燃气体火灾，扑救人员必须佩戴防毒面具。

（3）气流输送、通风、空调、除尘管道火灾扑救

着火后，火苗有可能很快窜入气流输送、通风、空调、除尘管道，并沿管道蔓延扩大，因此必须截击阻止，消除余火，防止流窜。

1）火苗被吸入物料输送风道。立即停止操作生产设备，关闭输送风机和风道阀门，

将火焰控制在风道的局部范围，制止其蔓延。打开输送风道的旁通漏斗，设法将着火物料引出，就地彻底扑灭。着火物料难以取出的，应根据发烟浓度、管壁温度，判明大致燃烧范围，破拆风道，强行清理，或用水枪深入风道灌注灭火。

2）火苗窜入除尘管道。在生产过程中产生的火花或火苗，通过设在生产设备上的除尘装置窜入地沟、地面除尘管道时，应立即停止局部区域的除尘风机，关闭局部除尘管道的阀门，尽量将火苗控制在局部区域内。查明火点位置，将着火物料、粉尘通过旁通管引出清除，并就地扑灭。设有火星自动探测器的，要及时启动，导出火星并消灭余火。难以清除着火物料、粉尘时，要破拆除尘管道，强行清除着火物料、粉尘，防止火苗窜入邻近除尘管道和除尘室，导致燃烧范围扩大。

3）火苗窜入空调管道。及时关闭局部空调设备和防火阀门，控制燃烧范围。先破拆空调管道的保温层，通过烟雾浓度、管道温度、管道颜色变化，确定火点位置，在起火点两端，分别用金属切割设备拆开空调管道。用水枪消灭管道内火焰，同时冷却降低空调管道温度。火点被扑灭后，要清理出燃烧过的棉絮等物品。燃烧范围大、火点多时，要多点同时破拆、逐点消灭、不留死角。

（4）下水道、管沟火灾扑救

企业生产往往要消耗大量工业用水，需排放或送往净化处理设备设施的污水量很大，污水中经常混杂有易燃易爆或有毒有害物质。装置或设备若发生泄漏，可燃蒸气易在下水道、管沟等低洼地方聚集，遇到明火即会发生爆炸或燃烧。下水道、管沟一般遍及企业全部区域，一旦着火，易蔓延成灾。扑救下水道、管沟火灾时，应用湿棉被、沙土、堵塞气垫、水枪等卡住下水道、管沟两头，防止火势向外蔓延。若是暗沟，可分段堵截，然后向暗沟喷射高倍数泡沫或采取封闭窒息等方法灭火。火势较大时，应冷却保护邻近的物资和设施，用泡沫或二氧化碳灭火。若物料流入江河，则应在水面进行拦截，把火焰压制到岸边安全地点后用泡沫灭火。

6. 危险化学品火灾扑救

（1）扑救要点

1）设置警戒线。危险化学品事故现场情况复杂，必须实施警戒，并及时疏散危险区域内的人员。根据仪器检测结果和现场气象情况，确定警戒区域，划定警戒范围。要在适当地方设置明显的警戒线。

2）选择适当的处置方法，防止盲目施救。危险化学品种类繁多，各种危险化学品有各自的危险特性，处置方法也不同。所以，发生危险化学品火灾首先一定要弄清楚危险化学品的品种和危险性，再根据火灾现场情况，选择适当的处置方法。没有妥善的处置方法，没有必要的防护设备，不能贸然处置危险化学品事故特别是火灾爆炸事故，否则会使处置人员受到伤害。

3）正确选用灭火剂。在扑救危险化学品火灾时，应正确选用灭火剂，积极采取针对性的灭火措施。大多数易燃、可燃液体火灾都能用泡沫灭火剂扑救。其中，水溶性的有机溶剂火灾应使用抗溶性泡沫扑救，如醚、醇类火灾；可燃气体火灾可使用二氧化碳、干粉等灭火剂扑救；有毒气体和酸、碱液可使用喷雾、开花射流水或设置水幕进行稀释；遇水燃烧物质（如碱金属或碱土金属火灾）、遇水反应物质（如乙硫醇、乙酰氯）等，应使用干粉、干沙土或水泥粉等覆盖灭火；粉状物品，如硫黄粉、粉状农药等，不能用强水流冲击，可用雾状水扑救，以防发生粉尘爆炸，扩大灾情。

4）控制和消除引火源。大多数危险化学品都具有易燃易爆性，现场处置中若遇引火源，可能发生燃烧爆炸，对现场人员、周围群众、设施造成严重危害，也会给事故处置增加难度。如果处置的危险化学品是易燃易爆物品，现场和周围一定范围内要杜绝火源，所有电气设备都应关掉，进入警戒区的消防车辆必须带阻火器。现场上空的电线应断电，固定电话、手机等通信工具也要关闭，防止电火花引燃引爆可燃气体、可燃液体的蒸气或可燃粉尘。堵漏或现场操作中应使用无火花处置工具。

5）清理和洗消现场。危险化学品火灾被扑灭后，要对事故现场进行彻底清理，防止因某些危险化学品没有清理干净而导致复燃，并对火灾现场及参与火灾扑救的人员、装备等实施全面洗消。对现场进行再次检测，确保现场残留危险化学品达到安全标准后，再解除警戒。

（2）注意事项

在处置危险化学品事故时，应注意以下几个问题：

1）扑救人员应注意自身安全。进入危险区域的扑救人员要做好个人防护，穿着防化服，遵守毒区行动规则，不得随意解除防护装备，不得随意坐下或躺下，不得在毒区进食和饮水等。扑救无机危险化学品中的氰化物，硫、砷和硒的化合物及大部分有机危险化学品火灾时，应尽可能站在上风方向，并佩戴防毒面具。

2）注意环境保护。在处置泄漏的危险化学品时，能回收的要尽量回收，不能回收的要防止泄漏物料流入河道。若已流入河道，要采取相应措施进行消毒，并对污染河道进行连续、多点位、多层面的监测，既要做定性监测，又要做定量监测。同时要通报沿河群众、下游城市有关部门不要取用河水，密切关注污染水流情况。对受污染的土壤使用机械挖掘清除，并在安全地带采取焚烧或其他物理、化学方法进行安全处置。对于稀释过程产生的大量污染水，也应尽可能地收集到一处，以便集中处理。

7. 人体着火扑救

人体着火多数是由于工作场所发生火灾、爆炸事故或扑救火灾引起的，也有因用汽油、苯、酒精、丙醇等易燃油品和溶剂擦洗机械或衣物时，遇到明火或静电火花而引起的。当人体着火时，应采取如下扑救措施：

（1）若衣物着火又不能及时扑灭，应迅速脱掉衣服，防止烧伤皮肤。若来不及或无法脱掉衣物应就地打滚，用身体压灭火焰。切记不可跑动，否则风助火势会造成严重后果。就地用水灭火效果会更好。

（2）如果人体溅上油类而着火，其燃烧速度很快。人体的裸露部分，如手、脸和颈部最容易被烧伤。此时因疼痛难忍，一般就会本能地跑动。在场的人应立即制止其跑动，将其扑倒，用石棉布、棉衣、棉被等物覆盖灭火，用水浸湿后覆盖效果更好。用灭火器扑救时，不要对着脸部喷射灭火剂。

五、火灾现场避险

1. 火灾烟气危害逃避

如前所述，在各种火灾事故中，死亡人员中有相当一部分人不是被火直接伤害的，而是被烟气毒害的。美国学者对在建筑火灾中死亡的 1 464 人的死因进行了分析，结果表明，其中 1 026 人死于窒息和中毒，约占总数的 70%。如今，建筑物内大量使用易燃、可燃材料，特别是用塑料材料进行装饰装修，一旦发生火灾事故，将有大量有毒气体、蒸气产生，严重威胁着被困人员的生命安全。

（1）火灾时烟气的危害

1）烟气的毒害性可致人伤亡。当空气中二氧化碳浓度增大，导致氧含量低于人体正常呼吸需求时，人会感到缺氧，因而活动能力减弱，思想混乱，甚至晕倒、窒息；当烟气中各种毒害性气体含量超过人体正常生理所允许的最高浓度时，就会发生中毒事故，严重时可导致死亡。

2）烟气的减光性阻碍人员的疏散和灭火行动。烟气弥漫环境下，可见光受到烟气的遮蔽，能见度大大降低。且烟气强烈地刺激人的眼睛，使人睁不开眼，不易辨别方向，不易查找起火点，严重影响人们的行动。

3）烟气易造成人的心理恐慌。建筑物发生火灾时，烟气的流动速度比人在火场中的行动速度要快。人首先受到烟气的威胁，由于毒害性和减光性的影响，人易产生极大的恐惧感，甚至失去理智、惊慌失措，导致混乱无序，以致发生伤亡事故。

4）烟气温度较高。烟气温度很高，在扩散弥漫的过程中，会将其热量传给周围可燃建（构）筑物和可燃物，使室内空间温度迅速上升，当温度达到 500 ℃时，会发生轰燃现象，即室内的大量可燃物在瞬间燃烧起来，使火势急剧扩大，人在这种环境下会被严重烧伤。

（2）防止烟气危害的措施

1）设法排烟，降低烟雾浓度。为了安全疏散和灭火施救活动的顺利开展，可采取的排烟措施如下：

①自然换气排烟法。将着火的房间、楼层或其上层的窗户打开，借助烟的升力和风力排烟。

②机械排烟法。用排烟机排烟，若用吸气法，吸烟口应设在建筑物顶部；若用鼓风法，送风口应设在地面。

③喷雾水驱烟法。从空气流入侧用水枪喷水雾，向下风侧驱赶烟雾，同时还可以净化空气。

2）个人用毛巾防烟法。用折叠的毛巾捂住口鼻能起到良好的防烟作用。实验证明，将干毛巾折叠 8 层，烟雾消除率可达 60%，人在这种情况下于充满刺激性烟雾的长走廊里慢速行走 15 m，没有刺激性感觉。如果用湿毛巾保护口鼻，则防烟效果更好，因为水能将一些有害气体溶解掉。捂口鼻时，要尽量增大过滤烟气的毛巾面积。穿过烟雾区时，即使感到呼吸阻力增大，也绝不能将毛巾从口鼻处拿开。

（3）烟气流动方向和特点

当建筑内的某一个房间（舞厅、餐厅、酒店客房等）发生火灾时，将会出现一股热的烟气流。这股烟气流在周围冷空气的阻挡下，可能形成一个热烟气包，并在浮力的作用下向上飘升。在密闭型的房间内，该烟气包与房间顶棚相碰，形成一个超压区，与相随的烟气逐渐弥漫整个着火房间。反之，如果该房间顶部有排气洞口或者有天窗，热烟气包和相随的烟气便会由洞口排出着火房间，向外扩散。

1）烟气在水平方向的流动特点。起火房间的烟气，如遇有打开的门、窗，则会由窗口的上部排向室外或者由门洞及其他洞口流向走道，再经过走道向其他房间、楼梯间、电梯间等处流动扩散。从起火房间流向走道的烟气，在顶棚之下呈层流状态流动。在其流动过程中，如遇室外冷空气流入或室内有排烟措施时，烟层下面的新鲜空气则流向起火房间，新鲜空气与烟的流动方向正好相反，烟层的高度大约在走道高度的一半以上。可是在发生轰燃现象时，由于大量的烟被猛烈喷出，会出现烟层瞬时下降的现象，有时几乎会降到地面。待火势进入发展阶段后，烟层的厚度又基本恢复到原来状况。因此，逃生和疏散时，采用低姿方式行进可减少受到的烟气危害。

烟气的水平流动速度：在火灾初期，因空气热对流的影响，其扩散速度约为0.1 m/s。到了火灾发展阶段，特别是猛烈阶段时，由于高温下的热对流的作用，烟气扩散速度可达到0.3~0.8 m/s。在发生轰燃的瞬间，烟被喷出的速度可达10 m/s，很快就会扩散到楼梯间等部位。

2）烟气在垂直方向的流动特点。走道中的烟气除向其他房间蔓延外，还会通过楼梯间、电梯间、竖井、通风管道等部位迅速向上层流动，烟气的垂直上升速度能达到3~5 m/s。可以看出，烟气垂直蔓延的速度很快，较短时间内就会对着火层的上方楼层构成威胁。如果逃生人员认为上层离着火层远，相对安全，则可能在短时间内就遭到烟气的危害。

对于天井式旅馆、饭店、商场，其天井式结构和其他竖向井道一样，相当于一个烟囱。在平常状态下，天井因风力或温度差形成负压而产生抽力。当天井侧的某一房间着火后，因抽力的增大，大量热烟将进入天井并向上扩散，天井内的温度也随之升高，冷空气则由其他开启的门、窗等流入天井，形成循环气流。天井的高度越高，抽力也越大。

由此可知，烟气总是由压力高处向压力低处流动。当未起火部位处于负压时，烟气就可能侵入其中；处于正压的房间由于冷空气向外流动，则可有效地阻挡烟气侵袭。

值得重视的是，由于空调通风管道四通八达，密布于办公楼、旅馆、饭店、大厅各处，烟气一旦窜入空调系统，便会迅速扩散到各个房间。在国内外旅馆、商厦等建筑火灾中，常有人员在远离火点的房间内因吸入有毒烟气致死的情况发生。

2. 火灾发生后安全疏散与逃生

火灾发生后，由于危险突然降临，人们容易形成恐慌心理。这种恐慌心理会严重干扰人们的行为，形成安全疏散和逃生的重要心理制约因素。因此，火灾发生后一定要保持冷静，做到临危不惧、临危不乱，增强自我控制能力，按照逃生路线安全撤离。

（1）及时迅速报告火警

发生火灾后不要惊慌失措，要保持镇静，及时迅速拨打“119”进行火灾报警。火灾报警时应注意以下几个方面：

1）火警电话打通后，应讲清楚着火单位，所在区县、街道、门牌或乡村的详细地址。

2）要讲清起火部位、燃烧物质和燃烧情况，以及火势及其发展状况。

3）要讲清自己的姓名、工作单位和电话号码。

4）报警后要派专人在街道路口等候消防车到来，为消防车指引前往火场的道路，以便消防救援人员能够迅速、准确地到达起火地点。

（2）火灾时人的心理特性

1）惊慌失措。处在火灾现场的人们，尤其是没有经过教育培训、特殊训练的人们，很容易产生不可抑制的恐惧心理，这就是常说的惊慌。惊慌之余，想到火灾危害，便会产生极其不安的惊慌失措的心态与行为。

2）惶恐惧怕。人们面对浓烟烈火，常常会晕头转向、呼吸急促、反应迟钝，并产生骚动；面对人群的纷乱骚动，人会深切感到生命将受到严重威胁，因而产生不能面对死亡的强烈惧怕感。强烈的惶恐惧怕心态会严重干扰人的正常思维，减弱理性判断能力，失去与烟火拼搏的精神和勇气，束手无策或丧失抗争能力。

3）判断失误。惊慌惧怕的心态会导致人变得不理智，进而造成判断失误，出现非理智的错误行动。另外，人处于高热环境中，先是口干舌燥、软弱无力、痛苦难熬，思维活动受到强烈干扰，进而眩晕心乱，直至昏迷休克、猝然倒下。此外，当人处于缺氧和有毒有害气体大量存在的火场环境中时，毒气进入人体，可使人发生嗅觉刺激、呼吸困难、视线模糊，损伤内脏和脑神经系统等，进一步导致思维不清、行为错乱和头晕目眩，直至因中毒、窒息而亡。

4）冲动行为。火灾时容易使人做出不理智或盲目的冲动行为，如跳楼、乱跑乱窜、大喊大叫、丧失信心、不听劝阻等。火场心理研究证明，乱跑乱窜、大喊大叫不但会使自己陷入危险境地，还会扰乱他人的平静思维，加剧其他人员的惊慌心理，导致更多人效仿，从而使火场更加混乱。

5）侥幸心理。侥幸心理是人们经常出现的一种心态，表现在面临灾祸之际，轻信事情不会那么严重或抱着“车到山前必有路”的态度，不去冷静沉着地采取措施，这是妨碍正确判断的大敌。火场中人们必须首先排除这种心态，不能让其干扰理智的思维和正确的判断。

3. 火灾现场安全疏散和逃生自救方法

火灾突然发生时，一定要强制自己保持头脑冷静，根据周围环境和各种自然条件，选择恰当的安全疏散和自救方式。能否安全疏散，自救方式是否恰当，直接关系人身安全能否被保障。

（1）安全疏散注意事项

1）保持安全疏散秩序。在疏散过程中，应始终把疏散秩序和安全作为重点，尤其要防止发生拥挤、踩踏、摔伤等事故。遇到只顾自己逃生、不顾别人死活的不道德行为和相互踩踏、前拥后挤的现象，要想方设法地坚决制止。如果看见前面的人摔倒，应立即扶起。发现拥挤应给予疏导或选择其他的辅助疏散方法给予分流，减轻单一疏散通道的压力。实在无法分流时，应采取强硬手段坚决制止拥挤。同时要告诫和阻止逆向人流的出现，保持疏散通道畅通，制止逃生中乱跑乱窜、大喊大叫的行为。因为这种行为不但会消耗大量体力，吸入更多的烟气，还会妨碍别人的正常疏散而诱导混乱。尤其是前拥后挤的混乱状态出现时，决不能贸然加入，这是逃生过程中的大忌，也是扩大伤亡的重要原因。

2）遵循疏散顺序。就多层建筑物而言，应首先疏散着火层，再疏散着火层上层楼层，最后疏散下层楼层，以安全疏散到地面为最终目标。建筑物火灾中，一般着火楼层内的人员遭受烟火危害的程度最重，会受到高温和浓烟的伤害，如疏散不及时，极易发生跳楼、中毒、昏迷、窒息等现象。因此，当疏散通道狭窄或单一时，应首先救助和疏散着火层的人员。着火层上层楼层是将很快波及的区域，也应作为疏散重点尽快疏散。相对来说，下面各层较为安全，不仅疏散路径短，火势向下蔓延的速度也慢，能够容许最后再进行疏散。分轻重缓急、按楼层疏散，可大大减轻安全疏散通道的压力，避免人流密度过大、路线交叉等原因所致的堵塞、踩踏等。

疏散时先老、弱、病、残、孕，后疏散其他人员，这是单位负责人和消防队指挥人员必须遵循的疏散原则。对于行动有困难的特殊人员，还应指派专人或青壮年协助撤离。

3）发扬团结友爱精神。火灾中善于保护自己顺利逃生是重要的，同时也要发扬团结友爱精神，尽力救助更多的人撤离火灾危险环境。火灾疏散统计资料表明，孩子、老人、病人、残疾人和孕妇，在火灾伤亡者中占有相当大的比例，这主要是他们的体力或智力不足，思维不够清晰和行动迟缓而造成的。如能及时给予协助，就能帮助他们逃生。

4）启用建筑防火设备。利用防火门、防火卷帘等设施控制火势，启用通风和排烟系统降低烟雾浓度，及时关闭各种防火分隔设施等措施，都可为安全疏散创造有利条件，使疏散行动进行得更为顺利、安全。

5）疏散中原则上禁止使用普通电梯。普通电梯由于缝隙多，极易受到烟火的侵袭，而且电梯竖井又是烟火蔓延的主要通道，所以采用普通电梯作为疏散工具是极不安全和危险的。因此，发生火灾时，原则上应首先关闭普通电梯。

6）不要滞留在没有消防设施的场所。逃生困难时，可将防烟楼梯间、前室、阳台等作为临时避难场所。千万不可滞留于走廊、普通楼梯间等极易被烟火波及又没有消防设施的部位。

7）逃生中注意自我保护。学会逃生中自我保护的基本方法，是保障自身安全的重要内容。如在逃生中因中毒、撞伤等原因使身体受到伤害，不但贻误逃生时机，还会遗留后患甚至危及生命。

火场上烟气具有较高的温度，但安全通道的上方烟气浓度大于下部，贴近地面处浓度最低。所以，在疏散过程中，穿过烟气弥漫区域时要以低姿行进为好，如弯腰行走、蹲姿行走、爬姿等。采用上述这些姿势逃离时，动作、速度不宜过猛、过快，否则会增大烟气的吸入量，或因视线不清发生碰壁、跌倒等事故。

8）注意观察安全疏散标志。在烟气弥漫、能见度极差的环境中进行疏散时，应低姿细心搜寻安全疏散指示标志和安全门的应急灯光标志，按其指引的方向稳妥行进，切忌只顾低头乱跑或盲目跟从他人。

9）脱下着火衣服。如果身上衣服着火，应迅速将衣服脱下，或就地翻滚，将火压灭。如附近有浅水池、池塘等，可迅速跳入水中。如果身体已被烧伤时，应注意不要跳入污水中，以防感染。

（2）火场逃生的自救方法

1）熟悉所处环境。对于经常工作或居住的场所，可事先制订较为详细的逃生计划，并进行必要的逃生训练和演练。必要时可把确定的逃生出口（如门窗、阳台、室外楼梯、安全出口、楼梯间等）和路线绘制在图上，并贴在明显的位置上，以便平时熟悉和记忆。

当走进商场或到影剧院等不熟悉的环境时，应留心看一看安全门、楼梯、安全出口，以及灭火器、消火栓、报警器的位置，以便发生火灾时能及时逃出险区或将初期火灾及时扑灭，或在被围困的情况下能及时报警求救。

2）选择逃生方法。应该根据火场上的火势大小、被围困人员所处位置和可供使用的救生器材不同，采取不同的逃生方法。在火场上发现或意识到自己可能被烟火围困，生命受到威胁时，要立即采取相应的逃生措施和方法，切不可贻误逃生良机。

应根据火势，优先选择最简便、最安全的通道和疏散设施，如遇高层建筑着火时，首先选择安全疏散楼梯、室外疏散楼梯、普通楼梯间等，尤其是防烟楼梯间、室外疏散楼梯更安全可靠。当身处房间内，打开门窗前必须先摸摸门窗是否发热。如果发热，就不能打开，应选择其他出口；如果不热，也需要小心慢慢打开，并迅速撤出，然后将门窗立即关好。

当经常使用的通道被烟火封锁后，应该先向远离烟火的方向疏散，然后再向靠近出口和地面的方向疏散。向远离烟火的方向疏散时，应以水平疏散为主，尽量避免向楼上疏散。同时，到达一个较为安全的地点后，绝不要停留在原地，应迅速采取措施，利用一切逃生手段，向靠近地面的方向逃生。

当一时想不出更好的疏散路线，而他人的疏散路线又比较安全可靠时，则可跟随他人进行疏散，但千万不要盲目、消极地效仿他人的行为。如果门窗、通道、楼梯等已被烟火封锁但未倒塌，还有可能冲出去时，则可向头部、身上浇些冷水或用湿毛巾等将头部包好，用湿棉被、毯子将身体裹好后冲出危险区。

当各通道全部被烟火封死时，应保持镇静，寻找可利用的逃生器材和办法进行自救。如果被烟火困在二层或一层楼内，在没有逃生器材或得不到救助的情况下，也可采取跳窗逃生的办法。但跳窗之前，应先初步判断一下安全高度，然后向地面扔一些棉被、床垫等柔软物件，再用手扒住窗台或阳台，身体下垂，自然落下，这样可缩短与地面的距离，同时注意屈膝双脚着地，尽量保护身体。

3）利用避难间逃生。高层建筑和大型建筑物内，在经常使用的电梯、楼梯、公共卫生间附近，以及袋形走廊末端都设有避难间。火灾时，可将短时间内无法疏散到地面的人员、行动不便的人员以及在灭火期间不能中断工作的人员，如医护人员和广播、通信工作人员等，暂时疏散到避难间。其他被困人员在短时间内无法疏散到地面时，也可先疏散到避难间。

4）充分利用各种逃生器材和设施，具体如下：

①利用缓降器逃生。缓降器由挂钩（或吊环）、吊带、绳索及速度控制器组成，是一种靠人的自量缓慢下降的安全逃生装置，可以将其安装固定在建筑物的窗口、阳台、屋顶外沿等处。

②利用救生袋逃生。救生袋是两端开口，供逃生者从高处进入其内部缓慢滑降的长条袋状物。被困人员进入袋内，可依靠不同姿势来控制降落速度，缓慢降落至地面脱险。

③利用逃生绳逃生。在紧急情况下，可利用粗绳索，或利用床单、窗帘、衣服等系在一起作为逃生绳，将绳的一端固定好，另一端投到室外，然后沿逃生绳滑到安全地带或地面。

④利用自然条件逃生。被困人员在疏散时，在疏散设施无法使用，又无其他应急材料可作救生器材的情况下，则可充分利用建筑物本身及附近的自然条件进行自救，如阳台、窗台、屋顶、落水管、避雷线，以及靠近建筑物的低层建筑屋顶或其他构筑物等。

5）暂时避难方法。在各种通道被切断，火势较大，一时又无人救援的情况下，在没有避难间的建筑里，被困人员应开辟临时避难场所与浓烟烈火搏斗。当被困在房间里时，应关紧迎火的门窗，打开背火的门窗，但不能打碎玻璃。如果门窗外有烟气进来时，还需要将门窗关上。如果门窗缝隙或其他孔洞有烟气进来时，应该用湿毛巾、湿床单等物品将其堵住或用湿棉被等物品将其盖住，并不断向物品和门窗上洒水，最后向地面洒水，并淋湿房间的一切可燃物，以延缓火势向室内蔓延。

开辟避难间时，要选择在有水源和能同外界联系的房间。有电话时，要及时报警；无电话时，可向窗外伸出颜色鲜艳的衣物或抛出较轻物件发出求救信号，或用其他明显标识向外报警，夜间可开灯或用手电筒向外报警。

6）互救和救助方法如下：

①自发性互救。自发性互救是指在火灾现场单独的个人或几个人，在无人组织的情况下，采用特殊手段帮助他人的疏散行为。例如，对于告知起火，发现起火的人员在报警的同时高喊“着火了”或敲门向左邻右舍发出警告，指示安全疏散通道和安全出口等。

②帮助疏散。在火情紧急时，现场的青壮年可帮助年老体弱者首先逃离火灾现场。其具体方法：对于神志清醒者，可指定通道，让他们自行疏散；对于在烟雾中迷失方向者、年老体弱者，应该引导他们疏散；对病人、不能行走的儿童以及失去知觉的人，可运用背、抱、抬、扛等方法，把他们运送到安全地点。

7）采取防烟措施。利用防毒面具防烟、防毒。大型宾馆、饭店都备有过滤式防毒面具，过滤式防毒面具能过滤烟雾中的烟粒子和一氧化碳等毒气，若确认已发生火灾，应迅速戴上防毒面具。其方法是将面具下方套住下颌，然后将头带拉紧，使面罩紧贴面部以防漏气。

可利用毛巾、衣服、软席垫布等织物叠成多层捂住口鼻，以防烟、防毒。若能将毛巾等织物润湿，则除烟效果更好。

在火灾的初期阶段，靠近地面的烟气和毒气比较稀薄，能见度相对比较高。在逃生时，应采取低姿行走、探步前进的方法，若烟雾太浓，判断准确方向后，应沿地面爬行，逃离现场。

第六章　烟花爆竹典型事故案例分析

一、黑龙江省伊春市特别重大烟花爆竹爆炸事故 

2010年8月16日9时47分，黑龙江省伊春市华某实业有限公司（以下简称华某公司）发生特别重大烟花爆竹爆炸事故，造成34人死亡、3人失踪、152人受伤，直接经济损失6 818.40万元。调查认定，这起事故是一起严重违反安全生产和烟花爆竹安全管理法律法规造成的责任事故。

1. 事故基本情况

华某公司法定代表人为金某相，公司注册资金500万元，固定资产300万元，占地面积94 000 m^2（其中有土地证面积59 930 m^2），建筑面积12 746 m^2（其中有产权证面积2 246 m^2），建（构）筑物总数为57栋。华某公司于2005年12月委托相关单位进行了安全评价，2006年3月15日取得了黑龙江省安全生产监督管理局颁发的安全生产许可证，2009年5月13日换取了安全生产许可证，许可生产范围为C级烟花、爆竹类，有效期为2009年3月15日至2012年3月14日。华某公司还持有黑龙江省公安厅颁发的C级烟花爆竹燃放许可证。

按照安全生产监督管理部门的要求，烟花爆竹生产企业每年开工前应申请复产验收。2010年4月，华某公司在未申请复产验收的情况下，开始违规组织生产。6月11日，黑龙江省安全生产监督管理局在对华某公司检查中，暂扣了该公司的安全生产许可证。

2010年8月16日9时47分，华某公司工人在礼花弹装药工房进行礼花弹生产作业时引发爆炸，随后引起装药间和两个中转间的开包药、效果件、半成品爆炸，爆炸冲击波、抛射物体、燃烧星体又引起厂区其他部位陆续发生9次爆炸和相邻多家木制品企业着火。

2. 事故原因

（1）直接原因

华某公司礼花弹合球工在生产礼花弹，进行合球挤压、敲实礼花弹球体时，操作不慎引发爆炸，随后引起装药间和两个中转间的开包药、效果件和半成品爆炸。

（2）间接原因

1）华某公司安全生产管理混乱，严重违法违规进行烟花爆竹生产经营活动，存在超许可范围生产礼花弹和B级以上组合烟花、超人员和超药量生产、企业内外部安全距离不够、擅自扩大生产区域并新建大量工（库）房、随意改变工房设计用途、生产工艺布置和建筑结构不符合国家标准等多项违法违规行为。

2）伊春市及乌马河区人民政府贯彻执行国家安全生产方针政策和法律法规不到位，黑龙江省、伊春市及乌马河区有关部门未认真履行安全监管职责，对华某公司长期存在的违法违规生产等问题监管不力，部分政府机关工作人员失职渎职。

3. 深刻吸取事故教训，有效防范同类事故发生

华某公司“8·16”特别重大烟花爆竹爆炸事故伤亡惨重，损失巨大，影响恶劣，教训深刻。为认真吸取教训，防止类似事故发生，国务院安委会事故调查组提出如下要求：

（1）深刻吸取事故教训，高度重视并落实烟花爆竹安全生产工作

各地区要充分认识“8·16”事故性质的严重性，深刻吸取事故教训，进一步提高对烟花爆竹安全生产工作重要性的认识，切实加强组织领导，进一步强化安全生产企业主体责任、部门监管责任和属地管理责任，进一步强化对下一级政府及其有关部门特别是基层监管部门安全生产监管责任落实情况的督促检查，真正把安全生产工作落到实处，切实维护广大人民群众的生命财产安全。

（2）加强部门间信息沟通和协调配合，认真做好安全监管各项工作

各地区及有关部门要进一步完善烟花爆竹企业安全监管制度，明确地方各级政府及其有关部门在安全监管及打击非法违法生产经营建设行为方面的职责分工，切实做到安全监管工作无缝对接。安全监管、公安、质监、工商、国土等各部门之间要建立有效的信息沟通机制，加强沟通，信息共享，密切配合，形成工作合力，防止出现监管漏洞。

（3）严格烟花爆竹生产经营安全许可审查

在实施烟花爆竹行政许可过程中，必须严格执行《烟花爆竹安全管理条例》等有关法律法规和《烟花爆竹工程设计安全规范》（GB 50161—2009）等有关标准规范的规定，严格审查烟花爆竹企业的安全条件。对企业的工厂布局、内外部安全距离、防护屏障、建筑结构、防火等级等不符合标准规范要求的，坚决不得予以许可。有关部门要认真履行安全监督管理职责，在烟花爆竹企业的外部安全距离内，不得批准新的建设项目，不得存在违法违规建筑物。要严格礼花弹的生产准入条件，严格限制生产企业数量，严格监管产品流向和燃放活动。

（4）切实落实企业安全生产主体责任

烟花爆竹企业必须严格执行《烟花爆竹安全管理条例》等安全生产法律法规，深入贯彻落实《国务院关于进一步加强企业安全生产工作的通知》等文件要求，坚决杜绝违法违规行为；要严格遵守安全生产规章制度和安全技术操作规程，认真落实安全生产责任制度，切实规范生产经营行为，坚决杜绝“三违”和“三超一改”（超定员、超药量、超范围和改变工房用途）现象；要加强企业内部的日常检查，强化作业现场的安全管理，及时纠正和处理违规违章行为。有关部门要加强对烟花爆竹企业的监督检查，严格执法，督促企业落实安全生产主体责任。

（5）运用现代化技术手段强化烟花爆竹企业安全监管

有关部门要针对烟花爆竹生产和经营的特点，研究运用现代技术手段，对烟花爆竹企业特别是企业的重点部位、重点危险工序进行视频监控，实现对企业及其从业人员违规违章行为的监测、记录和报警等功能，监督企业依法依规从事生产经营活动，监督从业人员严格执行安全操作规程，严防企业非法违法组织生产经营和超员超量进行生产作业。

（6）加强安全生产中介机构的管理

要进一步加强烟花爆竹安全评价等安全生产中介机构的管理，指导监督安全生产中介机构提高工作质量。烟花爆竹安全评价机构必须对其作出的相关评价、鉴定结论承担法律责任。对安全评价报告与实际情况不符或者存在疏漏的，要依法进行处罚；对违法违规、弄虚作假的，要依法从严追究相关人员和机构的法律责任，降低或取消相关资质。

二、河南省开封市通许重大烟花爆竹爆炸事故 

2016 年 1 月 14 日 10 时 40 分，河南省开封市通许县某村发生一起烟花爆竹爆炸事故，造成 10 人死亡、7 人受伤，直接经济损失 941 万元。经河南省政府调查组认定，这起重大烟花爆竹爆炸事故是一起因非法违法生产引起的生产安全责任事故。

1. 事故基本情况

爆炸厂区为通许县通某烟花爆竹有限公司（以下简称通某公司）2009 年拟申请礼花弹生产项目时新建的生产区。2009 年通某公司主要负责人吴某科租用村民农田共计 4 200 m^2，2010 年兴建 3 座彩钢瓦顶仓库，总建筑面积 540 m^2。该用地属于违法占地，2011 年通许县国土局对吴某科下达行政处罚，但吴某科未予执行，2012 年 10 月 9 日移交通许县公安局立案侦查。

2012 年通某公司放弃礼花弹生产项目，只申请组合烟花项目，爆炸厂区不在许可范围，不具备生产烟花爆竹条件，成为闲置厂区，违法占地行为一直持续。

爆炸厂区南北长 128 m，东西宽 33 m，占地面积 4 224 m^2。场地四周为砖砌围墙，高 2 m，厚 24 cm，大门（门朝南）位于围墙的东南角，院内从南到北依次建有三栋仓库，分别为南部的 1 号仓库（建筑面积为 240 m^2）、中部的 2 号仓库（建筑面积为 240 m^2）、北部的 3 号仓库（建筑面积为 60 m^2），合计建筑面积为 540 m^2。2014 年 10 月，吴某科以每年 30 万元的价格将爆炸厂区 3 号仓库、2 号仓库和 1 号仓库北半部 144 m^2 租给朱某义，用于生产 C 级升空类产品。北部的 3 号仓库被朱某义租赁后改为厨房和宿舍。朱某义后来又在原有 1、2、3 号库房之间的空地上分别搭建了 A、B、C、D、E 共 5 个简易工棚。2015 年 10 月，吴某科以每年 5 万元的价格将爆炸厂区 1 号仓库南半部 96 m^2 租赁给李某元，用于生产 C 级升空类产品。李某元在 1 号库房南侧及西侧和围墙之间分别搭建了 F、G、H 共 3 个简易工棚。2015 年 10 月，吴某科将无药卷管区出租给齐某，主要生产礼花弹，已收租金 10 万元。

2015 年 11 月，吴某科将无药工房区（球壳库和泥底库）出租给董某生产烟花爆竹，主要生产三响雷，已收租金 15 万元。事故发生后产品被查收，工房被查封。

本案例中，朱某义于 2011 年以前在某烟花爆竹生产企业从事烟花爆竹生产，2011 年到通某公司当 1 个月技术员后离开，通某公司申报安全生产许可证需要上报特种作业人员资格证，2014 年 8 月吴某科安排朱某义参加培训并取得烟花爆竹特种作业上岗操作证，有效期限为 2014 年 11 月 19 日至 2020 年 11 月 19 日。李某元于 2011 年通过通某公司取得烟花爆竹特种作业上岗操作证，有效期限为 2011 年 12 月 28 日至 2017 年 12 月 28 日。2014 年 8 月至 12 月，李某元在通某公司担任配药工。

2. 事故发生经过

（1）爆炸发生经过

2016 年 1 月 14 日 8 时，朱某义、李某元烟花爆竹厂区作业人员陆续开工。10 时 40 分，李某元南侧装药棚首先发生轰爆，瞬间引发东相邻的两个露天作业点，以及西北相邻的露天存药处和配药棚发生爆炸，又连环引起李某元 1 号仓库内成品发生爆炸，仓库垮塌。紧接着配药棚、装药棚相继爆炸，导致朱某义堆放在 2 号仓库的数千千克亮珠和烟花爆竹成品、半成品发生爆炸，最后又引爆北边两个装药棚，整个厂区炸毁。

（2）第一炸点及爆炸顺序

第一炸点为李某元生产场所西南角装药棚。爆炸顺序：第一炸点爆炸后，瞬间引起相邻的存药处、配药棚内烟火药爆炸并导致 1 号仓库倒塌，引燃相邻的双响礼花成品、半成品四处飞射，加速火焰传播；同时存药处、配药棚内烟火药爆炸后的火焰依次向北导致两处配药棚、三处装药棚爆炸；位于朱某义北侧的装药棚爆炸将厨房、宿舍、浴房摧毁，又将朱某义的 2 号成品仓库北墙向南轰倒，最后引起仓库内亮珠及成品爆炸。

（3）爆炸药物成分分析

根据理化检验结果和提取的现场残留原材料分析，事故中参与爆炸的有烟火药、已装药的双响成品和半成品。烟火药的主要成分为高氯酸钾、硝酸钡、硫黄、铝粉。

（4）药物药量估算

事故炸点相对较多，朱某义成品仓库爆炸威力巨大，炸坑为椭圆形，南北长 11. 4 m，东西宽 10. 3 m，坑深 3. 2 m。根据 TNT 当量计算，药量约为 4 200 kg。

李某元 1 号成品库有烟花爆竹成品近 1 000 件，按照 2. 4 kg/件估算，总计药量为 2 400 kg。

朱某义南装药棚存有 3 000 捆半成品，折合成品 750 件，折合药量约 900 kg。

朱某义北装药棚存有 1 000 捆半成品，折合成品 250 件，折合药量约 300 kg。

其他炸点药物量依据作业人员日均生产量进行估算［装药能力为 700 捆/（人・日）

左右，装锯末纸垫能力为150捆/（人·日）]，合计药量为794 kg。

3. 事故原因

（1）直接原因

装药工李某在装药棚进行双响炮装发射药过程中，静电积聚并瞬间释放引发爆炸。

（2）原因分析

1）作业人员情绪稳定，无人为矛盾，现场未发现引爆装置零部件，排除人为破坏原因。

2）厨房和宿舍用电线路沿南墙东西方向架设，1月13日22时至14日15时全村停电，装药工棚内不使用电气与照明设备，排除电气短路等因素。

3）冬季不属雷电季节，事故当天晴间多云，排除雷电原因。

4）经检测产品药物内不含氯酸钾等违禁药品，排除药物敏感因素。

5）李某在操作岗位所装药物为硝酸钡与铝粉混合物，稳定性高，一般撞击、摩擦难以引起爆炸，排除撞击摩擦药物产生爆炸的可能。

6）王某驾驶的大货车于1月14日10时20分进入厂区，货物不足未装车，王某和其妻子停车熄火，在车上休息约20 min后发生爆炸。车头向北，排气口面向东南大门方向，排除排气口火星引爆的可能。

7）爆炸发生前约30 min，李某元在围墙外东南方向进行试炮作业，试炮作业行为在时间上不可能再引爆围墙内物品。

8）事故当天日均相对湿度为29%，日最小相对湿度为10%，气候干燥，容易产生静电积聚。

9）李某在10时20分将东南角锯末棚外堆放的半成品（100个/捆）装完后，转移到西南角装药棚继续装药（60个/捆）。同时陈某爱与姚某兰也随其进入装药棚装锯末纸垫。李某元未发防静电服装，李某的普通服装易产生静电，具备产生静电的客观条件。在装药时李某不断起身将未装药的空炮筒搬上工作台，将装药后的半成品搬下工作台或直接交给等待装锯末纸片的陈某爱或姚某兰。重复作业增加了身体静电积聚与静电电压。其工作台上铺设的塑料布又极易引发静电，在与他人接触时增加了静电释放的机会。李某在棚内从事装药操作，直接接触药物，在相对封闭的空气中飘浮有药物粉尘，衣服外套带有大量药物粉尘，遇到静电意外释放，极易引发爆炸。

(3) 间接原因

1) 朱某义、李某元非法组织生产烟花爆竹。朱某义、李某元租用不具备安全生产条件、没有资质的场所，非法购进原材料，非法组织生产、销售烟花爆竹；产品假冒湖南、江西、陕西、河北、山东等8个厂家注册商标。生产区内作业管理混乱，工棚间无安全距离，作业人员定员和药物定量未作限制，有限区域内人员集聚密度大；原料、半成品、成品堆放过多，无防静电安全设施。作业人员无安全意识和安全技能，未经安全技能培训，缺乏必要的安全常识。

2) 通某公司吴某科违法为朱某义、李某元非法生产烟花爆竹提供场所和原料。通某公司吴某科违法将不具备安全生产条件的场地租给没有资质的朱某义、李某元生产烟花爆竹，违法为其提供高氯酸钾、硝酸钡等原料，帮助朱某义、李某元协调监管检查事宜。通某公司2014年以来购买、使用和销售给朱某义、李某元的易制爆危险化学品没有到公安机关备案，生产销售的烟花爆竹没有办理烟花爆竹运输许可证；私自从黑市购买军工硝、军工粉等药物。公司安全管理制度不健全，长期无专职安全员，超范围生产等。

3) 厂区所在镇村落实“打非”工作不力，对通某公司违规新建、扩建厂房和非法占用农用地、违反城乡规划行为监管不力；履行“打非”工作属地管理不力，对朱某义、李某元非法生产烟花爆竹行为制止不力。

4) 政府及其相关部门履行监管职责不到位。通许县安全监管局贯彻落实安全生产法律、法规、政策不力，协调安全生产领域“打非”工作不到位；对检查中发现的朱某义、李某元非法生产烟花爆竹行为查处制止不力。通许县公安局落实烟花爆竹“打非”部门责任不到位，落实上级公安机关关于加强烟花爆竹生产旺季安全监管通知不力，对通某公司非法生产、买卖、储存、运输易制爆危险化学品查处不力。通许县国土局对通某公司长期持续违法违规新建、扩建厂房，非法占用农用地，违反土地利用总体规划等行为查处不力。通许县质监局落实烟花爆竹“打非”部门责任不到位，对朱某义、李某元涉嫌假冒伪劣烟花爆竹产品、假冒伪劣认证标志查处不力。通许县工商局落实烟花爆竹“打非”部门责任不到位，对朱某义、李某元假冒注册商标侵权、无照经营行为查处不力，对烟花爆竹销售流通环节监督检查不到位。通许县城建局组织编制城乡规划不力，未按期完成村镇规划，造成城乡管理职责不清，管理不到位。通许县发改委对通某公司办理烟花爆竹生产项目立项审批审查把关不严，在通某公司建设项目未取得环评、土地、规划等合法手续的情况下违规立项。通许县委、县政府履行“党政同责、一岗双责”职责不力，组织、领导、督促相关部门落实“打非”工作职责不到位。开封市安全监管局督促指导通许县安全监管局履行安全监管不到位。河南省安全监管局安全生产许可证审批后监管指导不到位。

5）主要涉案责任人。吴某科于2016年1月15日因涉嫌危险物品肇事罪被通许县公安机关刑事拘留，2016年2月21日因涉嫌非法制造爆炸物品罪被批准逮捕。朱某义于2016年1月16日因涉嫌危险物品肇事罪被通许县公安机关刑事拘留，2016年2月21日因涉嫌非法制造爆炸物品罪被批准逮捕。李某元于2016年1月15日因涉嫌危险物品肇事罪被通许县公安机关立案。

4. 事故防范措施建议

开封市通许“1·14”重大烟花爆竹爆炸事故伤亡惨重，损失巨大，影响恶劣，教训深刻。为认真吸取教训，防止类似事故发生，事故调查组提出如下防范措施：

（1）健全“打非治违”工作机制，明确分工

河南省各级各部门要切实加强打击非法违法制售烟花爆竹的组织领导，建立健全“打非治违”领导机制和工作机制，明确“打非治违”成员单位职责，安监、公安、质监、工商、交通等部门以及乡、村两级，要各司其职，信息共享，密切配合，主动作为，强化执行力，认真履行“打非治违”职责，形成强大合力，确保“打非治违”工作长效机制有效实施。要结合本地实际，制定切实可行的“打非治违”工作目标，层层签订“打非治违”工作目标责任书，形成一级抓一级、一级对一级负责的“打非治违”责任体系。

（2）深入开展“打非治违”专项治理行动，狠抓落实

河南省各地各部门，尤其是开封市和通许县，要深刻吸取事故教训，切实重视烟花爆竹旺季“打非治违”工作，要在地方党委、政府统一领导下，结合本地区实际和旺季特点，研究制定行之有效的“打非治违”措施，组织开展全面排查检查。要充分发挥乡、村两级优势，加大排查巡查力度，重点检查闲置的厂房、院落、出租房、行政区域交界地带、集贸市场等可能从事非法生产、储存、销售烟花爆竹的场所，对重点村、重点户、重点人员，指定专人，采取包村、包户、包人等方式监督检查，及时发现并严厉打击各类非法违法生产经营活动。

（3）严格落实安全生产主体责任，严厉打击非法违法生产经营行为

河南省各类烟花爆竹生产经营单位要认真吸取事故教训，严格执行国家有关安全生产法律法规、规章、标准、规定，严格执行烟花爆竹、易制爆危险化学品购买备案、运输许可制度，严禁非法违法生产、购买、使用、储存烟花爆竹、易制爆危险化学品。开封市和通许县委、县政府及其有关部门要加大安全生产法律法规和相应政策的宣传力度，加强对烟花爆竹企业的监督检查，规范企业的生产经营行为，依法加大对各类违法违规行为的处罚力度，对许可证过期非法生产和违法生产、销售烟花爆竹的，要依法严肃查处，按法定上限给予经济处罚，并暂扣安全生产许可证。情节严重的，要依法吊销安全生产许可证，并提请当地人民政府予以关闭。

（4）加强社会监督，奖励群众举报

要充分发挥电视、广播等主流媒体的宣传教育和舆论监督作用，广泛宣传非法违法生产经营烟花爆竹所造成的严重危害，教育广大人民群众知法、懂法、守法，不组织、不参与非法违法生产经营活动；宣传举报奖励制度，生产旺季对非法违法生产烟花爆竹行为的举报实行重奖，烟花爆竹重点、传统产区县、乡两级政府要公布举报电话，鼓励举报非法违法生产经营烟花爆竹行为，营造有利于“打非治违”的社会氛围。同时，重点地区特别是烟花爆竹传统产区，要积极拓展安全、健康的就业渠道，防止农村剩余劳动力从事非法生产经营烟花爆竹活动。

（5）严格安全设施设计、安全验收评价等中介机构的监管

行业部门要加强对中介机构安全设施设计、安全验收评价活动的监管，提高准入门槛，规范设计、评价行为。要加强对中介机构中高级资质人员挂名兼职等问题的抽查，定期开展中介机构专项检查，推行中介机构诚信建设，实行“黑名单”制度。建议实行安全评价机构责任倒查制度，在事故调查中调阅事故单位评价报告，对报告与实际情况不符、虚假报告或者严重失实的，要依法严肃追究责任。

三、河北省宁晋县非法生产烟花爆竹重大爆炸事故 

2015 年 7 月 12 日 9 时 07 分，位于河北省宁晋县的河北沙某制衣有限公司水洗车间内因非法生产烟花爆竹发生重大爆炸事故，造成 22 人死亡、23 人受伤（其中重伤 2 人、轻伤 21 人），直接经济损失 885 万元。

经河北省政府组织成立的事故调查组认定，该事故为非法生产烟花爆竹引发的重大爆炸责任事故。

1. 基本情况

（1）生产场所情况

河北沙某制衣有限公司（以下简称沙某制衣公司）于 2003 年 8 月 1 日成立，营业期限至 2033 年 7 月 30 日，经营范围为牛仔服装的生产和销售，法定代表人姜某红。2013 年 2 月 26 日，因该公司逾期未接受年度检验，宁晋县工商局依法吊销其企业法人营业执照。2015 年 1 月月底，姜某红与本村赵某立签订为期 5 年的租赁合同，生效时间定为 3 月 1 日。3 月 8 日，赵某立又转租给烟花爆竹非法生产组织者宋某才（事故中死亡），年租金 5 万元，协议标明用于组装精密机件。

沙某制衣公司东围墙长 91 m，南围墙长 91 m，西围墙长 106 m，北围墙长 97 m，大门位于厂区东南角，厂区南侧有 19 间平房宿舍。水洗车间位于厂区西侧，南北长 65 m，东西宽 12 m，高度 4 m，砖墙瓦顶，中间无隔断。

（2）生产组织情况

2015 年 4 月中旬，宋某才与妻子司某红伙同孙某保（事故中死亡）及孙某保的妻子周某峰（事故中死亡），组织事发厂周边有烟花爆竹制作手艺的部分村民，在沙某制衣公司内间断性、多次非法生产烟花爆竹。参与非法生产者日工资 300 元左右，有事则来，无事则走。每次参与的人员不同、人数不等，最后一次参与非法生产的 15 人分别由宋某才、孙某保组织，分别于 2015 年 7 月 8 日和 7 月 11 日分三批次到沙某制衣公司，从事非法生产烟花爆竹活动。产品为筒体外径 45 mm、内径 40 mm、长度 200 mm 米的高空礼炮和筒体外径 30 mm、内径 25 mm、长度 160 mm 的闪光大双响。

2. 事故发生经过

（1）爆炸发生经过

7 月 12 日，宋某才、孙某保、周某峰 3 人组织 15 名南宫市大村乡北孟村有烟花爆竹制作手艺的人员在沙某制衣公司内生产烟花爆竹。生产过程包括混药、装上响烟火药、装下响烟火药等工序。9 时 07 分，在生产作业过程中，因摩擦、撞击导致发生爆炸。

爆炸造成中心现场厂房完全坍塌，现场 3 辆用于非法生产的车辆被烧（炸）毁，周边 25 家企业、25 户门店、59 家住户不同程度受损。

（2）爆炸药物成分分析

根据理化检验结果和提取的现场残留原材料包装袋分析，事故中参与爆炸的有烟火药、已装药的双响成品和半成品。烟火药的主要成分为高氯酸钾、硝酸钡、硫黄和铝粉，爆炸威力较大。

（3）药物药量分析

爆炸发生后，现场形成 5 个炸坑，直径约 3~5 m，深 0. 4~1. 15 m，大致呈南北走向，相距 1. 5~6 m 不等，体积总和 37 m^3，计算 TNT 当量约 570 kg，事故现场参与爆炸的烟火药（含成品和半成品中的烟火药）总量约 810 kg。

（4）起爆点分析

现场相邻炸坑间最小距离 1. 5 m，最大距离 6 m，5 个炸坑位置处的任何一处烟火药爆炸，都会瞬间引爆相邻烟火药、已装药成品和半成品，故起爆点无法判断。

3. 事故原因和性质

（1）直接原因

非法生产作业过程中因摩擦、撞击导致爆炸。

（2）间接原因

1）宋某才、司某红伙同孙某保、周某峰，租用沙某制衣公司，违反国家有关规定，非法组织生产烟花爆竹

2）事发地镇村落实“党政同责、一岗双责”不到位，属地“打非”责任落实不到位，打击非法生产经营烟花爆竹、打击非法经营易制爆危险化学品不力，监督检查不到位；个别干部和工作人员玩忽职守，存在失职行为，致使非法行为未得到及时处理。

3）宁晋县公安局未能认真履行《烟花爆竹安全管理条例》《危险化学品安全管理条例》赋予的职责及“打非治违”部署要求，工作安排部署不力，督导检查不到位，存在失职行为，致使非法行为未得到及时处理。

4）宁晋县安全监管局未能认真履行《烟花爆竹安全管理条例》《危险化学品安全管理条例》赋予的职责及“打非治违”部署要求，综合协调不到位，督导检查不到位，存在失职行为，致使非法行为未得到及时处理。

5）宁晋县工商局在打击非法生产、经营烟花爆竹和打击非法经营易制爆危险化学品

工作中主动性较差，监督检查不到位，执法力度不够，存在失职行为，致使非法行为未得到及时处理。

6）宁晋县交通运输局在打击非法运输烟花爆竹、易制爆危险化学品工作中主动性较差，监督检查不到位，执法力度不够，存在失职行为，致使非法行为未得到及时处理。

7）宁晋县质量技术监督局在打击非法生产经营烟花爆竹工作中主动性较差，监督检查不到位，存在失职行为，致使非法行为未得到及时处理。

8）宁晋县委、县政府落实“党政同责、一岗双责”不到位，对“打非”工作组织领导不力，工作督导不到位，存在失职行为，致使非法行为未得到及时处理。

4. 防范措施建议

（1）加强领导，落实责任

各级各部门要深刻汲取宁晋县“7·12”事故教训，举一反三，警钟长鸣，进一步加强打击非法制售烟花爆竹的组织领导，加大执法检查装备的投入力度，提升“打非”的技术保障能力。要进一步明确各级各部门“打非”工作职责，并结合本地实际，制定切实可行的“打非”工作目标，层层签订“打非”工作目标责任书，形成一级抓一级、一级对一级负责的“打非”责任体系。

（2）加大宣传，发动群众

要充分利用电视、网络、报刊等媒体，采用宣传车、张贴标语、悬挂横幅等方式，广泛宣传非法制售烟花爆竹的重大危害、有关法律法规及相关事故案例，用惨痛的事故案例警示群众。加大有奖举报的力度，广泛发动群众，积极举报藏匿于村落、居民住宅区内的非法生产和储存窝点，及时排除隐患和打击非法违法人员，确保人民群众生命和财产安全。

（3）各司其职，密切配合

各级公安、安监、质监、工商、交通等部门要各司其职，主动作为，强化执行力，认真履行“打非”工作责任。在工作中，要密切配合，联合执法，强化信息共享，形成强大的工作合力，确保“打非”工作长效机制的建立和实施，进一步规范烟花爆竹生产经营秩序。

（4）加强督查，确保成效

各级党委政府要进一步加强对职能部门的督查力度，督促各职能部门认真履行职责，严格落实安全生产“党政同责、一岗双责”规定，加大排查整治事故隐患的力度。强力推行网格化管理，把烟花爆竹“打非”工作责任落到实处，严厉打击非法违法生产经营烟花爆竹的行为。

（5）强化基层基础，排查消除隐患

要针对烟花爆竹非法生产经营主要集中在农村，具有分散性、隐蔽性、伪装性、流动性等特点，坚持关口前移，重心下移，重点落实乡村两级的“打非”责任。要进一步提高乡村基层组织的凝聚力和战斗力，强化“守土有责、守土有效”意识，加强事故隐患排查力度，做到横向到边、纵向到底，不留死角、不留盲点，把一切事故隐患消除在萌芽状态，确保人民群众生命财产安全，确保经济社会健康发展。

四、湖南省岳阳市中南大市场较大烟花爆竹火灾事故 

2017 年 1 月 24 日 21 时 05 分，湖南省岳阳经济技术开发区中南大市场发生一起涉及烟花爆竹非法经营的较大烟花爆竹火灾事故，事故造成 6 人死亡，直接经济损失 766.6 万元。

经调查分析认定，这起事故是一起较大生产安全责任事故。

1. 事故相关人员（单位）基本情况

（1）相关人员基本情况

张某秋，湖南沅江人，岳阳市久某烟花爆竹有限公司股东之一。张某秋利用岳阳市久某烟花爆竹有限公司注册地址中南大市场某号门面，在无烟花爆竹经营（零售）许可证的情况下，擅自从事烟花爆竹非法零售活动。2017 年 1 月，因春节临近，烟花爆竹进入销售旺季，张某秋在中南大市场等地租用仓库非法存储烟花爆竹，临时聘请了张某炎、李某、黎某喜、张某、张某佳、黄某婷、黄某清、康某等人帮其从事烟花爆竹非法零售活动。张某秋从事非法零售、储存烟花爆竹行为属个人行为。

（2）相关单位基本情况

岳阳市久某烟花爆竹有限公司是一家烟花爆竹批发企业，于 2014 年 6 月 25 日取得岳阳市安监局颁发的烟花爆竹经营（批发）许可证，公司仓储地址在岳阳经济技术开发区康王乡某村，许可证有效期为 2014 年 6 月 25 日至 2017 年 6 月 24 日。公司注册地址为岳阳经济技术开发区中南大市场的三个门面房。公司主要负责人为谭某江，有股东 5 人，分别为谭某江、张某秋、李某彬、刘某康、周某纯。

2. 事故发生经过

2017 年 1 月 24 日 21 时，岳阳市久某烟花爆竹有限公司李某（临时聘用人员）在 A4 栋 101 号门面外的一辆货车上休息，此时李某的妻子张某佳（岳阳市久某烟花爆竹有限公司股东张某秋妻子张某的侄女，临时聘用人员）到货车前叫李某下车，并指着门店北侧的一堆烟花告诉李某要试炮。李某从其中拿了一个烟花走到距门店西北角 10 余米处，将该烟花放在地面上，随后将其点燃。李某转身就往“久某烟花”门店方向跑，跑出七八步后转身来看烟花燃放效果，正好看到被点燃的烟花射出一个燃烧效果件。该效果件沿着地面射到了附近“健某纸业”的卷闸门上。随后，点燃的烟花又向 A4 栋 101 号门店发射了一个燃烧效果件，冲出的燃烧效果件引燃了堆放在店门外西北角烟花中的 1 个，此时的时间是 21 时 05 分。李某慌慌张张地冲到店门外想将被引燃的这个烟花搬开，但是在搬动的过程中该烟花倾倒，将整堆烟花引燃，随后将门口停着的一辆装满烟花爆竹的皮卡车引燃。李某赶紧跑到自己停车的地方将货车开走，随后拨打了“119”。十多分钟后，店门面外的火势越来越大，一直蔓延到了门面的二楼，引燃了存放在二楼的烟花爆竹，二楼起火后很快又蔓延到三楼。

3. 事故原因

（1）直接原因

李某在中南大市场 A4 栋 101 号门店西北角试放烟花时倒筒，燃烧的效果件冲射引燃门面外堆垛的烟花引发事故。

（2）间接原因

1）岳阳市久某烟花爆竹有限公司股东张某秋的违法违规行为如下：

①张某秋在未取得烟花爆竹经营（零售）许可证的情况下在中南大市场 A4 栋 101 号门面非法零售烟花爆竹。

②张某秋非法在中南大市场 A4 栋 101 号门面和旁边楼梯间存储烟花爆竹实物。

③张某秋违规将烟花爆竹实物摆放在门面外占道经营。

④张某秋指使李某违规在中南大市场内燃放烟花爆竹。

2）属地“打非”不力。通海路管理处在组织打击中南大市场非法经营烟花爆竹的行动中，发现张某秋存在非法经营、存储烟花爆竹的行为，仅以收缴、令其自行搬走等方式进行处置，而未采取有效措施进行打击和取缔。

3）负有安全生产监督管理职责的部门“打非”不力。

①经开区城管局执法大队没有对张某秋未在规定的时间内将违规占道零售的烟花爆竹全部搬离的情况采取相关后续措施，对全区烟花爆竹燃放整治不力。

②岳阳经开区安监局对张某秋无证非法经营烟花爆竹行为，未依法依规予以打击和取缔。

③岳阳经开区工商分局对张某秋无证非法从事烟花爆竹零售行为，未采取有效措施依法进行打击和取缔。

④岳阳市公安局白石岭分局对张某秋非法经营、运输、储存烟花爆竹行为，未采取有效措施依法进行打击和取缔，对 2017 年 1 月 23 日阻碍执法行为未依法依规进行调查处理。

⑤岳阳市安监局对张某秋无证非法经营烟花爆竹行为，未依法依规予以打击和取缔。

4. 事故防范措施建议

（1）要切实强化对安全生产工作的组织领导，牢固树立安全生产“红线”意识和“底线”思想，建立健全安全生产相关措施制度。要加强基层安全监管力量，配齐安全监管人员，加强日常安全监管和隐患排查整治。对非法经营开展经常性排查，严格落实“打非”主体责任和属地监管责任，对非法违法经营行为采取有力措施进行打击和取缔，并及时上报上级相关部门。

（2）要不断建立健全工商部门安全生产“打非”工作机制。要加强与相关部门的协调配合，经常主动开展“打非”行动，对无证经营的行为要依法依规予以处置。加大对烟花爆竹非法违法经营行为的打击查处力度，积极配合、参与属地政府和有关部门开展的安全生产“打非”行动。

（3）要加强对违规占道经营和燃放烟花爆竹行为的查处力度，规范执法行为，对发现的违规占道经营和燃放烟花爆竹的行为依法依规进行处理。

（4）要切实履行安全生产职责，加大安全生产监管执法力度，深入开展隐患排查整治，对非法零售经营烟花爆竹的行为要坚决按照法律法规的要求进行严厉查处。积极配合、参与属地政府和有关部门开展的安全生产“打非”行动。

（5）要建立健全安全生产“打非”工作联合执法机制，加强与各部门的协调配合，实现“打非”信息共享、联合执法。要加强对无证非法从事烟花爆竹经营、运输、存储行为的打击处理力度。特别是对“打非”行动中，阻碍相关部门执法的行为，要按有关规定调查取证，依法处理。

（6）要依据《安全生产法》《湖南省安全生产监督管理职责规定》等相关法律、法规、文件的要求，认真落实安全生产“党政同责、一岗双责”的规定，不断强化对全区安全生产工作的组织领导，进一步完善“打非”工作机制，落实安全生产“打非”主体责任，要成立“打非”专职队伍。对发现的非法违法经营行为要坚持露头就打、一打到底，对非法违法经营行为要坚决查处，并依法予以取缔。要加大宣传力度，发动群众举报非法违法行为，让非法违法行为无处藏身。

（7）要加强对县市区烟花爆竹零售经营规划的指导，要督促县市区按照“保障安全、统一规划、合理布局、总量控制、适度竞争”的原则进行烟花爆竹零售许可点的布局，严禁在建城区、集镇和人口密集场所设立烟花爆竹零售点。坚决杜绝上店下宅、前店后宅等违规违章行为，规范烟花爆竹零售经营行为。

五、连霍高速三门峡义昌大桥重大运输烟花爆竹爆炸事故 

2013 年 2 月 1 日 8 时 57 分，连霍高速三门峡义昌大桥处发生一起运输烟花爆竹爆炸事故，导致义昌大桥部分坍塌，车辆坠落桥下，造成 13 人死亡、9 人受伤，直接经济损失 7 632 万元。

经调查分析认定，这起事故是一起生产安全责任事故。

1. 事故发生经过

（1）装载经过及车辆行驶轨迹

2013 年 1 月 29 日中午，石某飞与在蒲城县经营“小某货运信息部”的郭某玲联系，让郭某玲为其安排货物。1 月 30 日上午，郭某玲物流信息网站看见“虎某货运信息部”唐某虎发布的“（发往）河北献县有 10 吨烟花”的信息，便与唐某虎联络，约定这批货运费 5 500 元，给司机 5 100 元，郭某玲、唐某虎每人赚取中介费 150 元，剩余的 100 元给货物信息提供人唐某生。1 月 30 日上午 10 时左右，石某飞赶到“小某货运信息部”后，郭某玲介绍石某飞与唐某虎妻子唐某琴认识，三人签订了陕西省道路运输服务业合同文本，合同中运输货物一栏被填写为百货。运输合同签订后，唐某琴将唐某生的电话告知石某飞，石某飞与唐某生联系后，驾驶货车到宏某公司院内装运货物。1 月 30 日 21 时左右，李某党安排装卸工给货车装货。装车完毕后，当日并未发车。

1 月 31 日晚，石某飞从宏某公司发车，于 23 时 59 分从蒲城东收费站驶入蒲渭（蒲城至渭南）高速向南行驶，抵达渭南市后转入连霍高速，向东行驶。2 月 1 日 1 时 59 分，货车从连霍高速豫陕界收费站进入河南，后行至事发地点。

（2）发生经过

2013 年 2 月 1 日 8 时 57 分，石某飞驾驶货车沿连霍高速自西向东行驶至连霍高速河南省三门峡市境内 741 公里+900 米义昌大桥上，车上违法装载、运输的烟火药剂爆炸物和烟花爆竹发生爆炸，致使义昌大桥坍塌，车辆坠落桥下，造成 13 人死亡、9 人受伤，直接经济损失约 7 632 万元。

2. 事故原因

（1）直接原因

石某飞、李某党等人使用不具有危险货物运输资质的货车，不按照规定进行装载，长途运输违法生产的烟火药剂爆炸物（土地雷）和烟花爆竹（开天雷），途中紧急刹车，导致车厢内爆炸物发生撞击、摩擦引发爆炸，是事故发生的直接原因。

（2）间接原因

1）河北省石家庄开发区凯某运输有限公司及有关人员未落实安全生产主体责任，对所属车辆实行挂靠经营，疏于管理，不按规定对所属车辆驾驶员进行安全教育及运输行业相关法律法规的培训，无危险货物道路运输资质、使用普通货运车辆从事危险货物运输。

2）宏某公司违法承包转包，超标准、超范围违法生产，大量使用不具备从业资格的人员从事危险工序作业，假冒注册商标，违法装载、运输烟火药剂爆炸物和烟花爆竹。

3）陕西省蒲城县“小某货运信息部”“虎某货运信息部”违反《道路危险货物运输管理规定》，为不具有危险货物运输资质的企业和车辆联系介绍运输危险货物，用百货名义替代危险物品填写运输合同。

4）河北省石家庄市运输管理处作为道路运输管理部门，对凯某运输有限公司落实安全生产主体责任监督不力，对年度信誉考核中发现的问题没有跟踪落实到位。

5）陕西省蒲城县桥陵镇政府作为宏某公司安全生产属地监管单位，未能有效落实国家安全生产法律法规，以及《陕西省安全生产条例》中关于安全生产属地管理职责的有关规定和《蒲城县人民政府关于进一步明确政府相关部门安全生产监管职责的意见》的规定，履行安全生产监督管理职责不到位，对安全生产领域非法生产、非法经营等行为监管不力，对宏某公司存在的事故隐患未及时排查治理。

6）陕西省蒲城县安全生产监督管理局作为烟花爆竹企业生产安全的监管部门，未按照《烟花爆竹安全管理条例》《陕西省安全生产条例》《蒲城县人民政府关于进一步明确政府相关部门安全生产监管职责的意见》等有关规定有效查处非法生产、及时排除事故隐患，对宏某公司违法承包转包，超标准、超范围违法生产，大量使用不具备从业资格的人员从事危险工序作业等违法行为监督检查不到位，打击不力。

7）陕西省蒲城县公安局作为烟花爆竹等危险品公共安全和运输安全的监管部门，未能有效落实国家安全生产法律法规及《烟花爆竹安全管理条例》《陕西省安全生产条例》《蒲城县人民政府关于进一步明确政府相关部门安全生产监管职责的意见》等有关规定，对辖区烟花爆竹运输的监管存在较大漏洞，致使对宏某公司和事故车辆违法运输烟花爆竹、超载运输等行为失察，对宏某公司的违法生产行为打击不力。

8）陕西省蒲城县交通运输局作为道路交通运输管理部门，未能有效落实《陕西省道路货物运输服务管理实施细则》的相关规定，对县域内蒲城县“小某货运信息部”和“虎某货运信息部”日常监管不到位。

9）陕西省蒲城县工商行政管理局作为企业注册登记管理部门，未严格执行《中华人民共和国公司法》《公司注册资本登记管理规定》和陕西省工商局关于放宽出资年限的规定，对宏某公司年检资料审核不严，违规许可其营业执照年检，对该公司超标准、超范围生产和假冒注册商标等违法行为检查不到位。

10）陕西省蒲城县质量技术监督局作为烟花爆竹质量监督检验部门，对宏某公司超出该公司安全生产许可证许可范围、违反《烟花爆竹　安全与质量》（GB 10631—2013）的有关规定，超标准、超规格违法生产烟火药剂爆炸物（土地雷）行为检查不到位。

11）陕西省蒲城县人民政府负责全县的安全生产工作，未有效履行法律、法规、规章和国务院、陕西省政府规定的安全监管职责，对烟花爆竹管理部门履行监管职责情况督促不到位，对重大事故隐患治理工作组织不到位，致使辖区内企业宏某公司违法生产、经营、运输烟花爆竹等行为没有得到有效制止，事故隐患未能及时排除。

3. 事故防范及整改措施

针对事故暴露出来的问题，为切实落实企业安全生产主体责任和相关部门监管责任，有效防范类似事故再次发生，特提出以下建议：

（1）加强货运企业和货运市场安全监管，督促落实企业安全主体责任。河北省、陕西省交通运输部门，要加强对运输企业和运输市场，尤其是挂靠经营运输企业的监管，依法督促企业落实安全生产主体责任，认真执行危险货物运输的法律法规和规章，严禁不具备资质运输烟花爆竹，严禁伪装普通物品运输危险货物。要加强对运输企业、运输市场的监督检查，严格查处违法装载、违法运输和伪装运输烟花爆竹行为，对违反规定、顶风作案的单位和个人，要从严惩处，对构成犯罪的，依法从严追究刑事责任。

（2）加强烟花爆竹企业安全监管，严格查处非法违法生产行为。陕西省各级安全监管部门要加强对烟花爆竹企业的监管监察，对转包、证照不齐全、不具备安全生产条件的企业，要依法责令停止生产；对具备安全生产条件的企业，要严查其超许可范围、超药量、超定员和改变工房用途生产行为。严禁非法生产、组装烟花爆竹成品和半成品，会同公安、检察机关，依法严厉打击非法违法生产烟火药剂爆炸物品。

（3）加强路面管控，严查非法违法运输行为。陕西省、河南省各级公安机关要加强巡逻和路面管控，严格查处非法违法运输危险货物行为。严格查处无证运输，运输烟花爆竹必须随车携带公安机关核发的烟花爆竹道路运输许可证，保证货证相符。运输车辆必须符合国家规定，按公安机关批准的运输路线行驶，实行专车运输，严禁超装超载和中途随意停靠。公安机关和交通运输部门充分利用治安卡点、收费站和省际检查点，采取抽查的方式，对危险品运输车辆进行抽查，并配备必要的烟花爆竹检测仪器，严防伪装违法运输烟花爆竹行为，依法严格查处非法违法运输行为。

（4）加强烟花爆竹产品质量安全，认真落实部门监管职责。陕西省质量技术监督、工商行政管理部门要严格履行对烟花爆竹产品的质量监督、市场监督职责，进一步完善质量检测检验制度，加大质量监控和对伪劣违禁产品的查禁力度，要制定具体的质量抽查检验实施方案，对辖区内生产及流入市场的烟花爆竹产品加强质量抽查和检验，依法严格查禁伪劣和违禁产品。